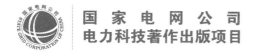

国家电网公司
电力科技著作出版项目

电力光纤到户

技术和应用

主　编　葛维春

副主编　邓　伟　郭昆亚　王英杰
　　　　于　晶　谢书鸿

U0261434

中国电力出版社
CHINA ELECTRIC POWER PRESS

内 容 提 要

本书紧跟能源互联网信息通信系统发展趋势，系统性地介绍电力光纤到户关键技术，着重分析光纤在热场环境下的传输机理、核心结构的原材料选型、结构设计及制造工艺、检测与运维技术等。本书介绍电力光纤到户网络的基本概念，总结技术现状与发展趋势，介绍电力光纤到户系统与设备技术，探讨电力光纤到户网络的设计方法和施工方案，分析电缆状态监测及运维技术，阐述电力光纤到户在各个新技术领域的应用及示范工程情况。

本书可作为电力工程技术人员和从事电力光纤到户技术研究相关人员的培训教材和参考书。

图书在版编目（CIP）数据

电力光纤到户技术和应用 / 葛维春主编 . —北京：中国电力出版社，2019.7
ISBN 978-7-5198-3401-2

Ⅰ．①电… Ⅱ．①葛… Ⅲ．①电力系统－光纤通信－研究 Ⅳ．① TM73

中国版本图书馆 CIP 数据核字（2019）第 142001 号

出版发行：中国电力出版社
地　　址：北京市东城区北京站西街 19 号（邮政编码 100005）
网　　址：http://www.cepp.sgcc.com.cn
责任编辑：王春娟　王蔓莉（manli-wang@sgcc.com.cn）
责任校对：黄　蓓　郝军燕
装帧设计：张俊霞
责任印制：石　雷

印　　刷：三河市航远印刷有限公司
版　　次：2019 年 10 月第一版
印　　次：2019 年 10 月北京第一次印刷
开　　本：710 毫米 ×1000 毫米　16 开本
印　　张：17
字　　数：361 千字
印　　数：0001—1000 册
定　　价：68.00 元

编 写 组

主　编　葛维春

副主编　邓　伟　郭昆亚　王英杰　于　晶　谢书鸿

编写人员（按姓氏笔画排序）

于波涛　万育萍　于卓智　王　鹤　王一蓉

王丹石　王智立　孔祥余　许　刚　李悦悦

宋继高　杨长龙　陈　玉　陈　洁　陈晓阳

范军丽　卓安生　罗桓桓　周桂平　赵妙颖

桂新华　夏　志　徐永国　徐思雅　郭　栋

郭　莹　黄　宇　戚力彦　常家森　葛永新

雷煜卿　廉　果

▌前 言

  当前,信息通信产业正处于大发展、大变革、大融合的新阶段,信息化进程不断加快,新应用和新技术不断涌现,互联网也进入高速发展期,信息通信资源价值日益凸显。《国家中长期科学和技术发展规划纲要(2006~2020 年)》《能源发展战略行动计划(2014~2020 年)》《中国制造 2025》以及《关于积极推进"互联网+"行动的指导意见》等政策的要求和支持,也对"互联网+"智慧能源行动计划提出了更高的要求。

  基于光纤复合低压电缆的智能电网建设,利用电力通道资源,实现电网和通信网基础设施的深度融合,是实现能源互联网信息通信的最有效方式。电力光纤到户接入将极大推动光纤到户产业的发展,带动光纤复合低压电缆、中间接续、终端接入、高速 PON 接入技术产品的大规模发展,奠定中国在电力光纤到户领域的引领地位,助力实现"宽带中国"的战略目标,推进"互联网+"新经济形态,形成良好的社会经济效益。

  本书由国家重点研发计划"电力光纤到户关键技术研究与示范"(2016 YFB 0901 200)资助,重点围绕该项目部署的重点研究任务,对光纤复合低压电缆成套和电力光纤到户关键技术的研究,以及电力光纤到户示范应用工程的建设做了详细的论述。设计基于光纤复合低压电缆的超高速电力光纤到户网络体系架构及整体解决方案,实现"千兆入户、T 级出口"。从技术创新研究、设备研制到工程示范,研究成果整体达到国内先进水平。

  本书紧密结合工程实际,对于实际工程设计和示范工程建设提供了清晰的思路和可操作的方法,可供电力工程技术人员、科研人员、管理人员参考使用。

  由于智能电网相关技术发展十分迅速,书中难免会有疏漏之处,敬请读者批评指正。

作者
2019 年 6 月

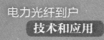

目 录

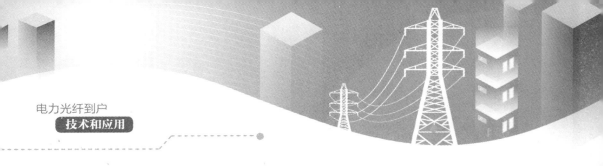

1 概 述

光纤通信技术是光通信的重要组成部分，已成为现代通信的主要支柱之一。光纤通信技术因其具有的损耗低、带宽高、体积小、重量轻、抗电磁干扰、不易受串扰等优点，备受业内外人士青睐，在现代电信网中起着举足轻重的作用。电力光纤到户技术是指采用无源光分路器或合路器分配或汇聚各光网络单元信号以及光纤复合低压电缆进行信息和电力一体化敷设的新型接入技术。

本章主要介绍无源光网络和电力光纤到户的基础知识和发展趋势，为后续章节详细介绍电力光纤到户技术奠定基础。

1.1 光纤到户技术概述

1.1.1 光纤通信

光纤通信作为一门新兴技术，近年来发展速度快、应用面广，是世界新技术革命的重要标志，也是未来信息社会中各种信息的主要传送工具。

光纤即为光导纤维的简称。光纤通信是以光波作为信息载体，以光纤作为传输媒介的一种通信方式。从原理上看，构成光纤通信的基本物质要素是光纤、光源和光检测器。除了按制造工艺、材料组成以及光学特性进行分类外，光纤还可按用途分为通信用光纤和传感用光纤。光纤通信的原理是发送端首先把要传送的信息（如话音）变成电信号，然后调制到激光器发出的激光束上，使光的强度随电信号的幅度（频率）变化而变化，并通过光纤发送出去；在接收端，检测器收到光信号后将其变换成电信号，经解调后恢复原信息。光纤通信利用光波承载数据信息，可以为互联网应用提供更高的带宽，取代了传统以铜线为传导介质的通信电缆。

1.1.2 无源光网络

光纤网络是一种无源网络，为了提高互联网管理效率和改进传输速率，通信科学家提出了无源光网络（passive optical network，PON），并且在此基础上诞生了 ATM 无源光网络（ATM passive optical network，APON）、宽带无源光网络（broadband passive optical network，BPON）、以太网无源光网络（ethernet passive optical network，EPON)、千兆无源光网络（gigabit-capable PON，GPON）等各种光纤网络管理模式，优化了光网通信组网结构，进一步确保光纤网络通信的安全性。

无源光网络具有节省光纤资源、对网络协议透明的特点，在光接入网中扮演着越来越重要的角色。无源光网络的特点是光分配网中不含有任何电子器件及电子电源，其中的光器件全部由分光器等无源器件组成，不需要贵重的有源电子设备。PON 主要优势包括：①高带宽，EPON 提供上下行对称的 1.25Gbit/s 的带宽。GPON 提供上行 1.25Gbit/s，下行 2.5Gbit/s 的带宽；②长距离，PON 支持为用户提供长距离的数据传输，传输距离最大可达 20km；③无源分光特性，PON 采用无源分光器组成 P2MP 的网络架构，最大分光比为 1：64 或 1：128，覆盖大范围的用户；④无源分光器不需电源就可以工作，降低了安装和维护成本。

PON 技术从 20 世纪 90 年代开始发展，国际电信联盟从 APON（155Mbit/s）开始，发展 BPON（622Mbit/s），以及到 GPON（2.5Gbit/s）；在 21 世纪初，由于以太网技术的广泛应用，IEEE 也在以太网技术上发展了 EPON 技术。目前用于宽带接入的 PON 技术主要有 EPON 和 GPON，两者采用不同标准。未来的发展是更高带宽，比如在 EPON 和 GPON 技术上发展了 10G EPON 和 10G GPON，使带宽得到更高的提升。

1.1.2.1　APON

APON 是 ATM PON 的简称。ATM 是一种基于信元的传输协议，能为接入网提供动态的带宽分配，从而更适合宽带数据业务的需要。ATM 可以运行在多种物理层技术上，xDSL 技术和 PON 技术均可为其运行提供物理平台。在 PON 上实现基于 ATM 信元的传输，即 APON（简称 APON）技术。早在 1995 年"互联网时代"之前，在人们还不知道网络协议（internet protocol，IP）最终会统治网络第三层协议的时候，几个全球最大的电信运营商——日本电报电话公司、英国电信、法国电信等，就开始讨论发展一种能支持话音、数据、视频的接入网全业务解决方案。当时有两个符合逻辑的选择：协议层采用 ATM，物理层采用 PON。经过以 21 个全球主要电信运营商为主的全业务接入网集团的不懈努力，1998 年 10 月通过了全业务接入网采用的 APON 格式标准 ITU-T G.983.1；2000 年 4 月批准其控制通道规范的标准 ITU-T G.983.2；2001 年又发布了关于波长分配的标准 ITU-T G.983.3，利用波长分配增加业务能力的宽带光接入系统。到了 21 世纪初，随着互联网技术和其他通信技术的发展，APON 也暴露了带宽比较低的弱点；在 APON 技术基础上发展了 BPON 技术，带宽从 155Mbit/s 提升到 622Mbit/s。APON 技术作为实际部署手段已经完成了它的历史使命，但作为 PON 技术的鼻祖，其核心技术思路依然应用在各种 PON

技术中。

1.1.2.2 BPON

BPON 最初被称为 ATM 无源光网络，是由 FSAN 委员会确定，被用于 ATM 第二层信号传输协议的最初的 PON 规范。采用 APON 这个术语会导致用户认为只有 ATM 服务可以提供给终端用户，因此，FSAN 决定将上述术语扩展为宽带 PON，即 BPON。BPON 系统提供包括以太网连接和图像传输在内的多种宽带服务。BPON 基于 ATM 协议，上、下行速度分别为 155Mbit/s 和 622Mbit/s。BPON 是实现宽带、多业务接入的理想物理平台，但由于其成本昂贵，部署有限，随后成本低廉的 EPON 被大量部署。不过，BPON 后续的 GPON 因为速度更快、性价比更高，其发展被不少人看好。

1.1.2.3 EPON

以太网无源光网络 EPON 的概念由来已久，它具有节省光纤资源、对网络协议透明的特点，在光接入网中扮演着越来越重要的角色。同时，以太网 (Ethernet) 技术经过 20 年的发展，以其简便实用、价格低廉的特性，几乎已经完全统治了局域网，并在事实上被证明是承载 IP 数据包的最佳载体。随着 IP 业务在城域网和干线传输中所占的比例不断攀升，以太网也在通过传输速率、可管理性等方面的改进，逐渐向接入网、城域网甚至骨干网上渗透。以太网与 PON 的结合产生了以太网无源光网络。它同时具备了以太网和 PON 的优点，正成为光接入网领域中的热门技术。EPON 采用点到多点结构、无源光纤传输，在以太网之上提供多种业务。EPON 技术由 IEEE 802.3 EFM 工作组进行标准化。2004 年 6 月，IEEE 802.3 EFM 工作组发布了 EPON 标准，即 IEEE 802.3ah (2005 年并入 IEEE 802.3—2005 标准)。在该标准中，将以太网和 PON 技术结合，在物理层采用 PON 技术，在数据链路层使用以太网协议，利用 PON 的拓扑结构实现以太网接入。因此，它综合了 PON 技术和以太网技术的优点：低成本、高带宽、扩展性强、与现有以太网兼容、方便管理等。

1.1.2.4 GPON

GPON 最早由 FSAN 组织于 2002 年 9 月提出，ITU-T 在此基础上于 2003 年 3 月完成了 ITU-TG.984.1 和 G.984.2 的制定，2004 年 2 月和 6 月完成了 G.984.3 的标准化，从而最终形成了 GPON 的标准族。

对于其他的 PON 标准而言，GPON 标准提供了前所未有的高带宽，下行速率高达 2.5Gbit/s，其非对称特性更能适应宽带数据业务市场。GPON 标准提供服务质量 (quality of service, QoS) 的全业务保障，同时承载 ATM 信元和 (或) GEM 帧，有很好地提供服务等级、支持 QoS 保证和全业务接入的能力。

承载 GEM 帧时,可以将时分复用模式(time division multiplexing,TDM)业务映射到 GEM 帧中,使用标准的 8kHz(125μs)帧能够直接支持 TDM 业务。作为电信级的技术标准,GPON 还规定了在接入网层面上的保护机制和完整的操作、管理、维护(operation administration and maintenance,OAM)功能。GPON 中的多业务映射到 ATM 信元或 GEM 帧中进行传送,对各种业务类型都能提供相应的 QoS 保证。

GPON 和 EPON 的主要区别在于采用完全不同的标准。在应用上,GPON 比 EPON 带宽更大,它的业务承载更高效、分光能力更强,可以传输更大带宽业务,实现更多用户接入,更注重多业务和 QoS 保证,但实现更复杂,这就导致其成本相对 EPON 也较高,但随着 GPON 技术的大规模部署,GPON 和 EPON 成本差异在逐步缩小。

1.1.2.5 NG-PON

考虑到宽带业务将会朝大流量、大宽带的方向开展和普及,传统的 EPON 和 GPON 已无法满足现阶段及未来宽带业务发展的需要,现有 PON 口带宽将会出现瓶颈,由此提出了下一代无源光网络(next generation passive optical network,NG-PON)。目前下一代 PON 接入技术的标准主要为 10G EPON 标准和 XG GPON 标准。

10G EPON 国际标准规定了上下行的非对称模式和对称模式。同时,在沿用 1G EPON 的多址接入信道(multiple access channel,MAC)和多点控制协议(multi-point control protocol,MPCP)的基础上,扩展增加了 10Gbit/s 能力的通信与协商机制,而对 1G EPON 的底层进行了重新定义,专门处理 10G EPON 10G 上下行数据,避免 MAC 层及以上各层的改动。10G EPON 最大的特点是包括:①扩大了 EPON 的上、下行带宽,同时提供最大达到 1:256 的分光比;②充分考虑了与 EPON 的兼容性问题,实现 10G EPON 与 1G EPON 的兼容和网络的平滑演进。10G EPON 提供了 10Gbit/s 下行、1Gbit/s 上行的非对称模式和 10Gbit/s 上下行对称模式两种速率模式。在前期可以使用非对称模式;随着业务发展导致上行带宽需求增加,可以逐渐采用对称模式。目前 10G EPON 采用高功率预算 PR30/PRX30 时,最大可以支持 1:256 分光比下 20km 的传输距离或者 1:128 分光比下 30km 的传输距离。在波长分配、多点控制机制方面都有专门的考虑,最大限度地沿用 EPON 的 MPCP 协议,以保证 10GEPON 与 1G EPON 系统在同一光分配网(optical distribution network,ODN)下的共存,实现 10G EPON 和 1G EPON 在 ODN 网络、管理维护、业务承载、平滑升级等方面的一致性、兼容性和扩展性。

2004 年启动从 GPON 向下一代 PON 演进的可行性研究。2007 年 9 月,规范了 GPON 和下一代 PON 系统的共存,制定了 NG-PON 的标准化路标:第一阶段是与 GPON 共存、重利用 GPON ODN 的 NG-PON1；第二阶段是建设全新 ODN 的 NG-PON2，其主要特性有以下几方面：①XG GPON 系统能够很好地兼容现有的 GPON 系统；②XG GPON 的 ODN 系统可以有效地利用原有 GPON 网络已经布放的光纤、分路器和接插件等设备，仅需要升级更换终端设备，而在光线路终端侧则可增加支持 10G 的接口板，大幅度降低技术升级成本，最大化运营商效益。10G GPON 能够提供的带宽是 GPON 系统的 4 倍和 EPON 的 10 倍以上，因而其能够更好地满足光纤接入系统未来发展的需要。XG GPON 既能够实现 10G 上行和 2.5G 下行非对称的速率，也可以实现 10G 上行和 10G 下行对称的速率，又称 XGS-PON。XG GPON 沿袭了 GPON 的管理控制协议，能够提供非常完备的与 GPON 的互通能力。XG GPON 最大能够完成 1：512 的大分光比下 20km 的长距离传输，在不改变用户带宽的前提下，可通过增大分光比实现更多用户的接入。XG GPON 既适合在用户密集的城市使用，也适合在偏远地区使用，以便提高接入网的用户覆盖率，实现成本的最优化，为运营商带来更大的收益，还能够为全业务运营能力提供 QoS 保证，更符合绿色节能的未来趋势。XG GPON 对 GPON 的 TC 层技术加以改进，在安全性和节能方面都有明显提高和改善。

1.1.3　光纤到户技术

EPON 作为一种普遍的宽带接入技术，通过一个单一的光纤接入系统，实现数据、语音及视频的综合业务接入，且具有良好的经济性。业内人士普遍认为，光纤到户（fiber to the home，FTTH）（也称 fiber to the premises）是宽带接入的最终解决方式，而 EPON 也将成为一种主流宽带接入技术。由于 EPON 网络结构的特点，宽带入户的特殊优越性，以及与计算机网络天然的有机结合，使得全世界的专家都一致认为，EPON 是实现电话、有线电视、互联网数据的"三网合一"和解决信息高速公路"最后一公里"的最佳传输媒介。

光纤到户是一种光纤通信的传输方法，指直接把光纤接到用户的家中（用户所需的地方）。光纤接入指局端与用户之间完全采用光纤作为传输媒体。光纤接入可以分为有源光接入和无源光接入。根据光纤深入用户的程度，可分为光纤到路边（fiber to the curb，FTTC）、光纤到小区（fiber to the zone，FTTZ）、光纤到办公室（fiber to the office，FTTO）、光纤到馈送器（fibre to the feeder，FTTF）、FTTH 等。具体说，FTTH 是指将光网络单元安装在住家用户或企业用户处，是光接入系列中除光纤到桌面（fiber to the desktop，FTTD）外最靠近用户的光接入网应用类型。FTTH 的显著技术特点是不但能提供更大的带宽，还增强了网络对数据格式、速率、波长和协议的透明性，放宽了对环境条件和供电等要求，简化了维护和安装。

光纤到户有多种架构，其中主要有两种：①点对点（point to point，P2P）

的拓扑形式，即从局端到每个用户都用一根光纤；②采用点对多点（point to multiple point，P2MP）拓扑形式。采用 EPON 技术的光纤到户接入方式大大降低了光收发器的数量、光纤用量和局端机架空间，具有非常强的成本优势，目前已经成为主流。

1.1.3.1 系统组成

EPON 是一种采用点到多点拓扑结构的单纤双向光接入网，由网络侧的光线路终端（optical line terminal，OLT）、用户侧的光网络单元（pptical network unit，ONU）、前两者之间的光分配网络（optical distribution network，ODN）和光分路器（optical branching device，OBD）组成，图 1-1 为基于 EPON 的光纤到户网络架构图。

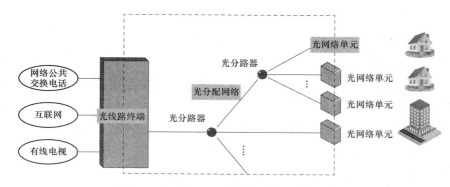

图 1-1　基于 EPON 的光纤到户网络架构图

局端 OLT 为光接入网提供 EPON 系统与服务提供商的核心数据、视频和电话等业务接口，并经一个或多个光分配网与光网络单元 ONU 通信，OLT 与 ONU 的关系是主从通信关系。局端 OLT 向 ONU 以广播方式发送以太网数据，发起并控制测距过程，记录测距信息，为 ONU 分配带宽，即控制 ONU 发送数据的起始时间和发送窗口大小，为系统提供完整的业务平台。OLT 可以直接设置在网络的前端，也可以设置在光节点上。OLT 在物理上可以是独立设备，也可以与其他功能（如混合、复用）集成在一个设备内。OLT 可以放置在原有端局机房内、小区新建机房内或室外机柜。根据不同场景，确定 OLT 的放置位置，新建驻地网小区距原有支局较近或附近建有大客户光纤箱，用户数不超过 500 户的小区，可将小区主干光纤引接至原有支局；小区大于 500 户则考虑将 OLT 设备下移至小区机房内或室外机柜内。

光网络单元 ONU 位于用户端，为用户提供数据、视频和电话等业务接口，选择接收 OLT 发送的广播数据；响应 OLT 发出的测距及带宽控制命令，并作相应的调整；对用户的以太网数据进行缓存，并在 OLT 分配的发送窗口中向上行方向发送。根据 ONU 放置的位置，有光纤到楼、光纤到户和光纤到桌面的区别。对于住宅用户，ONU 安装在用户多媒体箱内（箱内应设置 220V 交流电源插座）。光信号在多媒体箱内完成光电转换，转换后的电信号按照传统布线方式分配到电话、网络等末端弱电插座。

光分配网络位于 OLT 光连接器后的 S（光发信参考点）和 R（光收信参考点）参考点和 ONU 光连接器前的 S（光发信参考点）和 R（光收信参考点）参考点之间，由光分路器和光纤等组成的无源光网络，其主要功能是完成光功率的分配。光分路器是光分配网络中重要的无源器件，可以安装于室内，也可以安装于室外，其功能是分发下行数据和集中上行数据，目前有 1∶2、1∶4、1∶8、1∶16、1∶32 和 1∶64 六种。

1.1.3.2　传输原理

EPON 采用单纤时分复用方式实现单纤双向传输，局端（OLT）下行的数据流采用广播技术通过光分路器分成多路给每个光网络单元，EPON 工作原理——下行传输如图 1-2 所示。每个 ONU 上行的数据流采用时分复用技术（time division multiple access，TDMA）通过光分路器耦合在一根光纤里传给 OLT，如图 1-2 所示。图 1-2 中下行数据流从 OLT 到多个 ONU 采用广播式下行，根据协议，每一个数据包的包头表明此数据是给某一个确定的 ONU；另外，部分包可以是给所有的 ONU 或者特殊的一组 ONU。在光分路器处，数据流分成独立的三组，每组都包含所有的信息，当数据流到达该 ONU 时，它接收给自己的包并传给其对应的用户，摒弃那些给其他用户的包。例如，图 1-2 中，ONU1 收到包 1、2、3，但是它仅仅接收包 1 给终端用户 1，摒弃包 2 和包 3。因为下行数据流会被广播到所有的 ONU。如果某个匿名用户将它的 ONU 接收限制功能去掉，那它就可以监听到给所有用户的下行数据，这在 EPON 系统中称为"监听威胁"。解决这一安全问题的措施是用户通过上行信道传送密匙，OLT 使用该密匙对下行信息加密。其他用户无法获知该密匙，就无法解密得到原始信息。

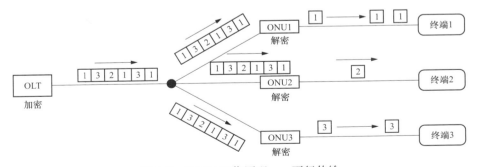

图 1-2　EPON 工作原理——下行传输

图 1-3 为 EPON 工作原理——上行传输，图中上行数据流采用时分多址技术传输，上行链路被 OLT 分成不同的时隙，根据局端 OLT 设备给每个 ONU 分

配上行时隙。这样所有的 ONU 就可以按照一定的秩序发送自己的数据，以便当数据信号耦合到一根光纤时各个 ONU 的上行包不会互相干扰，不会为了争夺时隙而产生冲突。

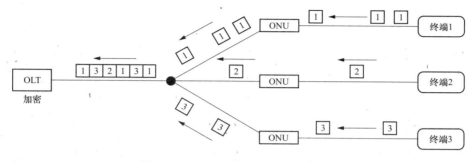

图 1-3　EPON 工作原理——上行传输

1.1.3.3　ODN 基本结构和组网原则

光分配网络根据光分路器的连接方式可以组成多种网络结构，其中树型结构为最常用的网络结构。树型结构有一级分光和二级分光两种基本形式。

（1）一级分光树型结构。当 OLT 和 ONU 中间设一个光分路器（OBD），并按照图 1-4 所示方式连接时就构成了一级分光树型结构，其优点是跳接少，减少了光分配网络的衰减和故障率，便于管理和维护；缺点是光分路器后面的光纤多，对管道的需求量大。

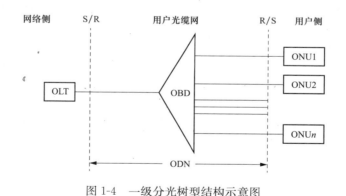

图 1-4　一级分光树型结构示意图

（2）二级分光树型结构当 OLT 和 ONU 中间设两个或两个以上光分路器（OBD），并按照图 1-5 所示方式级联时就构成了二级分光树型结构。其优点是光分路器的分散安装，减少了光纤的用量和对管道的需求，适用于用户比较分散的小区；缺点是增加了跳接点，即增加了线路衰减和故障点，增加了管理和维护的难度。

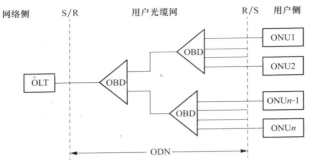

图 1-5　二级分光树型结构示意图

在选择 ODN 组网结构时，应综合考虑经济性、用户性质、用户密度、地理环境、OLT 和 ONU 之间的距离、管理和维护的难易程度等多种因素。星型结构不含光分路器，需要大量的光纤和管道资源，适用于有大数据量和高速率要求的用户。一级分光树型结构适用于用户密度比较集中的地区，它有两种常用组网模式。一种是一级分光集中设置方式，如图 1-6 所示，该设置方式是指光分路器集中设置在小区内的光配线箱内，此种模式目前主要用于新建小高层、高层住宅、别墅区、多层住宅小区和商务楼。另一种是一级分光相对分散设置方式，如图 1-7 所示，这种设置方式是指光分路器分散设置在楼栋或者单元的光分纤箱内，此种模式主要适用于无集中设置光交箱位置的小高层、高层住宅以及小区内管道资源紧张的多层住宅小区，或者由多个相对独立的组团构成的住宅小区，以及采用 FTTH 方式改造的现有住宅小区。

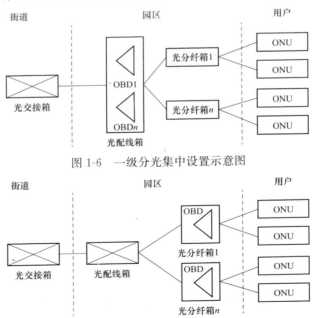

图 1-6　一级分光集中设置示意图

图 1-7　一级分光相对分散设置示意图

二级分光树型结构适用于改造住宅小区，特别是多层住宅、管道资源比较缺少的地区，通常采用二级分光相对集中设置方式，如图 1-8 所示。这种组网模式是指在小区内设置一个一级分光点，在其他楼宇内集中设置二级分光点。它是一级分光相对分散设置方式的补充，能够满足不同多层住宅楼的需求。目前主要应用于多层住宅小区、公寓、别墅，以及部分采用 FTTH 方式改造的现有住宅小区。

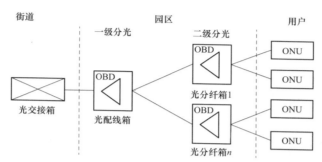

图 1-8　二级分光相对集中设置示意图

当用户分散、分光器不同输出口的光纤线路距离相差悬殊尤其是郊区时，可采用非均匀光分路器，满足不同传输距离对光功率分配的需求。从长远上来看，随着小区内光纤用户的不断增加，光纤用户的管理也日趋复杂，而用户对宽带的需求量越来越大，一级分光树型结构将成为光分配网络的主要形式。

1.1.4　光纤到户典型实例

1. 实例 1

某小区有 11 栋多层住宅楼，通过地下车库相连，每栋 3 单元，每单元 7 层，每层 2 户，共 462 户。在地下车库内通信外线引入点设置小区中心机房，OLT置于小区中心机房内。根据小区的规划将园区划分为三个组团，因此采用一级分光相对分散设置的 ODN 组网模式，在位于每个组团中心位置的住宅楼地下一层弱电间内设置一个光纤交接箱，内置 1：32 光分路器。每个组团的光纤交接箱从小区中心机房引来 8 芯室内光纤，在车库内沿金属线槽敷设，每芯光纤在交接箱内通过 1：32 光分路器分成 32 路，并分别与两根 16 芯室内光纤熔接，将连接后的 16 芯光纤分别引至每个单元的地下一层弱电竖井内，通过安装于地下一层弱电竖井内的光纤分线盒和入户布线光纤（FRP 皮线光纤）直接连接。依据楼层和住户数量配置，可选用 16 芯光纤分线盒，每单元配一个。皮线光纤通过楼内暗敷设钢管引入住宅户内的多媒体箱，箱内设置 AC220V 电源插座。为了实现对 ONU 的保护，将 ONU 设置在住宅户内的多媒体箱内。光纤进入用户多媒体箱后，连接到 ONU 的进纤口上，信号经 ONU 转换成电话、网络等输出口，再通过星型式分配到电话、网络等末端弱电插座。某住宅小区光纤到户示意图如图 1-9 所示。

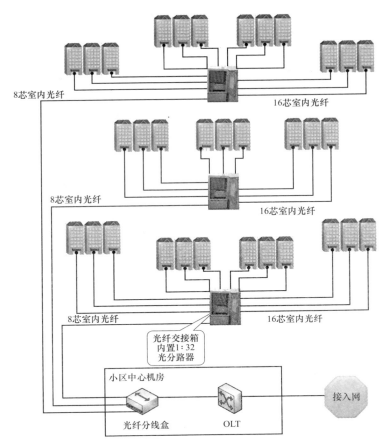

图 1-9 某住宅小区光纤到户示意图

2. 实例 2

某工程规模 990 户，需开通业务有高速上网、交互式网络电视（internet protocol television，IPTV）、基于下一代网络（next generation network，NGN）的网络电话（voice over internet protocol，VoIP）及其增值业务等，业务规模如下：高速上网为 990 户、IPTV 业务为 990 户、VoIP 语音为 990 户。其使用商用设备进行 FTTH 组网，通过光纤到户的方式，采用一根光纤同时提供语音、数据和视频业务，组网结构图如图 1-10 所示。

图 1-10 中包含光网络终端（optical network terminal，ONT）、机顶盒（set top box，STB）、宽带远程接入服务器（broadband remote access server，BRAS）、中继网管（trunk gateway，TG）。

（1）语音业务。VoIP 终端经由 ONT 和 MA5680T 最终接入 NGN 网络或通过 TG 接入 PSTN 网络。

（2）对于数据业务。PC 由 ONT 接入 MA5680T，上行经 BRAS 设备接入 IP 网络。

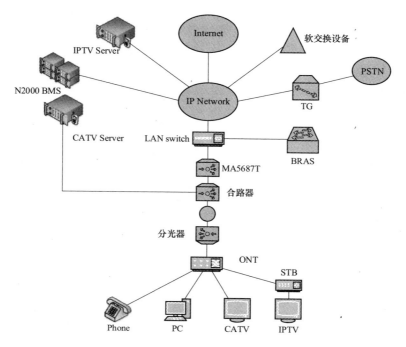

图 1-10　光纤到户组网示意图

（3）视频业务。

可采用 IPTV 或者有线电视（community antenna television，CATV）方式，为终端用户提供视频业务。对于 IPTV 和 CATV 方式的视频业务，分别介绍如下：

1）IPTV 方式，基于 IP 组播流提供视频业务，并给用户提供可选择的节目源。MA5680T 基于 IGMP Proxy 和可控组播实现对组播用户的权限管理和节目管理，组播用户通过 MA568OT 的鉴权后其 IGMP 协议报文由 MA568OT 发送给汇聚网络设备。视频业务流从组播服务器下发，经由骨干网、汇聚网到达MA5680T，并由 MA5680T 根据鉴权结果转发给用户终端。

在用户终端，通过机顶盒（set top box，STB）设备进行视频信号的终结和媒体转换，并控制节目的切换。

2）CATV 方式，CATV 方式通过 Cable 传送传统的模拟信号电视节目。视频节目流经过电光转换为下行光波传送，与光纤设备的下行光波进行波分多路复用（wavelength division multiplex，WDM）叠加，一起通过单根光纤下行传送到达 ONT，然后将视频信号分离出来直接接入 TV，实现视频接入业务。

1.1.5　未来光纤到户技术

1.1.5.1　光纤到户发展现状

工信部于 2012 年初启动"宽带普及提速工程"，重点是推进 FTTH 的部署。

自 2013 年 4 月 1 日起，在公用电信网已实现光纤传输的县级以上城区，新建住宅区和住宅建筑的通信设施采用 FTTH 方式建设，同时鼓励和支持有条件的乡镇、农村地区新建住宅建设实现 FTTH。另外，加快推动既有住宅建筑并且逐步实施光纤到户改造。2013 年 8 月，国务院公布了"宽带中国"战略及实施方案，提出到 2015 年，基本实现城市光纤到楼入户、农村宽带进乡入村，部分发达城市宽带接入能力达到 100Mbit/s。到 2020 年，发达城市部分家庭用户可达 1Gbit/s。

光纤到户发展存在的难题有以下 3 点：

（1）现有部署的 FTTH 网络难以满足规模化的 100M 及更高带宽的要求。现网中，FTTH 主要采用 EPON 和 1：64 的分光比进行部署。按照宽带战略的要求，到 2020 年，城市家庭宽带接入能力达到 50Mbit/s，发达城市部分家庭用户可达 1Gbit/s。由此，需要对已部署 FTTH 网络进行调整改造。

（2）现有基于 EPON 的 FTTH 网络的难以做到高分光比和低成本的折中。EPON 标准定义分光比 1：32，其实，技术上 EPON 系统也可以做到更高的分光比，如 1：64、1：128，EPON 的控制协议可以支持更多的 ONU。分光比主要是受光模块性能指标的限制，大的分路比会造成光模块成本大幅度上升；另外，PON 插入损失 15～18dB，大的分光比会降低传输距离；过多的用户分享带宽也是大分路比的代价。

（3）现有基于 EPON 的 FTTH 网络难以满足长距离传输的需求。现在 FTTH 领域经常会遇到传输距离和差分传输距离超过 20km 的情形，但是在 IEEE 802.3ah—2004（已被并入 IEEE 802.3—2008）中明确定义了 EPON 最长和差分传输距离不得超过 20km。为了克服这一矛盾，需开发下一代光纤接入技术，并将其应用于光纤到户领域。

1.1.5.2　下一代光纤接入技术

针对未来光纤到户在带宽、分光比和传输距离等方面的需求，分析 WDM-PON 和长距离传输等下一代光纤接入技术的技术要求和应用前景。

1. WDM-PON

WDM-PON 是在 OLT 与 ONU 之间采用独立的波长信道，通过物理上点对多点的 PON 结构在 OLT 和每个 ONU 间形成了点对点的连接。相比 TDM-PON，WDM-PON 有许多优势，例如高带宽，协议透明性、安全性更高，以及灵活的可扩展性。目前来说，影响 WDM-PON 规模应用的最大问题在于基于不同波长的使用导致 ONU 的成本高。因此 WDM-PON 核心技术的发展都与如何为 ONU 构建一个便宜和稳定的光发射机相关。为了降低 WDM-PON 技术运行成本和提高其与原有资源的兼容性，系统设计者和设备供应商已经联手共同开发一种无色 ONU 技术，其中最简单的方法是使用可调谐激光器作为光发射器，但这类激光器价格十分昂贵，不适合用于接入网；另一种是宽光源和频率切割技术，超辐射发光二极管可发射出高输出功率，可以选择它的中心波长与带宽，超辐射发光二极管是十分成熟、廉价的光设备。

2. 长距离传输

目前 PON 的距离是 10km 或 20km。如何延伸距离，以获取更大的覆盖范围也是目前的研究方向之一，例如延深至 100km，采用的方式是开发双向的内置光放大器。目前应用的光放大器是 EDFAs（掺饵光纤放大器）或 SOAs（半导体光放大器）。长距离传输的 PON 技术进步使得城域网发展重心转向接入网变得可能，这也是城域网和接入网汇聚的一个重要的发展方向。

总体说来下一代光纤接入技术趋向于大带宽、大分光比以及长距离的方向发展。

1.2 电力光纤到户技术

1.2.1 概述

《国务院关于积极推进"互联网＋"行动的指导意见》（国发〔2015〕40 号）明确指出"推进电力光纤到户工程，完善能源互联网信息通信系统"，智能电网是未来电网的发展方向，通信技术是智能电网研究中的关键技术之一，电力光纤到户（power fiber to the home，PFTTH）技术使电网具备了通信功能，为电网智能化发展奠定了坚实的基础。电力光纤到户是指在低压终端通信接入网中采用光纤复合低压电缆（optical fiber composite low-voltage cable，OPLC），将光纤随低压电力线敷设，实现到表到户，配合 PON 技术，承载用电信息采集、智能用电双向交互、"三网融合"等业务。该技术解决了信息高速公路的末端接入问题，满足智能电网用电环节信息化、自动化、互动需求，还可以实现网络基础设施的共建共享，大幅降低"三网融合"实施成本，提高网络运营效率，具有节能环保的优势。

OPLC 将光单元与电力电缆有机地结合在一起，不仅解决了生活用电的电力问题，而且在宽带接入等光纤通信方面作用巨大，对实现光接入网"最后一公里"有极大的推动作用。通过 OPLC 可以实现数据业务和语音业务的极大拓展，实现基于物联网技术的电力远程抄表及缴费。OPLC 的引入促进了建立与电网互动的智能用电家庭的进程。从长远来看，光纤复合低压电缆 OPLC 在未来智能电网的建设与信息化社会的发展中具有重大的作用。OPLC 集光纤和电力输配电缆于一身，不需要进行二次布线，有效地降低了施工成本和网络建设等费用。相比传统的光纤到户而言，使用 OPLC 作为智能电网用户端接入方案，能够节省大量的资源，使得用户的入住成本降低，是目前性价比最高的"最后一公里"接入方案。

1.2.2　EPON 技术在电力光纤到户网络中的应用

电力光纤到户在低压终端通信接入网中采用光纤复合低压电缆，将光纤随低压电力线敷设，实现到表到户，配合无源光网络技术，承载用电信息采集、智能用电双向交互、"三网融合"等业务。

光纤复合低压电缆产品，是在传统的低压电缆中融合光单元，是一种具有低压电力和光通信双重传输能力的复合电缆。光缆结构设计与选型主要依据是使用环境、敷设方式和系统通信容量等。OPLC 主要适用于 0.6/1kV 及以下电压等级，是解决低压配网、用户网所需要的先进、可靠通信介质。光纤复合低压电缆整合电网资源，实现网络基础设施的"共建共享"，可解决电线、网线、电话线、有线电视线等多条线路多次施工的难题，避免重复建设而干扰群众正常生活。

光电复合缆适合作为宽带接入网系统中的传输线，是一种新型的接入方式，它集光纤、输电铜线于一体，可以解决宽带接入、设备用电、信号传输的问题。光电复合缆适用于通信远供电系统和短距离通信系统供电，具有如下优点：

（1）外径小，重量轻，占用空间小（通常情况下用多根线缆才能解决的系列问题，在此可以用一根复合缆来代替）。

（2）客户采购成本低，施工费用低，网络建设费用低。

（3）具有优越的弯曲性能和良好的耐侧压性能，施工方便。

（4）同时提供多种传输技术，同设备的适应性高、可扩展性强，产品适用面广。

（5）可提供高速的带宽接入。

（6）节约成本，将光纤作为到户预留之用，避免了二次布线。

（7）可解决网络建设中设备用电问题（避免重复布放供电线路）。

电力光纤到户目前采用 EPON 接入方案，对于向全 IP 网络过渡是一个很好的选择，EPON 降低了初始成本和运行成本，以太网技术的芯片比较成熟，实现简单，成本低、易拓展。

EPON 配用电通信网网络架构可分为终端接入层、骨干传输层及系统应用层。EPON 配用电通信网络架构如图 1-11 所示。

10kV 终端通信接入网作为电力骨干网和用户终端的连接枢纽，需要传输庞大的数据，因此 10kV 终端通信接入网以光纤专网通信方式为主，重点选择 EPON 无源光网络技术并以中压电力线通信作为补充方式进行组网。0.4 kV 终端通信接入网在技术和功能层面需要承载用电信息的采集和回馈，实现从刚性、单向传统电力供应向灵活、双向的电网互动转变；支撑电动汽车充电桩信息管理；支持风电、太阳能、储能等分布式能源接入管理。

配电网自动化系统通常按照地理结构分为 2～3 个层次：主站系统层、子站系统层、终端层。其中子站层可处理业务，也可只完成通信转发任务，在较小的配电网自动化系统中，子站层可忽略。

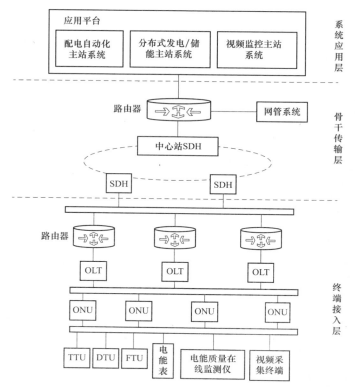

图 1-11 EPON 配用电通信网络架构

3 个层次的通信方案由骨干通信网和 10kV 终端通信接入网两部分组成。骨干通信网通常用固步数字体系（synchronous digital hierarchy，SDH）、基于 SDH 的多业务传送平台（multi-service transfer platform，MSTP）、多协议标签交换（multi-protocol label switching，MPLS）等组网，负责主站所在地配调中心和子站所在地变电站之间通信，而 10kV 终端通信接入网则是负责子站所在地变电站和各监测终端所在地开闭所、环网柜和杆柱等之间的通信。配电线路走势复杂，但是多为链型串接，因此接入通信网正好利用电缆的走势合理敷设光纤。同时也使电力网和通信网统一起来。

为保证通信的可靠性，10kV 终端通信接入网的 EPON 网络一般选用手拉手组网，"手拉手"结构适用于一次线路网架结构，可根据线路环网箱、开关站分布，采用双链型通信网络，形成"手拉手"保护，线路两端分别在 2 个变电站的 OLT 设备上终结，采用双 PON 口的 ONU 作为信息采集终端，主干线采用"手拉手"保护方式，分支线采用链形组网。典型 EPON "手拉手"结构示意如图 1-12 所示。

OLT1 和 OLT2 分别安装在不同的上级变电站，ONU 设备具备双 PON 口，安装在环网箱、开关站等处，光缆中断或 OLT 设备失效时均能实现保护，由 ONU 设备选择接入不同的 OLT。少数线路为多电源 T 接网架，在不能形成 2

条"手拉手"通信网结构的情况下，在"手拉手"的基础上增加了分支，此时可以采用环带链结构。

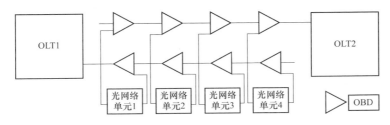

图 1-12　EPON "手拉手"结构示意

就一条手拉手链路而言，通常将链路上连接的 2 个 OLT 放于 1 个或 2 个变电站，每个 OLT 的 PON 口下挂一条通信链，每条通信链上通过 1∶2 分光器不等分分光，光功率分配较少的一端接 ONU，较多的一端接下一级不等分分光器，依次连接下去，而每个 ONU 通过双 PON 口连到 2 个 OLT 的 PON 口上。这样可以实现 OLT 设备、主干光纤、PON 端口、分光器、分支光缆全网的保护，任何 1 台 OLT、任何一个 PON 口、任何一个分光器、任何一条光缆出现故障都不影响 ONU 的正常使用。在手拉手保护方式下，切换时间小于 50ms，典型组网如图 1-13 所示。

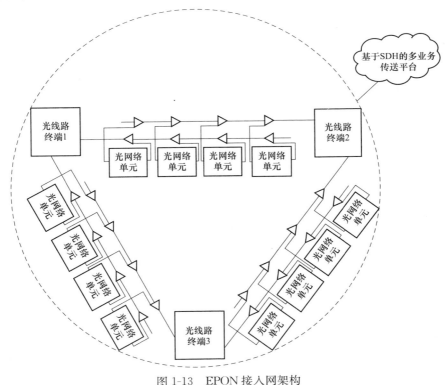

图 1-13　EPON 接入网架构

EPON 通信网络规划中最重要的是 ODN 的设计和规划，本着节约光缆、光功率预算利用率高、可扩展的原则，一般沿着电缆缆沟或者架空线抱杆设计线路。EPON 系统是无源光网络，光功率在信号传输过程中不会经过放大或者中继，因此，光功率的计算尤为重要，关系到及 ODN 设计成功与否。

光功率的预算方法可描述为所有的光功率衰耗和预留光功率之和不小于总功率，公式可以表示为：

$$\sum_{i=1}^{n} Li + \sum_{i=1}^{m} Ki + \sum_{i=1}^{p} Mi + \sum_{i=1}^{h} Fi + Pl \leqslant P_{\text{total}} \qquad (1-1)$$

式中：$\sum_{i=1}^{n} Li$ 为光通道全程 n 段光纤衰减总和；$\sum_{i=1}^{m} Ki$ 为 m 个光活动连接器插入衰减总和；$\sum_{i=1}^{p} Mi$ 为 p 个光纤熔接接头衰减总和；$\sum_{i=1}^{h} Fi$ 为 h 个光分路器插入衰减总和；Pl 为功率设计光功率富余度；P_{total} 为总功率。

在 ODN 设计完成后，各通信站点根据网络规划需要，对安装站点提出以下要求：变电站的机房一般都是干燥通风、防雷接地良好的，要求保持温度为 $-5\sim 45℃$，湿度为 $5\%\sim95\%$。机房内需预留空余机架位置，具备提供 -48V DC 能力。10kV 开关站条件较简陋，因此需要高可靠性的 ONU，站内提供壁挂安装孔，提供 24V DC 电源。安装地点均要求有良好接地，设备安装须满足 $7+1$ 度的抗震要求。安装时通信设备和机箱顶部应加固，底部应与地面加固。

为了便于今后 EPON 设备的维护，EPON 设备需配置管理地址。OLT 可采用带内管理方式，由于 OLT 数量相对较少，故所有 OLT 的管理可以使用 1 个或者 2 个网段进行管理，网关可配置在上层的交换机或路由器上。

对于 ONU 的 IP 地址管理，若使用一个管理网段进行管理，后期会因 ONU 扩容而导致主机数量众多，容易引起广播风暴，因此为 ONU 分配多个网段进行管理，同样将各个网关配置在上层交换机或路由器上。具体分配原则是，同一手拉手链路上的 ONU 使用同一网段。管理网段可能超过数 10 个，因此，上层的交换机或者路由器设备需支持数十条的路由表项。

OPLC 网络组网设计应首先规划网络关键节点的位置。网络关键节点包括局端、光缆分配点、用户接入点和终端。电力光纤到户系统网络主要设备包括 OLT、ONU 和 ODN，3 种设备均可分为电力系统相关业务类和"三网融合"类。电力光纤到户系统组网设计还应规划网络连接各节点线缆，重点考虑线缆的种类、线缆容量（芯数）、线缆路由和施工工艺。

1.2.3　电力光纤到户驻地网解决方案

电力光纤到户和其他光纤到户有着本质的区别。光纤入户，又被称为光纤到屋，指的是宽带电信系统，它是指基于光纤电缆，采用光电子，将诸如宽带互联网和 IPTV 等多重高档的服务传送给家庭或企业。光纤通信以其独特的抗干扰性、重量轻、容量大等优点作为信息传输的媒体被广泛应用，而利用已有的输电线路铺设光缆是最经济、最有效的。中国地域辽阔，具有非常丰富的电力线路资源。电力网络资源实际上是信息通信网的共享资源，它完全可以作为光纤网络的运行载体。电力光纤到户泛指电网"最后一公里"的信息化建设。现在的技术已经可以把光纤单元复合到电力导线里面，而且每米这样的复合导线要比传统的线路方案降低40%以上的综合成本，用这样的复合导线架设电力线路，就会将光纤覆盖到电网"最后一公里"的每一个行政村、每一条街道、每一个终端用户，使整个光纤网络建设的成本降低80%左右，这是任何一种其他方案都不可比拟的优势。

电力光纤到户采用的是OPLC，OPLC具有光纤通信和电力传输能力，抗干扰性强，带宽在理论上可以达到1000M。由于OPLC具有高容量的带宽，电力公司可以针对剩余带宽，采取不同的资源运营整合方式，在诺达咨询的研究报告《电力光纤到户商业模式研究报告2011》中指出，电力公司基于电力光纤到户可存在5种定位：宽带资源批发商、驻地网运营商、智能电网服务商、智能家居服务商及全业务运营商。

1. 宽带资源批发商

宽带批发，是指用户驻地网业务经营者通过组建用户驻地网，将驻地网内网络元素出租或出售的业务。通过电力光纤的铺设，电力公司在接入网部分拥有了丰富的光纤网络资源，除了满足智能电网业务之外，还可以将富余的光纤资源出租或者出售给各运营商，提高网络资源的利用率，也为"三网融合"业务提供了网络支持。电力公司作为宽带批发商，实际就是为"三网融合"等业务提供通道，而不参与相关业务运营与用户管理，是驻地网的建设者。

2. 驻地网运营商

电力光纤入户采用光纤复合低压电缆，实现到表到户，电力公司实际上是构建了一张完整的驻地网，为开展驻地网运营奠定了网络基础。电力公司开展驻地网运营，实际上意味着电力公司在业务上比宽带批发商更进了一步，宽带批发商只参与驻地网的建设，只是通道的提供者，并不直接参与运营，而驻地网运营商则不只是通道的提供者，也是业务的运营者。电力公司开展驻地网运营的关键是要与运营商达成合作，获取出口带宽。若没有出口带宽，则无法实现驻地网与公网的互联，无法开展驻地网运营业务。

3. 智能电网服务商

智能电网（smart grid），就是电网的智能化，也被称为"电网2.0"，它是建立在集成的、高速双向通信网络的基础上，通过先进的传感和测量技术、设备技术、控制方法以及决策支持系统技术的应用，实现电网的可靠、安全、经济、高效、环境友好和使用安全的目标，其主要特征包括自愈、激励抵御攻击、提供满足21世纪用户需求的电能质量、容许各种不同发电形式的接入、保障电力市场的高效运行。

4. 智能家居服务提供商

智能家居服务是一个综合的家庭结合服务与集成系统，可提供的服务有很多，利用自身优势和资源，电力公司可以先从与智能电网相关或者相似的服务做起，比如水、燃气、热的远程抄表和远程付费、查询等；基于智能交互终端可开展远程医疗、远程教育、信息服务等相关应用。由点及面，逐步开展智能家居服务，成为智能家居服务提供商。

5. 全业务运营商

全业务，即通信所能运营和服务的范围，主要包括三个方面：语音、数据、视频。这里所指的全业务运营商，是可运营语音、数据、视频三方面业务的运营商。当电力公司运营语音通信、互联网应用、IPTV 等服务，也即"三网融合"业务时，电力公司定位为全业务运营商。"三网融合"是指电信网、计算机网和有线电视网三大网络通过技术改造，能够提供包括语音、数据、视频等综合多媒体的通信业务。

1.3 电力光纤到户技术现状与发展趋势

1.3.1 发展现状

随着目前 PFTTH 市场的启动，相关光电子元器件的大规模使用以及技术的不断创新，这些元器件的成本已不再是 PFTTH 实用化的主要障碍，而 PFTTH 成本的比例将会逐步向线路基础建设方面转移。迄今为止，PFTTH 主要在发达国家得到小规模的应用，但是推广力度有限。在美国，依然经历了一个从观望到飞跃的发展历程。2003 年以前，大多数传统电信运营商都将主要精力和资本投入到利用原有的铜线接入资源发展宽带接入。自美国联邦通信委员会将宽带业务定位 2003～2008 年的六大目标之一以后，激发了不少政府和新兴的中小型电信运营商的积极性，在这样的环境下 PFTTH 才得到了很大发展。

电力光纤到户在国外应用推广的力度和幅度都很有限。在国外，智能电网主要考虑的是配电和用电这两个环节。谈到智能小区，国外实际上更倾向于使用智能家居这样一个概念。智能家居在国外智能电网建设方面是一个非常重要的环节。在发达国家，他们的居民用电甚至比工商业用户的用电量还要高，一方面原因是其居民的生活水平比较高，另一方面原因是这些发达国家的很多高耗能工业生产都已经转移到了发展中国家，所以他们非常看重家庭的能效管理，且已经在这方面取得了很大成效。

我国的智能电网涉及的是"6+1"环节，即发电、输电、变电、配电、用电和调度 6 个环节加上一个基础的通信信息平台。其中，用电是一个非常重要的环节，它里面涵盖的内容也比较多，包括电动汽车有序充电、智能家居、智能楼宇等。在智能电网提出之初相关专家学者就开始思考这类问题，主要包括如何运用信息通信技术解决用电中的一些问题，把单向用电方式改成双向互动的用电方式等等。相比而言，随着我国坚强智能电网建设的开展，作为支撑智能电网建设和发展的重要技术，电力光纤到户引起了国家电网有限公司、一些科研院所和生产厂家的重视，相关研究和应用正随之稳步开展，近几年，在国内已经取得了一定的成果。

2010 年 5 月 5 日，由江苏无锡供电公司承接的江苏省内首个电力光纤到户试点工程项目，建设了 3 个电力光纤到户试点小区以及 1 个电力线宽带试点小区。这个项目在无锡开展光纤复合低压电缆到户试点、电力线宽带试点，并建设 1 套通信网综合监控软件，重点解决智能电网配用电侧通信系统建设"最后一公里"的接入问题，为计量装置在线监测客户负荷、电量等提供通信支持，为智能电网终端客户接入及用电信息交互提供可靠的通信保障。

2010 年 6 月 13 日，"沈阳市电力光纤到户试点工程"建设开工仪式在沈阳举行，这标志着电力光纤到户试点工程建设全面启动，此工程主要通过将光纤随低压电力线铺设，实现智能电网功能，开展电信网、广播网、互联网内容传输的"三网融合"等业务。

电力光纤到户试点工程是国家电网有限公司坚强智能电网第二批试点项目，分别在 14 个网省公司的 20 个城市进行试点工程建设，共覆盖约 4.7 万户用电客户。国网公司智能电网部会同各试点网省公司及技术支持单位，组织精干力量，周密安排，有效推进工程建设。试点工程完成 14 项企业标准、规范、报告的编制工作，完成 10 个网省公司的试点小区选定建设。

在当前各地供电企业建设的试点小区中，光纤网络以其高带宽、高安全性，有效承载了用电信息采集、配电自动化等业务，实现了信息查询、电费交纳等功能。在蒙东、青海等地开展的农网智能化升级改造中，采用电力光纤到户的方式，不仅解决了偏远地区的供电难题，还让偏远地区居民过上了拥有电话、有线电视和互联网的现代生活。

我国主张的电力光纤到户主要是在新建小区进行的，老旧小区改造起来的难度会很大，因为往往电缆本身有一定寿命，没到寿命不可能把它更换掉。而且，老旧小区智能电网的需求一般都是通过电力线宽带载波技术实现的，新建小区才会考虑到采用 OPLC 技术进行电力光纤到户。既然开展电力光线到户的地点主要是新建小区，其他运营商应该在此还没有铺设网络。在新建小区，通过电力同步建设，铺设电缆的同时铺设光纤，减少了工程建设中的重复施工，和国家的节能减排、资源节约政策也是相契合的。

通过将光纤随低压电力线敷设，PFTTH 为智能用电小区搭建了本地通信网络，实现了高速可靠的宽带接入。结合使用其他通信方式，可为用户提供双向互动的智能用电服务。PFTTH 所承载的业务类型包括电力系统相关业务和扩展业务。其中,电力系统相关业务包括用电信息采集、分布式电源控制以及电动汽车有序充电控制等业务;扩展业务包括智能家居业务、IP 数据业务、语音业务、视频业务以及综合信息服务等。

电力光纤到户具有明显的成本优势,供电企业在铺设电缆的同时,把光纤包含在电缆内,不仅能够节约成本,避免重复投资,还能够随电缆深入至千家万户,拥有天然的电力优势,节约了与业主、物业之间的沟通协调成本,这对于宽带网络的普及应用是一个有益补充。而国家大力推进的"宽带中国"战略,极大地推动了光纤到户网络建设,同时也加大了光纤到户的普及力度。

1.3.2　运营现状

电力光纤到户建设运营中,客户需求非常重要,同时也决定了其发展方向。电力光纤在服务电力系统安全稳定运行的同时,能够实现能源流、信息流的高度集成和综合应用,更好地适应清洁能源、电动汽车、"三网融合"等战略新兴产业发展的需要,提供了一个新型公共服务基础平台。全国范围内上海、北京等多个省市已有几十万户具备了开展电力光纤到户运营的条件。电力光纤到户试点地区在业务培育和运营模式探索方面做了大量工作,与专业化的运营单位合作,初步形成了独立运营(以北京为代表)、合作运营(以上海为代表)和资源出租(以河南、河北为代表)三种运营模式。运营中,运营单位与通信、广电运营商建立了良好的合作关系,也为客户带来了更多样的服务模式和更优质的服务体验,实现了共赢共享的良好局面。

通过开发智能用电运营管理平台,通过智能插座、智能网关等硬件产品,能为客户提供智能用电、家庭能效、智能家居、家庭安防、社区服务、云服务、高清视频点播和综合服务等业务,并已在北京莲香园小区、中弘像素小区实现了规模化应用和运营。电力光纤到户的建设运营符合电网末端向客户端延伸的内在要求,进一步拓展了国家电网有限公司的服务内涵和外延。在提供供电服务的同时,实现智能化应用和多样化的客户体验,家庭客户因此享受了更智能、更节能、更便捷的生活。

电力光纤到户投入运营,是实现资源有效利用和客户价值提升的途径,电力光纤到户在服务智能电网建设时产生的富余网络资源和服务能力,将形成更广阔的服务平台,服务经济社会发展。

当前,从各地的运营实际来看,受小区建设周期、客户入住率、电力光纤到户建设规模等因素影响,电力光纤到户运营效益在短期内并未完全凸显,随着规模的扩大、建设成本的下降和业务的拓展,电力光纤到户将形成更高的商业价值。

1.3.3　发展趋势

1. 电力光纤到户在智能电网中的发展

在智能电网中,信息通信不再仅仅是支撑电网发展的技术工具,而是实现了与电网的深度融合，支撑电网与客户的互动，这种互动引发了电网服务方式和能源利用方式的转变，同时也会促进电网从生产到供给整个环节发展方式的变革。坚强智能电网代表着未来电网、能源的发展方向，通信网络的支撑作用不可忽视，而光纤到户是通信网络支撑智能电网的重要部分。以电力光纤到户为主，应用无线宽带、电力线通信等多种通信方式的综合解决方案，是满足电网配用电侧自动化需求的最佳技术平台。通过电力光纤到户建设，电网在提供电力供应的同时，还能开展基于光纤网络的智能电网配用电业务。

为贯彻落实中央"稳增长、防风险"有关部署，国家发改委、能源局发布了《关于加快配电网建设改造的指导意见》（发改能源〔2015〕1899号文），提出要适应新能源及多元化负荷快速发展，加快配电网转型升级。新能源、分布式电源、电动汽车、储能装置快速发展，终端用电负荷呈现增长快、变化大、多样化的新趋势，配电网由"无源"变为"有源"，潮流由"单向"变为"多向"，加快配电网转型升级的任务非常紧迫，因此以下方案的贯彻落实迫在眉睫：①贯彻坚强智能电网发展战略，推广应用新技术、新产品、新工艺，提升配电网智能化水平；②做好电动汽车充换电设施接入配套电网建设，建成电动汽车快充网络和车联网服务平台，实现城市及城际间充电设施的互联互通，积极开展电能替代，完成80%港口岸电工程建设，积极推广电采暖，倡导能源消费新模式，带动产业和社会节能减排；③积极推广智能配电网项目和微电网示范项目建设，探索建立容纳高比例波动性可再生能源电力的发输（配）储用一体化系统；④以配电网为支撑平台，逐步实现大数据、物联网、云计算等技术在电网运行管理的深化应用，全面提升配电网智能化、互动化水平，实现绿色用电服务多渠道互动、分布式电源友好接入、电动汽车即插即用、智能电能表多元双向互动、用能服务高效便捷，全面推动能源生产和消费革命。

2. 电力光纤到户在能源互联网中的应用发展

能源互联网是一种互联网与能源生产、传输、存储、消费以及能源市场深度融合的能源产业发展新形态，具有设备智能、多能协同、信息对称、供需分散、系统扁平、交易开放等主要特征。在全球新一轮科技革命和产业变革中，互联网理念、先进信息技术与能源产业深度融合，正在推动能源互联网新技术、新模式和新业态的兴起。

为推进能源互联网发展，《国务院关于积极推进"互联网＋"行动的指导意见》（国发〔2015〕40号文）提出要推动能源与信息通信基础设施深度融合：①促进智能终端及接入设施的普及应用。发展能源互联网的智能终端高级量测系统及其配套设备，实现电能、热力、制冷等能源消费的实时计量、信息交互与主动控制。丰富智能终端高级量测系统的实施功能，促进水、气、热、电的远程自动集采集抄，实现多表合一。规范智能终端高级量测系统的组网结构与信息接口，实现和用户之间安全、可靠、快速的双向通信。②加强支撑能源互联网的信息通信设施建设。优化能源网络中传感、信息、通信、控制等元件的布局，与能源网络各种设施实现高效配置。推进能源网络与物联网之间信息设施的连接与深度融合。对电网、气网、热网等能源网络及其信息架构、存储单元等基础设施进行协同建设，实现基础设施的共享复用，避免重复建设。推进电力光纤到户工程，完善能源互联网信息通信系统。在充分利用现有信息通信设施基础上，推进电力通信网等能源互联网信息通信设施建设。

由此可见，电力光纤到户与能源互联网的建设要求密切相关。在能源互联网和综合能源系统中，电力光纤到户能够作为公共的通信传输平台，通过"三网融合"有效减少电信网、互联网和广电网的重复建设，有效降低能源与信息基础设施的建设和维护成本。

3. 电力光纤到户建设要求

随着智能电网的深入建设以及全球能源互联网研究的不断推进，电力通信业务的种类、带宽需求也正发生着巨大的变化：

（1）电力通信网所承载的业务由单一业务向多业务的方向发展，业务种类和特征也呈现多元特点，业务带宽更趋于大颗粒化，由传统小颗粒业务向多粒度业务方向发展。

（2）业务流向更趋于多样化，相邻型业务数量也越来越多，同时业务的QoS等级也备受关注。

（3）智能电网的深入和能源互联网的发展推动电力光纤到户业务蓬勃发展，电力业务特征也在发生变化，不仅包括现有业务的指标、功能的变化和业务规模的扩大，而且各业务种类也在不断变化，数据来源更加多样化，数据结构也更加多样化，对电力通信业务的要求也将产生重要影响。

未来，电力光纤到户形成的开放式公共服务基础平台，将在资源和业务上形成对通信、广电运营商的支持和补充，实现多方合作、互利共赢。同时，这一延伸至千家万户的网络平台，可支撑教育、医疗、电子政务的开展，通过在楼道布设终端，提供电费交纳的基本服务，拓展水、煤气等远程抄表和交费服务，开展广告、传媒等业务。电力光纤到户建设形成的网络基础设施，将成为基于电网自身应用的城市能源管理网络，实现城市能源的优化配置和科学用能，发挥社会价值，助力经济低碳、可持续发展，支撑智慧城市建设和节能社会发展。

1.4　本　章　小　结

智能电网是未来电网的发展方向，通信技术是智能电网研究中的关键技术之一，电力光纤到户技术使电网具备了信息传输的能力，为电网智能化和未来的"多网融合"发展奠定了坚实的基础。而OPLC将光单元与电力电缆有机的结合在一起，不仅解决了生活用电的电力问题，在宽带接入等光纤通信方面也起到了巨大作用。

电力光纤到户目前采用成熟的 EPON 接入方案，对于向全 IP 网络过度是一个很好的选择，EPON 降低了初始成本和运行成本，以太网技术的芯片比较成熟，实现简单，成本低，易拓展。电力电缆与光纤的有机融合，能够明显降低部署成本，对实现光接入网"最后一公里"有极大的推动作用。而随着业务需求全面激增，由于在技术上，PON 接口带宽受限，目前各电信运营商已全面升级 10G EPON 或 XGPON，并将逐步淘汰 EPON。

1.5 参 考 文 献

［1］ 邬贺铨. 迎接产业互联网时代化［J］. 电信技术，2015（1）：1-7.

［2］ 韦乐平. 电信网技术发展的趋势和挑战化［J］. 现代电信科技，2011（Z1）：1-7.

［3］ 顾畹仪，李国瑞. 光纤通信系统［M］. 北京：北京邮电大学出版社，2006.

［4］ 陈雪. 无源光网络技术［M］. 北京：北京邮电大学出版社，2006.

［5］ C F Lam. Passive Optical Networks：Principles and Practice［M］. San Diego：Academic Press. 2007. 19-87.

［6］ Moon Y，Oh C，Ko Y，et al. A MAC scheme for multimedia services over ATM-based PON［A］. TENCON 99. Proceedings of IEEE Region 10 Conference［C］. Cheju Island：IEEE，19919. 1383-1386.

［7］ 陈雪. 电信级多业务 EPON 系统-EasyPath 的技术特色. 电信技术，2003（11）.

［8］ Chen Xue，Zhang Yang and et al. A Novel Dynamic Bandwidth Assignment Algorithm for Multi-Services EPONs. The Journal of China Universities of Posts and Telecommunications，June. 2005.

［9］ Mc Carry M，Reisslein M，Aurzada F，et al. Shortest propagation delay（SPD）first scheduling for EPONs with heterogeneous propagation delays［J］. IEEE Journal of Selected Areas in Communications，2010. 28（6）：849-862.

［10］ ACale I，Salihovic A，Ivekovic M. Gigabit passive optical network-GPON［A］. 29th International Conference on 1TI. Cavtat. Croatia. 2007. 679-684.

［11］ Skubic Bjom，Jiajia Chen，Jawwad Ahrned，et al. A comparison of dynamic bandwidth allocation for EPON，GPON，and next-generation TDM PON［J］. IEEE Communications Magazine，2009. 47（3）：40-48.

［12］ 陈雪. 下一代无源光网络技术与应用［J］. 中兴通讯技术，2014（10）：1-2.

［13］ Luo Y，Zhou X，Effenberger F，et al. Time-and wavelength-division multiplexed passive optical network（TWDM-PON）for next-generation PON stage 2（NG-PON2）［J］. Journal of Lightwave Technology，2013. 31（4）：587-593.

［14］ Feng H，Chae C J，Tran A V，et al. Cost-effective introduction and energy-efficient operation of long-reach WDM/TDM PON systems［J］. Journal of Lightwave Technology，2011. 29（21）：3135-3143.

［15］ Gaudino R，Curri V，Capriata S. Propagation impairments due to raman effect on the coexistence of GPON，XG-PON．RF-video and TWDM-PON［A］．39th European Conference and Exhibition on Optical Communication（ECOC 2013）．London：IET．2013. 1-3.

[16]　张文亮，刘壮志，王明俊，等．智能电网的研究进展及发展趋势［J］．电网技术，2009. 33（13）．1-10.

[17]　李伟良．光纤复合低压电缆技术应用及组网模式［C］．第十二届中国科协年会．2010.

[18]　刘建明，赵丙镇，林宏宇．光纤复合低压电缆性能影响分析及应用［J］．ICT 研发动态，2010. 1. 42-45.

[19]　陆融，黄静韬．电力光纤到户在智能电网建设中的应用分析［J］．上海电力，2011. 3. 227-230.

[20]　葛剑飞，陈瑜．电力光纤到户典型设计分析［J］．华东电力，2010. 38（12）1887-1890.

2　电力光纤到户关键技术

电力光纤到户通过在低压通信接入网中采用光纤复合低压电缆，将光纤随低压电力线敷设，实现到表到户，并配合无源光网络技术，承载电力、电话、有线电视、互联网高速数据的"四网合一"业务，可以解决末端信息高速接入问题，满足智能电网用电环节信息化、自动化、互动化需求。与此同时，电力光纤接入网的研究处于起步阶段，也面临较多技术挑战：①需要合理使用不同结构及类型的电力光电到户的光电复合缆，以适应实际场景下的不同敷设需求；②需要针对电力光纤到户系统分层架构的不同作用及要求，配置高效专用设备；③需要对电力光纤到户网络拓扑结构进行合理的规划设计，提高网络可靠性，支撑各类智能电网业务的安全稳定运行；④需要优化通信资源的部署和配置，提高资源使用效率，降低通信网络建设及运营成本；⑤在有限的接入资源条件下有效地确保各类业务的服务质量，最大化提升终端用户网络体验；⑥需要智能的电缆状态监测及运维技术手段确保网络与服务的安全运行。

针对以上技术需求，本章将介绍电力光纤到户关键技术：①介绍电力光纤到户光电复合缆技术，分析不同类型线缆结构、电气特性及适用范围；②介绍电力光纤到户系统和设备技术，明晰电力光纤到户网络三层架构的各层作用、要求及对应的设备配置；③介绍电力光纤到户网络技术，重点探析电力光纤到户网络高速接入、网络资源分配、网络可靠性保障、网络规划与优化等方面。

2.1　电力光纤到户光电复合缆技术

光纤通信具有带宽高、容量大、抗干扰能力强、性价比优等突出优势，是通信网络建设的首选。在国家大力推进新能源、新一代信息技术等战略性新兴产业发展的政策背景下，智能电网建设的内在要求以及信息通信产业发展的必然趋势为光纤到户带来了前所未有的发展机遇。光纤复合低压电缆（将光纤组合在低压电力电缆结构层中，实现电力线和光纤同时入户）技术为解决配用电领域通信问题提供了理想的解决方案。通过采用光纤复合低压电缆，实现电力光纤到户，达到能源信息同步的目的，将电力和信息通信两大产业进行集成、整合和互补，既能供电，又能彻底解决电网"最后一百米"信息化问题。由此构建的新型公共服务基础平台在满足电网应用的同时，还能提供多种信息接入服务，为拓展电网服务领域，实现光纤接入资源的共建共享奠定了坚实的基础。OPLC 是智能电网重要的构成部分，但现阶段缺乏相关的测试性能和技术研究，没有可以利用开发的公共测试服务平台，严重阻碍产品研发进程，且缺乏产品质量监管手段。目前根据我国智能电网发展需要，电力光纤到户工程正在全国积极推进，OPLC 使用正在飞速增加，一套科学、合理的检测规范要求是对该类产品使用的重要保障，同时完备齐全的公共测试平台的建立也为 OPLC 的应用和我国智能电网的推广起到保驾护航的作用。

光纤复合低压电缆（OPLC）适用于额定电压 0.6/1kV 及以下电压等级。

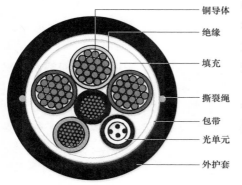

OPLC 将光纤随低压电力线敷设，实现智能电能表到户，配合无源光网络技术，承载用电信息采集、智能用电双向交互、多网融合等业务。

这种结构光纤复合低压电缆主要用于智能小区或办公楼等配网分支，由管道、隧道或直埋等方式接入光电分线箱。

配网用光纤复合低压电缆结构图如图 2-1 所示。

常见的额定电压 0.6/1kV 及以下入户用光纤复合低压电缆结构，如图 2-2 所示。

图 2-1　配网用光纤复合低压电缆结构图

铜导体
绝缘
填充
撕裂绳
包带
光单元
外护套

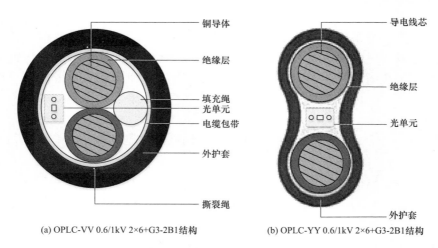

(a) OPLC-VV 0.6/1kV 2×6+G3-2B1结构
(b) OPLC-YY 0.6/1kV 2×6+G3-2B1结构

图 2-2　入户用光纤复合低压电缆结构图

这种结构光纤复合低压电缆主要用于用户接入，可垂直或水平布线，并且可以与智能电能表和光器件终端联合使用。

2.2　电力光纤到户系统和设备技术

2.2.1　电力光纤到户系统概述

光纤到户是智能电网的内在要求。智能电网必须支持电力设备状态检测、电力生产管理、电力资产全寿命周期管理和智能用电。尤其在智能用电领域，要实现智能用电双向交互服务、用电信息采集、智能家居、家庭能效管理、分布式电源接入以及电动汽车充放电，为实现用户与电网的双向互动、提高供电可靠性与用电效率以及节能减排提供技术保障。

电力光纤到户通信网络由核心网（包括骨干网、城域网）和接入网组成，接入网在整个网络中的位置如图 2-3 所示。FTTH 接入网在上行方向通过业务节点接口（service network interface，SNI）连接到城域网交换节点，在下行方向通过用户网络接口（user network interface，UNI）连接到用户驻地设备中央处理单元（central processing element，CPE）或家庭网络（home network，HN）。

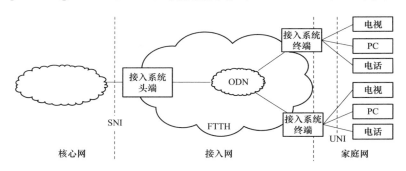

图 2-3　FTTH 接入网在整个网络中的位置

互联网概念是由计算机网络演化而来，是一个可以覆盖整座城市及郊县范围，将多个局域网连接起来，可传输数据、语音、图像和视频等综合信息，支持信息高速传输与交换的宽带多媒体通信网络。电力光纤到户网络除了传输电力系统专用数据以外还承载公众用户的互联网业务和多媒体业务，并为用户提供多种接入方式。电力光纤到户的网络结构可分为核心层、汇聚层、接入层，各个层次的作用和要求如下：

（1）核心层，提供高宽带的 IP 业务承载和交换通道，负责电力专用数据以及公众宽带数据的快速转发，通过省级网络与全国互联，提供城市的电力数据的汇聚与转发以及高速宽带 IP 数据出口，同时具有电力光纤到户网络的网络管理、接入、计费和认证等功能。核心层须具备线速的交换能力、高带宽、高可靠性、良好的扩展能力、清晰的网络结构、多业务支持能力包括 QoS 保证等。

（2）汇聚层，负责汇聚分散的电力网络接入点的数据，实现数据大容量、线速无阻塞的汇聚交换，并提供流量控制和用户管理功能。汇聚层主要完成的操作是给电力业务接入节点提供业务的汇聚、管理和分发处理。由于接入层的带宽较小，而核心层带宽很宽，汇聚层可在接入层和核心层之间将用户数据和宽带从小到大、网络拓扑从简单到复杂进行过渡。汇聚层须具备高性能、高容量、多技术支持、多种接入方式、流量管理、多业务支持、计费管理等。

（3）接入层，负责提供各种电力系统数据终端的接入。主要利用光纤、五类线等多种业务接入技术，迅速覆盖用户，进行带宽和业务分配，实现用户的接入。接入层须具备高端口密度、高安全性、多业务支持、用户管理能力等。

2.2.2　电力光纤到户设备

2.2.2.1　核心层设备

核心层主要以高端路由器为主，主要功用是将业务流进行合理转发，核心路由器除要具有强大的计算和处理能力外，还要具有高稳定、高可靠、高安全等特点，而随着互联网协议第 6 版（internet protocol version 6，IPV6）技术的出现、光通信技术的迅速普及以及 MPLS 技术成为主流，要求新一代高端路由器不仅具有更大容量的交换网络，同时要具备支持多协议、多种端口、多种安全认证的能力。在硬件体系结构上，新一代的路由器，在关键的 IP 业务流程处理上采用了可编程的、专为 IP 网络设计的网络处理器技术。它通过若干微处理器和一些硬件协处理器并行处理，通过软件来控制处理流程。对于一些复杂的操作（如内存操作、路由表查找算法、QoS 的拥塞控制算法、流量调度算法等）采用硬件协处理器来提高处理性能。为满足业务的高速增长，增加网络带宽，建立性能更加优良的 IP 通信网，提出了开发比吉比特路由器交换容量更大、支持业务更多、性能更完备的太比特路由器。太比特路由器产品最大的优点在于具有分布式的网络交换结构、可升级的体系和简单的运行管理。用户可以先使用部分配置的底盘，提供与吉比特路由器相当的容量，然后通过增加线卡和另外的底盘，增加路由器容量到多太比特级。

2.2.2.2　汇聚层设备

主要以汇聚交换机和宽带接入服务器（broadband access server，BAS）设备为主，汇聚交换机主要起到接入层 PON 系统 OLT 设备端口汇聚的作用，设备宽带接入服务器是一种设置在网络汇聚层的用户接入服务设备，可以智能化地实现用户的汇聚、认证、计费等服务，还可以根据用户的需要，方便地提供多种 IP 增值业务。

汇聚交换机采用先进的全分布式体系结构设计，通过主引擎和分布式高速业务接口板上内置的 Crossbar 交换网芯片实现板内、板间二、三层流量的线速分布式转发，通过分布式高速业务接口板上内置的高性能 CPU 与位于主控引擎上的 CPU 协同工作，实现访问控制列表（access control list，ACL）、流分类、QoS、组播等业务的全分布式处理；采用先进的全分布式体系结构设计，通过主引擎和分布式高速业务接口板上内置的 Crossbar 交换网芯片实现板内、板间二、三层流量的线速分布式转发，通过分布式高速业务接口板上内置的高性能 CPU 与位于主控引擎上的 CPU 协同工作，实现 ACL、流分类、QoS、组播等业务的全分布式处理，支持灵活 QinQ（802.1Q-in-802.1Q）功能，可以根据内层虚拟局域网（virtual local area network，VLAN）tag 灵活标记 VLAN tag，满足城域接入网一般建设需求。S7800 支持策略 QinQ 功能，可以根据丰富的流分类策略，包括 VLAN tag、MAC 地址、IP 协议、源地址、目的地址、优先级或端口号等，灵活标记外层 VLAN tag，丰富的流分类策略，既弥补了传统灵活 QinQ 的不足，又满足了城域接入网不同业务分类和分流的建设需求。

运营管理阶段的 BRAS 设备，不仅要完善用户的接入认证和计费功能，还要担当业务网关的功能，与业务管理平台配合提供增值业务和网上应用业务。但是，BRAS 要实现对用户的个性化管理和服务，提供丰富的增值业务，保证宽带网络运营的安全和有序，避免账号盗用等问题，最根本的一点就是必须能够唯一准确地识别用户。

2.2.2.3 接入层设备

PON 系统分为局端 OLT 设备和用户端 ONU 设备，OLT 设备作为 PON 系统的核心设备，它实现的功能是：①与前端（汇聚层）交换机用网线相连，转化成光信号，用单根光纤与用户端的分光器互联；②实现对用户端设备 ONU 的控制、管理、测距等功能；③OLT 设备和 ONU 设备一样，也是光电一体的设备。OLT 属于接入网的业务节点侧设备，通过 SNI 接口与相应的业务节点设备相连，完成接入网的业务接入。

PON 系统架构图如图 2-4 所示。

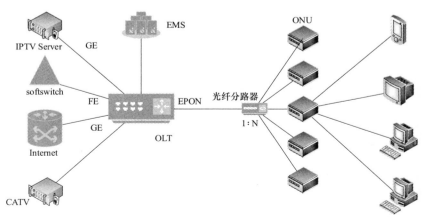

图 2-4 PON 系统架构图

OLT 除了提供业务汇聚的功能外，还是集中网络管理平台。在 OLT 上可以实现基于设备的网元管理、基于业务的安全管理和配置管理，不仅可以监测、管理设备及端口，还可以进行业务开通和用户状态监测，而且还能够针对不同用户的 QoS、服务等级协议（service level agreement，SLA）要求进行带宽分配。

PON 系统中的用户端设备称为 ONU，FTTx 应用场景的复杂性直接导致了 FTTx 网络中 ONU 设备形态的多样性。按照业务接口类型和数量的不同，ONU 可分为单个家庭用户单元（single family unit，SFU）、单个商业用户单元（single business unit，SBU）、家庭网关单元（home gate unit，HGU）、多住户单元（multi-dwelling unit，MDU）和多租户单元（multi-tenant unit，MTU）等类型。

当采用 FTTB 或 C 方式建设光接入网时，每个 ONU 需接入多个独立用户，此时的 ONU 被称为 MDU 或 MTU。MDU 或 MTU 可提供 8、16、24 个 FE 接口，或者提供 24、48、96 个 DSL 接口，入户线为 5 类线或双绞线。为了满足用户对语音业务的需求，MDU 或 MTU 还可以提供 POTS 接口，按 1∶1 比例同时提供宽带数据业务和窄带语音业务。此外，为了满足商业客户对 TDM 业务的需求，有些 MDU 或 MTU 还可以提供 2、4、8 个 E1 接口。

当采用 FTTH 或 FTTO 方式建设光接入网时，每个 ONU 仅接入一个用户，此时的 ONU 被称为 SFU 或 SBU。SFU 或 SBU 一般提供 1～4 个 FE/GE 接口，还可以提供 1～2 个 POTS 接口来提供窄带语音业务。当为商业客户提供服务时，SBU 还可以提供少量 E1 接口。

2.3 电力光纤到户网络技术

2.3.1 电力光纤到户网络高速接入技术

2.3.1.1 高速接入技术概述

全球宽带提速的浪潮已经来临，云计算、4K/8K 超高清视频、VR/AR 虚拟现实、互动游戏、智慧家庭和物联网等应用将成为人们日常生活与工作的一部分，越来越多的国家都已经或计划提高宽带接入速率。目前，全球已有超过 50 家运营商正在提供千兆宽带业务，在韩国、美国和中国香港等地区，运营商已经针对企业和家庭用户开通了 2G 乃至 10G 的业务；在中国，2013 年国务院发布了国家宽带战略，计划到 2020 年使发达城市家庭用户的接入速率大于 1Gbit/s；在欧盟和美国，各国政府也在加速提升国家基础带宽，或者给予宽带发展以较大的支持。

随着用户终端带宽需求的不断增大，当前接入网系统也在不断升级。尼尔森诺曼公司的联合创始人 Jakob Nielser 博士 1998 年提出著名的尼尔森定律：用户带宽将以每年 50% 的速率增长。从 1983 年到 2017 年的统计数据来看，带宽增长趋势与该定律吻合。按此规律推演，到 2020 年，用户带宽将会达到 1.6Gbit/s。现有的 100Mbit/s 和 1Gbit/s 带宽接入已经无法满足未来带宽的发展需求，未来 10Gbit/s 入户将成为宽带接入建设的必然趋势。对接入网进行改造升级，真正实现高速接入网络，顺应时代发展的趋势，变得尤为重要。同时，国内各大主流通信厂商、研究院均已积极开展高速接入技术的研究，光纤到户网络高速接入技术将迎来跨越式发展。

2.3.1.2　100G 上联高速 PON 接入网络

100G 上联高速 PON 网络连接示意图如图 2-5 所示。

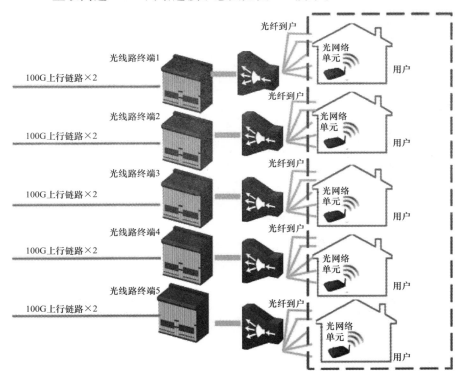

图 2-5　100G 上联高速 PON 网络连接示意图

1. 100G 上联高速 PON 接入网络组成

100G 上联高速 PON 接入网络由局侧的光线路终端、用户侧的光网络单元和光分配网络组成。

光线路终端是 100G 上联高速 PON 系统局端设备，提供与城域网（IP、SDH、MSTP、MPLS 等）的连接，用于实现用户业务的接入、管理和用户侧业务的汇聚等功能，该节点设备向下提供 1G、10G 业务接口，完成用户数据的汇聚接入；提供 100G 的高速背板交换能力，保证多用户大容量数据的快速数据交换；提供 100G 上行吞吐能力，完成与网络测设备的高速互联。

光分配网络用于实现局端到用户端的光纤分配和连接，主要包括光缆、光分路器、光连接器、波分复用器、光配线设备、用户终端盒等，打破原有 PON 系统的分光比限制，实现更大的光分路比、更远的网络覆盖范围；实现更多用户的高速接入，获得更大的经济效益和用户体验。

光网络单元是 100G 上联高速 PON 系统用户端设备，用于提供与 100G 上联高速 PON 网络的连接，并向用户提供多种业务接口，如以太网（FE、GE）、POTS 电话接口、xDSL、E1 和射频（RF）接口等。根据 ONU 应用场合的不同，可分为单用户单元、多住户单元、家庭网关单元等类型；单用户提供 1Gbit/s 及以上的带宽接入能力，配合多种业务端口类型，承载多样化的业务类型（如 VR、AR、智慧家庭等），为用户带来更广泛的体验。

网络管理系统实现对 100G 上联高速 PON 网络内所有设备的管理，并与上层设备（BRAS、Radius 等）一起实现对用户的认证和对用户业务的管理。典型的 100G 上联高速 PON 网管系统以 WINDOWS 风格的图形操作界面为用户提供配置管理、性能管理、故障管理、安全管理、资源管理等功能，具体如下：

（1）配置管理模块。主要针对 100G 上联高速 PON 所特有的多业务承载特性提供丰富、灵活的用户配置操作接口界面。

（2）性能管理模块。提供基于 OLT 上联端口、PON 端口，ONU PON 端口、用户侧 UNI 接口和每个用户每种业务的性能统计与实时监控。

（3）故障管理模块。提供对 OLT 设备（含业务板卡、上联板卡、电源等）、ONU 设备（PON 端口、UNI 端口、ONU 掉电）和光纤链路的监控。

（4）安全管理模块。为不同的操作用户提供分级分权管理功能，为不同特点的操作人员配置不同的管理员级别，分配不同的操作、管理权限，同时可以准确记录每个用户在登录后的操作日志。

（5）资源管理模块。实现对 OLT 设备资源（业务板卡和 PON 端口数量等）和 ONU 设备资源（每种设备类型的数量等）等的实时统计，并生成相应报表。

2. 100G 上联高速 PON 网络特点

100G 上联高速 PON 网络特点如下：

（1）更高的传输速率。具备 10Gbit/s 及以上的传输速率，提供更大的用户带宽接入能力，实现 1Gbit/s 及以上带宽入户，具备承载更大颗粒度业务能力。

（2）更大的分光比。突破现有 1：64 分光比，进一步支持到 1：128 分光比，甚至是 1：256 分光比。

（3）更多的用户接入。实现超远距离 40km 传输距离，具备更广的覆盖范围，满足更多的高速用户同时接入。

（4）更丰富的业务。基于 10G 及以上的传输速率，提供更丰富的业务类型、更完善的业务调度机制，实现多级 QoS 调度保证业务融合服务等级。

（5）良好的扩展兼容性。100G 上联高速 PON 高速网络兼容现有 1G PON 网络，以确保网络的平滑演进，保护即有投资者的利益。

2.3.1.3 100G 上联高速 PON 接入网络关键技术

中国四大运营商、驻地网运营商等均在大规模批量部署 GPON、EPON，XP-PON1、10G-EPON 也已经开始规模性部署并商用。PON 系统国际标准的主要阵营包括 FSAN 主导的 ITU-T 系列 GPON 标准，以及 IEEE 主导的 802.3 系列 EPON 标准。其中，ITU-TGPON 标准系列已经从 GPON、XG-PON1 发展到 NG-PON2。当前 NG-PON2 的标注体系已明确采用 TWDM-PON 系统架构，单波速率为 10G，通过采用 4 波或 8 波来实现系统容量 40G 或 80G。

相对标准推进较快的 ITU-T 阵营，IEEE802.3 系列标准制定则略微滞后，EPON 及 10G-EPON 标准先后于 2004 年和 2009 年发布，而与 NG-PON2 通信容量对应的 NG-EPON 标准还处于早期阶段。2015 年 7 月，NG-EPON CFI（call for interest）正式通过，成立了研究小组，并在 2015 年 9 月底发布了 NG-EPON 标准目标。目前，NG-EPON 目标已经定义了几种方案，包括单播 25G 上下行和 Nx25G 上下行，主要调制格式技术包括非归零码（non-return to zero，NRZ）、双二进制编码和 4 阶脉冲幅度调制编码等。

当前，虽然很多候选技术还在研讨和比较当中，但单波速率超过 10G 已基本达成一致，目前演进方向主要是单波速率 25G。而在整个 PON 系统中，针对家庭用户接入，单波 25G PON 可以作为主流技术。单波 25G 已经成为光接入的一个重要节点速率，成为 100G PON 实现的关键。单波高速 PON 的主要挑战将集中在色散、功率预算以及速率选择方面。

1. 调制技术

（1）NRZ 调制。

基于 NRZ 调制的 25G-PON 主要有 2 种实现方式：①发送端和接收端均采用 25Gbit/s 光器件；②发送端采用 25Gbit/s 光器件，为降低成本，接收端采用 10Gbit/s 带宽光器件，通过 DSP 带宽补偿算法来实现 25Gbit/s 传输速率。以上两种方案的调制均采用二进制启闭键控（on-off keying，OOK）直接调制方式。其技术难度如下：①上行 25G 突发模式的电芯片 BCDR 实现难度大；②如果波长规划在 O 波段之外，还要增加色散补偿算法；③为满足 PON 网络功率预算要求，发送端一般引入预加重，接收端采用均衡算法提高灵敏度。NRZ 调制的优点是系统实现简洁，关键光器件可以重用 100G 以太网和 10G-PON 的成熟产业链。25G 光收发器件当前成本较高，随着 25G 器件在数据中心和 FTTx 的大规模应用，成本未来会有一定下降空间。

（2）双二进制调制。

双二进制是一种二进制的数据编码方式，它将二进制中逻辑信号"0"转换为逻辑信号"＋1"和"－1"，使信号的频谱带宽减小为原来一半。在光纤通信中双二进制有两种应用形式；①采用三电平幅度调制，这种形式的双二进制数据在接收时需要进行双二进制解码，与传统二进制 IM-DD 系统相比，三电平判决会导致接收机灵敏度劣化；②采用光双二进制，使用 M-Z 调制器，采用幅度调制和相位调制（AM-PSK）相结合方式，该方案的特点是接收端可以与传统二进制 IM-DD 系统的接收机兼容，不导致灵敏度劣化。

三电平幅度调制方案的优点是，系统实现简单，电域、光域的信号带宽与 NRZ 的系统相比可以减小一半。缺点是与 NRZ 系统相比，系统光功率预算会下降。光双二进制的优点是在接收端不需要判断所接收的相位是多少，只要取出其幅值即可，因此在接收端只需要使用传统的直接检测器件，其难点是 M-Z 调制器的体积大、成本高。

（3）脉冲幅度调制。

脉冲幅度调制（pulse amplitucle moclulation，PAM）是高阶调制技术的一种，原理是将 2 个或以上比特信息映射到不同的发射脉冲幅度（电压）上增加每符号的比特传输速率。使用 PAM 调制的主要目的是在提高传输速率的情况下，降低或者保持传输信号的带宽不变，从而降低或保持发射机和接收机的成本。PAM-4 有 4 个幅度信息，每个幅度上可携带 2bit 的信息。PAM-4 调制的色散容限相对于 NRZ 可提升 4 倍。PAM4 调制可以采用 12.5Gbit/s 带宽光器件，传输 25G 的信号，但是相应代价是在发送端和接收端要采用高速 AD 和 DA 等技术进行编解码，接收端还需要采用相对复杂的算法进行带宽补偿。

2. 色散

在单波 10G 及以下速率中，由于 NRZ 具备结构简单、成本低等特性，EPON、10G-EPON、GPON、XG-PON1 和 NG-PON2 均采用了该调制格式，此时色散不是 PON 网络面临的主要问题。而单波速率达到或超过 25G 时，NRZ 调制格式的色散容限无法满足传纤 20km 的要求。有两种方法可以解决此问题：①采用零色散的 O 波段（光纤零色散区域），但此波段已被 EPON 和 GPON 占用，在 PON 网络多代共存场景下难以采用；②采用电色散补偿方法，其中引入高色散容限的调制格式或电均衡算法是比较可行的做法。

3. 功率预算

PON 网络是一个点到多点系统架构，由于 ODN 链路中分光器会引入较大的额外插损，使得功率预算成为 PON 网络面临的较大挑战。一般可通过增大发送光功率和提高接收灵敏度的方法实现，目前主流的探测器以 PIN（光电二极管）和 APD（雪崩光电二极管）为主。在 PON 系统中，由于功率预算要求较高，主要以 APD 为光接收器件。APD 的接收灵敏度与信号速率有明显的关系，当信号速率由 10Gbit/s 提升到 25Gbit/s 时，接收机的接收灵敏度会有 4dB 的下降，如果没有补偿措施，会带来系统链路功率预算下降。目前的 25G APD 芯片技术和 ROSA 封装技术还不成熟，仅有少数供应商宣布拥有该技术，并且价格昂贵，因此低成本 25G-PON 系统的光收发器件待解决的难题。

4. 速率选择

在单波超过 10G 速率后，会遇到色散困扰和功率预算不足等问题的干扰，而且速率越高，色散对系统的影响越大，系统功率预算也会越紧张。相对于单波 10G，单波 25G 可以采用 Duo-binary、PAM4 和 NRZ＋DSP 等多种方案来解决上述问题，这几种方案都属于多阶调制，编解码相对比较简单，对器件要求也不高。而对于单波 40G 来说，由于单波数据速率提高，其代价是需要更加复杂的高阶调制或更加复杂的 DSP 算法，且会面临更加紧张的功率预算。理论分析及仿真表明，单波 40G 模式难以达到当前 10G-EPON 的几种功率预算等级要求。而与之相应的是，当前业界 25G 的各项电路技术都已经趋于成熟，比如 25G 激光驱动器、25G 跨阻放大器和 25G 数据时钟恢复电路等等。

5. 单波高速方案

（1）单波 25G NRZ 方案。

由于 NRZ 调制格式简单，在 EPON、10G-EPON、GPON、XG-PON 和 NG-PON2 系统中均采用了该调制格式。在单波 25G 速率下，若采用 O 波段传输，NRZ 格式的光信号的色散容限可以满足传纤 20km 的需求；但如果采用 C 或 L 波段（光纤正色散区域），由于色散容限不够，单波 25G NRZ 方案无法满足 PON 系统常规的 2km 传纤需求。在此场景下，需通过光学或电学方式进行色散补偿，包括在发送端采用 25G 点吸收调制激光器和在接收端采用 25G APD 接收机。虽然该方案下的 PON 光模块结构简单，但 25G 器件成本比较高，且该方案的最大弊端是色散容限不够。补救该弊端的方法是在接收侧采用 DSP 算法对色散进行补偿。如果算法优化得当，10G 光器件甚至可以在接收侧取代 25G 光器件，此外，由器件带宽不足引发的信号畸变也可通过算法一并补偿。

（2）单波 25G Duo-Binary 方案。

Duo-Binary 称为双二进制，其通过产生 3 个电平使得自身频谱相对 NRZ 频谱降低一半，对应的色散容限可提升 2.5 倍。根据眼图不同，可将 Duo-Binary 分为两种：①Electrical Duo-Binary，简称 EDB；②Optical Duo-Binary，简称为 ODB。其中 EDB 是一种常规的 3 电平双二进制调制格式，眼图为 3 个电平，拼合成两个眼睛；而 ODB 则是在电域产生 3 电平双二进制信号之后，再通过电光相位调制解调器将上下两个眼分别调制在不同的相位上，形成类似于 NRZ 但又不等同于 NRZ 的 ODB 眼图。OBD 调制格式由于在光相位上形成反转，起到色散消抵的作用，因此拥有更好的色散容量。

由 EDB 和 ODB 可组成两种对称 25G-PON 系统。在第一种形式上，上下行链路都采用 EDB 调制格式。考虑到 PON 系统中 ONU 侧成本比较敏感，可只在 OLT 发送侧采用 25G 光器件的 EDB 调制，而在 ONU 发送侧采用 10G 光器件产生 EDB 格式的上行信号。由器件带宽限制引发的上行信号的畸变，可在成本不敏感的 OLT 接收侧通过更为复杂的电域算法进行补偿。在第二种形式下，下行链路采用 ODB 调制格式，在 OLT 发送侧通过采用马赫曾德调制器在产生的 3 电平基础上进行相位调制，形成 ODB 信号。而在 ONU 接收侧只需要采用类似于 NRZ 的两电平判决接收，可极大地简化接收电路，降低 ONU 成本。上行调制方案与第一种形式一致，即在 ONU 发送侧采用 10G 光器件产生 3 电平 EDB 信号。

（3）单波 25G PAM-4 方案。

PAM-4 调制称为 4 电平脉冲幅度调制，在信号调制时将每两个比特组成一个波特，因此 PAM-4 调制的波特率将减少一半，频率效率则提升一倍。PAM-4 调制的色散容限相对于 NRZ 可提升 4 倍。25G PAM-4 调制在发送端只需采用 12.5G EML 和 12.5G 线性驱动器，在接收端则采用 12.5G APD 线性接收光组件。由于当前主流光器件都是 10G，还可以采用 10G 光器件来代替 12.5G EML 或 APD，再通过电补偿算法进行带宽补偿。PAM-4 在发送侧需要采用数模转换器产生 4 电平，接收侧采用模数转换器解码 4 电平。

上述三种单波高速技术方案各有利弊。单波 25G NRZ 方案结构简单，但在接收端需采用 DSP 进行色散补偿，同时采用 25G 光器件成本也较高；单波 25G Duo-Binary 方案中，对称 25G EDB 方案在 ONU 侧采用 10G 接收机和 10G 发送光器件，成本较低，但下行 25G 接收需采用 EDB 格式的 3 电平解码，会引入额外的成本，而下行 25G ODB 上行 25G EDB 方案，其主要优点是下行接收灵敏度高、接收简单，但发送侧较复杂，引入了相位调制器，同时，接收侧还需要采用 25G 光器件；单波 25G PAM-4 方案波特率减半，对光电器件带宽要求也会降低，但对器件线性度提出了更高的要求，并且 PAM-4 收发芯片会带来成本和功耗等问题。此外，PAM-4 方案相对其他方案来说灵敏度也较低。

除此之外，上述各方案为了达到 PON 网络系统的功率预算要求，基本上都需要采用光放大器，由此带来的光放大器成本、功耗和集成度等问题也是单波高速 PON 需要面临和解决的问题。

2.3.1.4 高速 PON 接入技术发展趋势

由于接入网技术升级快，规模巨大，投入高，高性能和低成本一直是决定接入网技术演进的关键因素。光器件由于成本占比高，更是接入网技术升级需要考虑的重中之重。高速光器件的带宽是保障性能和制约高速 PON 技术成本的核心要素，如果使用低带宽的光器件来传输高速信号，就需要引入双二进制和 PAM-4 等高级调制技术，例如使用高速 AD/DA 和 DSP 器件，这些也会提高电路实现的复杂度。

考虑到与现有接入网络的共存和平滑升级的需求，以 25G 单播速率为典型特征的 100G 上联高速 EPON 是下一代 PON 的重要研究方向。100G 上联高速 EPON 通过波长叠加，可以实现单纤 4×25G 的高速率传输，为用户提供千兆级的带宽接入，满足未来高速增长的市场需要。

目前，单波长 25G-PON，其实现方式主要有 NRZ 调制、双二进制调制和 PAM-4 调制三种方式。而从光器件带宽和电层实现复杂度这两个核心因素进行权衡，如何选择出性价比合适的实现方案是关注重点。基于 NRZ 编码的 25G-PON 由于架构简洁，器件成熟度高，近期成为标准制定和业界研究的主要热点。而单波长实现 25G 传输速率后，就可以结合多波长叠加以及通道绑定技术来 100G-PON（4 波长）。

25G/100G-PON 系统，采用 4 个波长，每个波长 25G，可选的波长规划主要有以下三种方案：

（1）全 O 波段：上下行 4 对波长均位于 O 波段。

（2）O/C/L 波段一：第一个波长通道 Lane0 上下行波长位于 O 波段，其他波长位于 C、L 波段。

（3）O/C/L 波段二：所有上行波长位于 O 波段，所有下行波长位于 C、L 波段。

考虑到光纤色散、光纤损耗、已有 PON 系统的兼容性、光器件成本和技术实现复杂度等因素。全 O 波段方案由于可以采用 NRZ 调制，去除复杂的色散补偿处理；重用 100G 以太网产业链；使用 DML 和 EML 激光器，使物理层实现简单；成为各大光模块厂商研发 100G 接入光模块器件的突破方向。

高速 PON 系统的演进和发展都离不开产业链的配合，当前 25G 光电器件正在不断成熟。其中，25G 电芯片已经成熟商用，比如 25G 电吸收调制激光器驱动器、25G 马赫曾德尔调制器、25G 数据时钟恢复和跨阻放大器等；25GO 波段的激光器基于 PIN 接收光组件，其技术已经成熟商用多年；业界正积极开发基于 APD 的 25G 接收光组件，25G 光芯片正处于高速发展期。

而随着各大局端接入设备、芯片、光模块器件等厂商分别在实现 100G 上联高速 PON 接入系统的相关领域相继取得了重大突破，业内专家预计 2020 年，高速 PON 系统将实现规模商用。PON 技术发展趋势如图 2-6 所示。

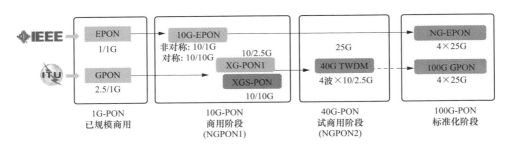

图 2-6 PON 技术发展趋势

随着高速 PON 系统高速发展，EPON 系统的更新换代随之而来：

对于 IEEE 标准体系，EPON 演进到 10G-EPON 之后，对称 10G-EPON 将逐渐成为主流；10G-EPON 之后将演进到单波长 25G-EPON 和多波长 50G/100G-EPON，其中单波长 25G-EPON，采用 NRZ 技术是近期标准组织主要讨论的技术方向，PAM4 等高级调制技术在单波长 50G 以上速率可能成为未来研究热点。对于 ITU 标准体系，非对称 XGPON1 将逐步演进到对称 XGS-PON。NGPON2 未来要规模商用，需要解决技术复杂和成本较高的问题。对于 NG-PON2 之后的下一代 PON 技术，ITU 在物理层技术上将会和 IEEE 逐步融合。

平滑演进兼容：对于 PON 技术兼容性，考虑到带宽需求的增长、波长资源和成本因素，2 代 PON 兼容是比较合理的选择，即 EPON 和 10G-EPON 兼容，10G-EPON 和 25G/100G-EPON 兼容；GPON 和 10G-GPON 兼容，10G-GPON 和 NGPON2 兼容。

从带宽需求上看，10G-PON 能够提供每用户 100Mbit/s～1Gbit/s 带宽，可以满足 2020 年前的用户带宽需求。2020 年后 25G-PON，NGPON2，50G/100G PON 可以为用户提供 1Gbit/s～10Gbit/s 带宽，2020 年后预计逐步进入商用。

2.3.2 电力光纤到户网络资源分配技术

2.3.2.1 资源分配技术概述

随着科技的发展，人们用电将趋向智能化、信息化，这必然要求电网的发展和通信行业联合在一起，创造出一条新的适应未来需求的发展路线。OPLC 电力光纤入户作为一种四网融合、为智能电网奠定基础设施的有效解决方案，通过在低压终端通信接入网中采用 OPLC，将光纤随低压电力线敷设，实现到表到户，配合 PON 技术，承载用电信息采集、智能用电双向交互、四网融合等业务。OPLC 电力光纤入户在为用户提供电力传输的同时，还能为用户传输各种控制信号和网络信号，以满足现代智能电网实现电力网、电信网、广播电视网、互联网四网融合的使用要求。OPLC 电力光纤入户能实行对用户远程信息采集和控制交互，比如用电信息采集、智能用电双向交互、用电分析与控制以及用户与供电区服务信息互动；与此同时，OPLC 电力光纤入户还需要承载传统的宽带和广电业务，如高带宽上网需求、IPTV、多媒体信息服务的需要（包括远程医疗、远程教育、政企信息化）、P2P、双向视频、高清晰视频监控、基站传输等业务。多网融合对单用户大带宽的需求十分迫切，而 OPLC 中的光纤介质连接通信局端和用户，能够为用户提供高速的带宽接入容量。

2.3.2.2 电力光纤到户网络资源分配国内外发展现状

1. 传统 EPON/GPON 及其 DBA 算法

EPON/GEPON 的标准规范是 IEEE 802.3，两者上下行波长分别是 1310nm

和 1490nm。EPON 的上下行速率皆为 1.25Gbit/s；GEPON 则有两种速率模式：①下行 10Gbit/s，上行 1Gbit/s 的非对称模式；②10Gbit/s 上下行对称模式。EPON/GEPON 最大传输距离 20km。EPON/GEPON 技术的主要缺点有设备互通性较差、对 TDM 等业务支持能力较差、效率较低，其采用 8B/10B 的线路编码方式会引入 20% 的带宽损失，再加上业务适配效率、承载层效率和传输汇聚层效率等原因，使得这两种技术总的传输效率很低。更重要的是，在可靠性和安全性这些方面不能满足电信级服务的要求。

GPON 系统也可以达到 20km 的传输距离，其下行速率有 1.244Gbit/s 和 2.488Gbit/s 两种，而且可以支持所有标准的上行速率。因为 GPON 系统采用了标准同步数字体系（synchronous digital hierarchy，SDH）的 125μs 帧格式，使得 GPON 系统可以直接支持 TDM 业务。在传输汇聚层 GPON 采用了一个全新的标准，即通用成帧协议（generic framing procedure，GFP），可以采用这种标准化的适配映射技术将各种数据信号高效透明地封装进标准信号，而 EPON/GEPON 对每种特定业务都需要提供特定的适配方法。

如图 2-7 所示，OLT 发送给 ONU 的下行数据在分光器处进行广播复制，该 PON 网络中的每一个 ONU 都会收到同样的信息，需要在 OLT 端采取一定的加密手段来提高数据的可靠性。EPON 和 GPON 支持的加密算法不同，EPON 采用的是三重搅动加密算法，GPON 采用的是 AES128 加密算法。

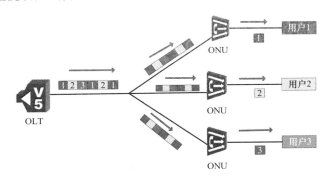

图 2-7 PON 网络下行链路传输

IEEE 802.3ah 中并未对 DBA 算法提出标准化的规范，但是 DBA 算法是 MAC 层中至关重要的技术。图 2-8 描述了 OSI 参考模型和 EPON 协议的分层模型之间的对应关系，EPON 协议分为物理层和数据链路层两层。物理层中的物理媒质相关（physical media dependent，PMD）子层与无源光介质的媒质相关接口（medium dependent interface，MDI）是串行比特的物理接口，数据链路层中的调和子层（reconciliation sublayer，RS）的主要作用是让多种 MAC 层可以使用统一的 PON 物理层接口，物理层中的物理编码子层（physical coding sublayer，PCS）与 RS 层之间的接口 GMII 是字节宽度的数据通道。操作、管理和维护子层提供了一套管理、监测、错误分析定位的方法。多点控制 MAC 子层主要作用是负责所有 ONU 的接入控制，MAC 子层将上层数据信息封装到以太网帧中，并且该层可以控制数据帧的收发。

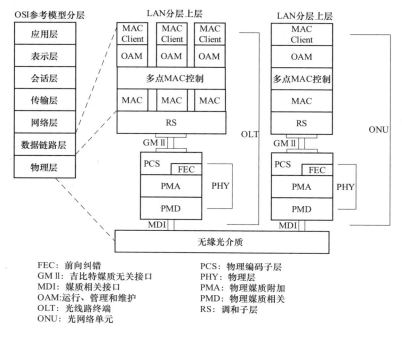

FEC：前向纠错
GM Ⅱ：吉比特媒质无关接口
MDI：媒质相关接口
OAM：运行、管理和维护
OLT：光线路终端
ONU：光网络单元

PCS：物理编码子层
PHY：物理层
PMA：物理媒质附加
PMD：物理媒质相关
RS：调和子层

图 2-8　EPON 协议分层和 OSI 参考模型间的关系

　　EPON 的带宽分配算法经历了最初的静态带宽分配算法和后来改进的动态带宽分配算法这两个历程。静态带宽分配算法较为简单，即在一个轮询周期内为每一个 ONU 分配相同的时隙，不需要去动态改变。但是这样就不能时时更新 ONU 的负载情况，依然按照静态的方法给负载较小的 ONU 分配多余的带宽，带宽就不能充分利用，会增加其他 ONU 的延时。

　　为了解决这个不足，DBA 算法成为讨论的热点，EPON 系统的 DBA 算法是依靠多点控制协议（multi-point control protocol，MPCP）来完成的。MPCP 定义了五种消息，分别是 OLT 发出的用于授权的 GATE 帧、ONU 发出的用于向 OLT 报告状态的 REPORT 帧、ONU 发出的请求注册的 REGISTER _ REQ 帧、OLT 发出的通知 ONU 已经识别注册请求的 REGISTER 帧、ONU 发出的注册确认 REGISTER _ ACK 帧，它们共同用于实现 OLT 和 ONU 之间的信息交换。这五种消息均为 64 字节的 MAC 控制帧，包括目标地址 DA（destination address，目标地址）域、源地址 SA（source address，源地址）域、类型域、用于区分控制帧类型的操作码（opcode）域、时标（time stamp）和帧检测序列错误（FCS）校验域。

图 2-9 中的 REPORT 帧是 ONU 向 OLT 上报本地队列状态的。REPORT 帧的主要作用包括：①OLT 可以通过 REPORT 消息帧的时间戳信息 Time Stamp 对 ONU 进行测距；②ONU 通过 REPORT 消息帧向 OLT 上报 ONU 中的每一个 802.1Q 优先级队列，可以通过队列长度显示多达 8 个队列需要的带宽；③为了保持各个 ONU 和 OLT 之间的连接状态，ONU 周期性发送 RE-PORT 消息给 OLT。

EPON 系统是时分复用系统，该系统中只需要分配时隙，因此 GATE 帧结构中只有时隙开始和时隙的长度，GATE 帧结构如图 2-10 所示，给四个队列授权带宽。

Fields	Octets
Destination address(DA)	6
Source adress(SA)	6
Length/Type=88-08	2
Opcode=00-03	2
Timestamp	4
Number of queue sets	1
Report bitmap	[1]
Queue_length#1	[2]
Queue_length#2	[2]
Queue_length#3	[2]
Queue_length#4	[2]
Queue_length#5	[2]
Queue_length#6	[2]
Queue_length#7	[2]
Queue_length#8	[2]
Pad=0	0-39
Frame check sequence(FCS)	4

Repeated n times as indicated by *Number of queue sets*

图 2-9 REPORT 帧结构

Fields	Octets
Destination address(DA)	6
Source adress(SA)	6
Length/Type=88-08	2
Opcode=00-02	2
Timestamp	4
Number of grants/flags	1
Grant # 1start time	[4]
Grant # 1 length	[2]
Grant #2 start time	[4]
Grant # 2 length	[2]
Grant #3 start time	[4]
Grant #3 length	[2]
Grant #4 start time	[4]
Grant #4 length	[2]
Pad=0	15/39
Frame check sequence(FCS)	4

图 2-10 GATE 帧结构

基于 MPCP 的最经典的 EPON 系统 DBA 算法是自适应周期间插轮询（interleaved polling with adaptive cycle time，IPACT）算法，该算法集中在 OLT 侧执行，根据自适应间插轮询所有 ONU 端的实时流量后得到的信息，为所有 ONU 授权合适的带宽大小，后续改进的其他间插轮询算法都是在该算法的基础上发展而来的。下面借助图 2-11 简单阐述 IPACT 算法原理。

第一步，在 t_0 时刻，OLT 已知目前网络中每个 ONU 的队列情况和 RTT 值，这些内容将会被保存在一张表中。OLT 会根据表中 ONU1 的带宽请求为该 ONU 发送 GATE 帧，允许 ONU1 发送 5600Bytes 大小的数据包。

第二步，ONU1 在收到 GATE 帧后解析出授权的开始上传时刻和长度信息，并于正确的时间上传 5600Bytes 的数据包。同时在数据包结束处添加 REPORT 帧信息，告知 OLT 目前 ONU1 缓冲区中有 150Bytes 数据等待上传。t_1 时刻，OLT 端收到了 ONU1 的 REPORT 帧信息，然后更新轮询表。

第三步由第一步中的表可知 OLT 到每一个 ONU 的 RTT 值，因此可以得出 ONU1 数据包的最后一个比特到达该 OLT 的时间为：

$$t_1 = t_0 + RTT + T_{guard} + B^i_{grant}/R_u \qquad (2-1)$$

式中：T_{guard} 是相邻两个 ONU 之间的间隔时隙；B^i_{grant} 是授权的带宽值；R_u 是数据传输率。在得到 ONU1 数据包的最后一个比特到达该 OLT 的时间后，OLT 即可立即为 ONU_2 分配带宽，下发 GATE 到 ONU。

第四步，当 ONU_2 收到了相应的 GATE 帧之后，可根据解析到的信息发送 2800Bytes 的数据，并于结束处上传 REPORT 帧，以此来报告当前该 ONU 中的缓冲队列状况。每当 OLT 收到 ONU 的 REPORT 信息之后即可立即更新轮询表以待下一周期。

最后，将第三步骤和第四步骤反复进行。所有 ONU 周期性地上报缓冲队列情况给 OLT，OLT 则会根据上报情况更新轮询表。

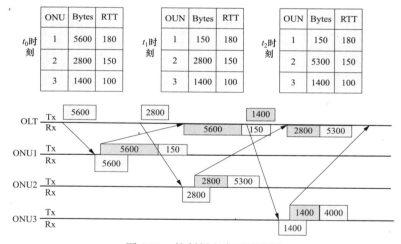

图 2-11 控制报文交互流程图

在该算法中，OLT 主要是根据 ONU 上报的 REPORT 信息中申请的带宽数为所有 ONU 分配带宽。但是这样会造成一种情况，就是业务较多的 ONU 会得到大量带宽，而业务较少的 ONU 可能会在短时间内得不到带宽，导致该队列业务时延加剧。为了改善这个问题，改进的 LS_IPACT（limited service IPACT）算法根据 SLA 的不同为每一个 ONU 设置对应的最大传输窗口：

$$W^i_{max} = \frac{T^{Max}_{cycle} - N \times T_{guard}}{8} w_i \qquad (2-2)$$

式中：w_i 是基于 SLA 分配给 ONU_i 的权重值，并且满足 $\sum_i^N w_i = 1$。

ONU$_i$ 得到的授权带宽为：

$$B_i^{\text{Grant}} = \begin{cases} W_{\text{Max}}^i, & B_i^{\text{R}} > W_{\text{Max}}^i \\ B_i^R, & \text{else} \end{cases} \qquad (2-3)$$

式中：B_i^R 是 ONU$_i$ 的带宽申请值。

由式（2-3）可知，ONU$_i$ 得到的最大授权带宽受制于最大传输窗口值。

2. 传统 WDM-PON 及其 DBA 算法

为实现大容量的光接入网，WDM 技术是一个很好的选择。早在 1994 年，WDM-PON 就被作为接入网的一种理想方案，但由于国际上还未形成相关的标准，且相关设备成本较高，也不够成熟，所以至今并未大规模实施该项技术。在光接入网技术比较成功的韩国，其最大的运营商韩国电信与 Novera Optic 于 2005 年已经合作开展了 WDM-PON 的应用实践，并于当时合作进行了 5 万户、十六波的 WDM-PON 实验，目前已部署 15 万线有余。此外，Verizon、NTT、KDDI 和欧洲的一些运营商也对 WDM-PON 有极大的兴趣。在国内，烽火通信、武汉邮电科学研究院、北京邮电大学和清华大学在 WDM-PON 方面也颇有建树。

不同于 EPON 的是，WDM-PON 引入了波长资源，可以通过不同的波长为不同的 ONU 传输数据，所以相对于传统的 EPON 系统来说除了可以调度时隙资源之外，还可以调度波长资源。如图 2-12 所示，GATE 帧结构也有所改变，主要添加了 Grant $\sharp n$ wavelength 这个字段，即授权的波长号。WDM-PON 不仅决定 ONU 上行传输的开始时间和数据传输量，还要分配合适的波长信道给相应的 ONU 去进行上行传输。

WDM-PON 系统中有离线动态带宽分配和在线动态带宽分配两种方案，图 2-13 是在线动态带宽分配算法，该方案中一旦 OLT 接收到来自于某个 ONU 的 REPORT 信息之后，该 ONU 就会被分配上行传输带宽，而无须去考虑其他 ONU 的带宽请求。WDM-PON 一个基本的在线分配策略是首先为该 ONU 分配一个最早可用的波长，然后根据已有的时分复用网络中的分配方案为该 ONU 分配相应数据包长度的上行带宽。

Fields	Octets
Destination address(DA)	6
Source adress(SA)	6
Length/Type=88-08	2
Opcode=00-02	2
Timestamp	4
Number of grants/flags	1
Grant #1 start time	0/4
Grant #1 length	0/2
Grant #2 start time	0/4
Grant #2 length	0/2
Grant #3 start time	0/4
Grant #3 length	0/2
Grant #4 start time	0/4
Grant #4 length	0/2
Sync time	0/2
Grant #1 wavelength	0/1
Grant #2 wavelength	0/1
Grant #3 wavelength	0/1
Grant #4 wavelength	0/1
Pad/Reserved	9-39
Frame check sequence(FCS)	4

图 2-12　WDM-PON GATA MACP 控制帧格式

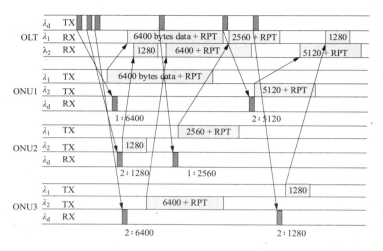

图 2-13　在线动态带宽分配算法

图 2-14 描述了离线动态带宽分配算法。在该方案中，OLT 接收到所有 ONU 的带宽请求后为其分配带宽，这样 OLT 就可以在综合考虑了所有 ONU 的请求之后为其分配带宽，每一个 ONU 在上传数据帧结束处上传 REPORT 帧。此时 OLT 接收数据就会产生一个间隔时间，该间隔时间是方案计算时间，即 GATE 帧传输时间和下一个周期中第一个到达 OLT 的 ONU 的 RTT 值之和。

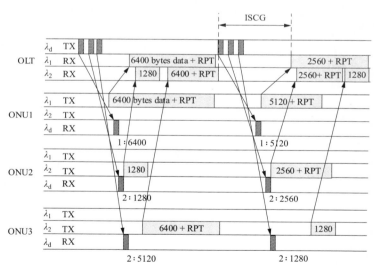

图 2-14　离线动态带宽分配算法

2.3.2.3　电力光纤到户网络资源分配关键技术

1. 动态带宽分配技术

随着"三网融合"的发展，业务的种类也在不断丰富，如数据业务、话音业务、IP 视频业务、TDM 业务以及 CATV 业务。IEEE 802.3ah 标准中不仅对传统以太网的分层结构进行了扩展，而且还定义了多点 MAC 控制子层，以及用于此层通信的多点控制协议（multi-point control protocol，MPCP）。MPCP 的功能主要包括 ONU 设备的自动发现与加入、为 ONU 端分配发送时隙、ONU 端实时向高层报告此时的网络堵塞情况等，以便于 OLT 端实施 DBA 算法。OLT 设备和 ONU 设备之间通过 OLT 为所有 ONU 设计的虚拟的 MAC 层实体形成了逻辑上的链路，而且设计了一个唯一的标识符用于区分每一条逻辑链路，此标识符为逻辑链路 ID（logical link ID，LLID），LLID 存在于以太帧的前导码中。OLT 与 ONU 之间的逻辑链路是在 ONU 的自动发现与注册阶段确立的。当 OLT 接受一个 ONU 的注册请求时，就给这个 ONU 分配新的 LLID。公平性较高的 DBA 算法为某一用户分配带宽时，需要根据该用户与运营商的合约标准来进行，一般来讲缴费相对较多的用户得到的带宽也应当相对越多，也就是说应当根据服务等级协议（service-level agreement，SLA）合约来确定得到的保证带宽的大小和服务质量（quality of service，QoS）等指标。

已有的 DBA 算法可以从多个角度来分类：

（1）业务有无优先级。

1）业务无优先级：最经典的算法是基于 EPON 的自适应周期间插轮询（interleaved polling with adaptive cycle time，IPACT）算法，业务之间不区分优先级。

2）业务有优先级：为了适应多用户和多业务的发展趋势，一般在 ONU 中设置有多优先级业务的缓冲队列，MPCP 协议中可支持多达八种业务的优先级，通过为业务划分优先级，可以根据优先级高低为其分配带宽。某些业务对延时较为敏感，可以优先考虑为其分配带宽。某些业务对延时不敏感，甚至对延时没有什么要求，就可以随后考虑。

（2）有无预留带宽。

1）总带宽由高优先级的业务带宽、次优先级的业务带宽和低优先级的业务带宽组成，没有为某项业务设置预留带宽，这样的算法简单、容易实现，但没有充分利用 DBA 算法去提高整体网络性能。

2）总带宽由预留带宽、高优先级的业务带宽、次优先级的业务带宽和低优先级的业务带宽组成，可以根据一段时期内对业务流量的统计分析得出近期内网络流量状况，以此为依据为业务预留部分带宽。这样某些业务无须等待下一轮询周期的授权即可发出，从而降低业务延时，提高网络性能。

（3）ONU 间调度和 ONU 内调度。

1）ONU 间调度是在 OLT 侧完成，采用 IPACT 算法或者由其演进而来的其他算法完成，这种情况 ONU 侧比较简单，容易实现。

2）ONU 内调度是在 ONU 侧完成，这类 DBA 算法不只是在 OLT 端完成所有ONU的带宽分配工作，在ONU端将会对得到的带宽再次进行分配，这样的二次分配增加了业务带宽分配的灵活度，在一定程度上可以改善网络性能。

（4）优先级间带宽分配和优先级内带宽分配。

1）优先级间带宽分配：依次为所有ONU的各个优先级的业务分配带宽，首先要保证最高优先级的业务的带宽，然后设置 m 参数来调度中低等级业务的带宽分配。根据优先级顺序依次分配带宽会保证高优先级业务的QoS，但是这样有可能会造成优先级较低的业务始终无法得到服务，降低网络的整体性能。

2）优先级内带宽分配：中优先级业务分配时采用最小申请带宽优先原则，高低优先级业务对剩下带宽按比例进行分配。

（5）在线分配和离线分配。

1）在线带宽分配：OLT一旦收到某个ONU的带宽请求控制帧即可为该ONU授权带宽，不需要等待其他ONU的带宽请求控制帧，这样可以减少ONU的等待时间。

2）离线带宽分配：在每一个周期中，OLT需要收到所有ONU的带宽请求控制帧，然后根据相应的算法为每一个ONU授权带宽。这种算法虽然会增加各个ONU的授权等待时间，但是却给了OLT对整个网络流量进行整体解析的机会，OLT可以根据目前网络状况通过DBA算法制定出一个较为妥当的带宽分配策略，保证所有ONU之间的公平性。

（6）单线程带宽分配和多线程轮询带宽分配。

1）单线程带宽分配：每个时刻只有一个轮询周期在进行，ONU需要等待下一周期内OLT下发的GATE帧才可以上传REPORT帧和数据包，这样如果轮询周期过长的话，ONU需要花费过长时间用于等待GATE帧的到来，这样必然会造成ONU端的业务延时增加。

2）多线程轮询带宽分配：在网络中多个轮询周期同时进行，ONU用户无须花费过长时间等待OLT下发的GATE帧即可发送数据包和目前的带宽请求。

（7）单波长分配和多波长分配。

1）单波长分配：根据波长个数可以将WDM-PON网络中的所有ONU划分为若干个小组，给每一个小组分配一个波长，然后再为其动态分配时隙。这样波长分配的复杂度很低，但是不能根据网络状况实时调度波长。

2）多波长分配：不为WDM-PON网络中的所有ONU指定波长，而是对ONU直接进行波长和时隙的二维带宽分配。OLT可以根据波长负载平衡的原则进行波长分配调度，以便增加波长利用率，降低延时。

2. 基于SDN的带宽资源管理技术

软件定义网络（software defined network，SDN）技术被认为是下一代网络的革命性技术。近几年，科研人员尝试将SDN技术引入光接入网络，以提高管控灵活性，降低运维成本，实现网络虚拟化和功能开放。

OPLC 电力光纤入户需要实现电力网、电信网、广电网、互联网四网融合以满足现代智能电网的需求，在为用户提供电力传输的同时，要为用户传输各种控制信号和网络信号，实现对用户远程信息采集和控制交互，比如用电信息采集、智能用电双向交互、用电分析与控制，以及用户与供电区服务信息互动；还需要承载传统的宽带和广电业务等。这些需求都对硬件设备以及网络部署方案和技术都有着更高的要求，而传统的 OLT 设备无法实现这种多种类业务接入，虚拟化技术和网络切片技术的出现可以实现业务隔离，提高资源使用效率，如图 2-15 所示。

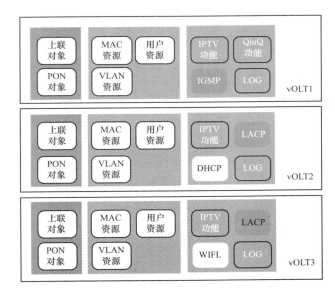

图 2-15　虚拟 OLT 与其网络切片

虚拟化技术是将 PON 中的 OLT 物理资源进行抽象化、虚拟化，同时也可以将 MAC 资源、用户资源、VLAN 资源、PON 端口形成可计算、可分配重置的虚拟处理资源，根据不同类型以及优先级业务的请求，可在 CO 中动态地形成多个面向业务的虚拟 OLT，如图 2-15 所示。虚拟 OLT 可以根据需求提供多层次的虚拟化资源颗粒度，比如板卡级别、PON 口级别、OLT 设备级别等，可以实现以下功能：①统一承载，按需划分，一个实体 OLT 可划分为不同的虚拟 OLT，承载不同的业务，减少实体 OLT 的数量，提高机房空间利用率和降低能耗；②资源独立，业务隔离，转发和控制资源虚拟化，实现独立和隔离，互不干扰，保证转发安全及专线业务高可靠性；③分权分域，独立运营不同虚拟 OLT 间分权分域，各自独立规划、运营和管理，维护更简单。

网络切片是一组带有特定无线配置和传输配置的网络功能的集合，可以为运营商在同一套物理设备上提供多个端到端的虚拟网络。这些网络功能可以灵活部署在网络的任何节点（例如接入节点、边缘节点或者核心节点），以便适配运营商期望的任何商业模式。

在控制中心中，虚拟化资源依据资源类型形成不同的资源池。这些资源池将被重新组合形成包含不同虚拟资源的复合资源池，用以特定的应用和服务。OLT 虚拟化后形成了多个不同的虚拟 OLT，每个虚拟 OLT 都是许多资源组成的，如计算、存储、PON 的端口、MAC 资源、用户资源、能力集中的 QoS 功能等。例如，在以业务等级进行网络切片时，控制中心接收到所有 ONU 在一个周期内的业务请求时，中心控制器根据请求和业务参数信息给对应的业务配置相对应的网络切片资源，不同类型不同等级的业务将被传送至对应的虚拟 OLT，以实现端到端的网络切片功能。采用网络切片技术，可以使每个计算资源、处理资源和网络切片功能得到最大化利用，并能根据实际业务的请求分配时隙与波长，使得用户的服务质量得到一种更为优秀的保证。网络切片使网络资源与部署位置解耦，支持切片资源动态扩容缩容调整，提高网络服务的灵活性和资源利用率。此外，网络切片的逻辑隔离特性也能增强整体网络的健壮性和可靠性。

2.3.3 电力光纤到户网络可靠性保障技术

2.3.3.1 电力光纤到户网络业务需求分析

电力光纤到户网络业务分为电网相关业务和"三网融合"业务两部分，如表 2-1 所示。

表 2-1　　　　　　　　　　　　业务分类和内容

分类	内容
电网相关业务	用电信息采集、配电自动化、分布式电源控制、电动汽车有序充电控制等数据业务、语言和视频等其他业务
"三网融合"业务	IP 数据业务、VoIP 业务、交互式视频业务和广播视频业务、其他业务

1. 电网相关业务

电网业务以数据业务为主，数据业务涵盖所有配用电终端及变电站。电力光纤到户网络承载的电网相关业务主要包括数据采集及监控（supervisory control and data acquisition，SCADA）、变电站自动化（substation automation，SA）、负荷管理（load management，LM）、馈线自动化（feeder automation，FA）以及自动抄表等。SCADA 是基于计算机的生产过程控制与电力自动化系统，它通过监控现场设备的运行状态来完成数据自动化采集、设备自动化监控、参数智能调整和故障自动报警等多种功能，是实现配电系统自动化应用的基础设施。SA 系统负责变电站自动化保护及远程监测和控制。变电站自动化系统的继电保护功能是独立运行的，不依赖于上级主站；它与配电管理综合系统数据采集与监控系统之间的联系，表现在配电管理系统和数据采集与监控系统可以显示变电站运行的实时状态信息，还能够接收远程监控和调节命令。LM系统以数据采集及监控系统的监控功能为基础，负责电网的负荷管理；FA系统是基于数据采集及监控系统的监控功能，实现配电网故障自动定位和自动恢复功能；自动抄表系统的主要任务是实现远程自动抄表和计费管理。

从电力光纤到户网络传输角度来看，其承载的电网数据业务可归为：①遥信量，主要包含电网运行状态、设备运行状态、开关的分合状态和故障信息（根据测量数据和开关状态通过计算和分析得出的电网故障状态，如相间短路故障、接地故障）；②遥控量，主要是指一些由控制台发出的远程控制信息，以保证设备的正常运行；③遥测量，远程测得的有关设备的电压、电流、功率、频率等计算量；④其他数据业务，如配电网调度、用电营销、电能计费等数据业务。

下面介绍智能配用电通信网中的几类典型业务：

（1）配电自动化业务。

配电自动化业务以一次网架和设备为基础，综合利用多种通信方式，对配电系统进行监测与控制。该类业务数据主要由SCADA、监控与数据采集、变电站自动化、负荷管理、馈线自动化、自动抄表等子系统所产生，服务于配电调度、配电生产运行检修、配电网自愈控制、配电网规划及应急抢修等。

配电自动化业务适用的通信技术有EPON、PLC、工业以太网、公网2G/3G/4G、电力无线专网以及WSN等。

（2）用户用电信息采集业务。

用户用电信息采集业务通过安装智能电能表、采集器、集中器等设备以构建用户用电信息采集通信网络，主要实现用户用电信息采集、用户数据分析以及数据共享等功能。具体功能包括：实现用户用电信息实时采集（包括智能电能表抄表）、处理，用户费控，用电设备远程控制，异常用电分析，电能质量统计分析，用电采集设备档案管理，向营销业务管理系统提供采集数据，为其他系统提供数据交换服务。其中，智能电能表抄表功能要求较低的实时性，但要求较高的安全性和可靠性；用户费控业务的数据量较低，但要求很高的可靠性，以及较高的实时性与安全性。

用户用电信息采集业务适用的通信技术有EPON、PLC、公网2G/3G/4G、电力无线专网（230MHz TD-LTE和1.8GHz TD-LTE）、WLAN、RS485总线等。

（3）配用电视频监控业务。

配用电视频监控业务主要通过在智能配用电网的各个信息关键节点处安装各类视频监控终端以构建视频监控网络。通过该类业务，可以对各配用电终端设备有关数据、参量、图像进行监控和监视，以便能够实时、直接地了解和掌握智能配用电网络的运行情况，并及时对发生的情况作出反应。

视频监控业务对网络带宽要求较高，其适用的通信技术有EPON、PLC、工业以太网、无线公网3G/4G、电力无线专网1.8GHz TD-LTE等。

随着配电自动化系统规模的不断扩大，电力系统要求电力通信平台满足众多业务差异化的 QoS 需求。QoS 是指在网络通信过程中，网络运营商根据用户业务的不同性能指标要求，为其提供相应的服务质量保证。国际互联网工程任务组（the internet engineering task force，IETF）在请求总见稿（request for comments，RFC）2386 中给出了常用的网络 QoS 性能度量指标，包括带宽、时延、抖动、分组丢失率和吞吐量。下面对各项指标进行详细介绍：

1）带宽（bandwidth）：单位时间内链路能够通过的数据量，即分组流在网络中传输时所需传输资源的定量描述。

2）时延（delay）：分组在网络中从一个参照点传送到另一个参照点的时间间隔，也称延迟。时延按照路由可分为单跳时延和端到端时延，端到端时延是路径上所有单跳时延的总和。按照种类来分，时延又可分为处理时延、传输时延、转发时延和排队时延等。

3）抖动（jitter）：连续两个分组包延迟的最大差异，即分组延迟的变化程度。IP 网络面向无连接的形式，会导致同一传输流的分组由于转发路径和网络状况的差异而产生不同的分组延迟。

4）分组丢失率（loss rate）：传输期间分组的丢失程度，通常是在特定时间间隔内丢失的分组占传输分组总数的比例。从另一个角度看，在特定时间间隔内，分组传输的成功率即可表示为网络传输可靠性。

5）吞吐量（throughput）：在不丢包的情况下，网络中发送数据分组所能达到的速率，可用平均速率或峰值速率表示。

智能配用电通信业务的 QoS 指标包括数据速率、时延和丢包率等。在网络中，可以通过保证传输带宽，降低传送时延、数据丢包率以及时延抖动等措施来提高服务质量。与一般通信网络相比，智能配用电通信网业务的异构性更强，不同业务的 QoS 要求差异性较大，控制类业务对时延和可靠性具有极高的要求。例如视频监控业务需要较大的通信容量；配电自动化和分布式电源控制业务需要配备通道保护和通信负载控制等功能，因此需在子站和智能电力设备之间建立低时延和高数据速率的通信，以及时地发现和隔离故障，但数据量相对较小；用户用电信息采集业务对实时性、传输速率要求不高，但通信数量非常庞大、信息安全性要求较高。电力光纤到户网络通信需求如表 2-2 所示。

表 2-2　　　　　　　　　　电力光纤到户网络通信需求

数据类型	带宽需求	时延需求	误码率需求	安全性需求
遥信量	很小	5～10s	>99.9%	可通过公网传输
遥测量	较大	5～15s	≥98%	可通过公网传输
遥控量	较小	5s 以内	>99.9%	控制命令需要安全通道保证

2. "三网融合"业务

"三网融合"业务主要包括语音业务、视频业务和互联网业务。视频业务按接入方式分为传统有线电视（CATV）接入和交互式网络电视（IPTV）接入。CATV业务由当地广电运营商提供，通过无源合波方式接入，不占用小区公网和专网宽带；IPTV业务需要当地运营商提供，通过互联网接入用户，比较占用小区公网宽带。

语音业务按接入方式分为传统电话（PSTN）接入和网络电话（VoIP）接入。PSTN主要采用传统的E1电路方式；VoIP采用IP方式接入小区，用户可以根据需要在户内安装传统电话或者IP电话。

互联网业务包括上网业务和网络游戏，需要当地互联网运营商提供数据业务，建设时需要根据小区规模估计出口带宽。

"三网融合"业务里的语音业务、视频业务和互联网业务带宽需求见表2-3。

表 2-3   "三网融合"业务带宽预测

业务分类			2016年带宽	远期带宽
语音业务	网络电话（VoIP）		100kbit/s	200kbit/s
视频业务	交互网络电视（IPTV）	标清	2～3Mbit/s	5～6Mbit/s
		高清	8Mbit/s	10～12Mbit/s
互联网业务	上网业务		4Mbit/s	>10Mbit/s

2.3.3.2 电力光纤到户网络可靠性保障技术

随着光纤入户的高速普及和宽带接入技术的不断发展，电力光纤到户网络（PFTTH）作为融合了配电功能与宽带接入功能的网络，在步入应用后将为未来科技生活提供更多的便利。PFTTH的普及和高效应用必须建立在可靠与稳定的基础上，只有具备高可靠性的电力及网络业务服务才能为广大用户在使用中提供相应的保障和基础。因此，合理地设计、选择与应用网络可靠性保障技术，在PFTTH的应用中构建良好地满足多元用户差异化的业务服务，对重要用户和电网业务进行可靠性保障，从生存性、虚拟资源调度等方面提高电力光纤到户网络的可靠性，对PFTTH的快速健康发展具有重要的意义。

OPLC、接续附件和PON网络设备共同构建了PFTTH基础设施网络，结合多级分光网络结构、千兆入户接入带宽及综合信息承载需求，电力光纤到户网络呈现出与传统光纤到户网络差异化的网络特性。结合PFTTH网络结构与传统光纤到户网络结构的特性差异，可以将网络可靠性的影响因素分解为线缆/接续附件、网络设备、网络结构和业务承载四个方面，如图2-16所示。

其中OPLC作为电力光纤到户网络的传输介质，其工作可靠性影响因素主要包括温度、拉伸、压扁、冲击、弯曲、铲断和光缆固有故障率等。OPLC续接的可靠性由接续类型及工艺水平直接决定，目前常用的OPLC缆续接方式有两种，分别是工艺续接和附件续接。PFTTH的网络设备可靠性主要包括网络中OLT与ONU这两类设备的可靠性。OLT设备整机可靠性主要受到PON光模块故障率和 OLT 设备故障率的影响，其中工作环境异常、性能指标异常、单板故障和虚拟化结构故障均会对 OLT 设备故障率造成影响；类似地，ONU 设备故障率应主要考虑工作环境异常、设备用户接口故障、PON 口光模块工作异常和电路板卡工作异常等因素。在 PFTTH 中，网络设备通过 OPLC 线缆的各类续接相互连接形成互通的终端通信接入网，整个网络的整体可靠性受上述各影响因素的联合影响，同时也会受到网络结构的影响。

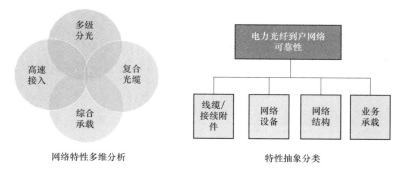

图 2-16 　电力光纤到户网络可靠性影响因素

　　PFTTH 的节点布放位置和网络拓扑结构等会随实际建设场景的不同而不尽相同。对于不同的 PFTTH 网络结构，在为其选择和设计可靠性保障机制时应充分考虑对于不同元素构成和不同拓扑结构，选择对应的合理的备份、保护、资源调度等可靠性保障机制。通常，在网络规划时需要依据不同的应用场景，结合业务需求、成本需求等要素设计不同的 PFTTH 网络结构。针对不同的场景需求和网络结构，其可靠性保障技术也有所不同，现对各类 PFTTH 网络结构进行分析介绍。

　　（1）对于不同应用场景，PFTTH 中各网络节点的部署位置有所区别，图 2-17 展示的场景中，PFTTH 的 OLT 与第一级分光器件同时部署在区域 10kV 变压器的配电室内，OLT 与分光器之间直接采用光纤连接。在与此对应的另一种可能的场景中，OLT 可以放置于配电网上层的 110kV 变电站中，通过馈线 OPLC 缆连接至部署在 10kV 变电站的分光器。在这两种场景中，OLT 部署的位置不同，直接导致 OLT 的设备工作环境不同，设备稳定性有所差异，同时也导致 OLT 与第一级分光器件的连接方式、线缆选型、连接距离的不同，对应的网络可靠性也产生了区别。

　　在 PFTTH 中采用不同的分光次数，也对导致网络节点的部署位置有所不同，对应的网络可靠性也有明显区别。一般而言，二级分光方案多用于用户密度较高、接入点较多的场景中，在用户住宅楼宇的楼侧配电箱内需要放置第二级分光器件。这会导致网络中引入额外的分光点以及分光器件，从而影响网络可靠性。从另一个角度来说，二级分光方案的 PFTTH 中的 ONU 数目相对较多，在单 ONU 稳定性固定时，更多的 ONU 意味着网络全局可靠性将受到影响。

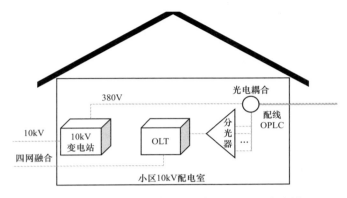

图 2-17　OLT 与第一级分光放置于 10kV 变电站

（2）在 PFTTH 中，光纤和电力线耦合为 OPLC 进行铺设，但在配电节点、分光节点、分纤节点处，需要对 OPLC 进行对应的光电分离、耦合、续接等操作。图 2-18 所示是一个位于楼侧配电箱的 PFTTH 二级分光节点的结构示意图，在配电箱内，首先要进行配线 OPLC 的光电分离和接续操作，将配电线和光单元中的光纤分别引出来随后配电线接至配电盒引出配电分支，光纤接至二级分光器件引出多个光纤分支；最后将对应的光纤和配电线进行光电耦合至入户 OPLC 线缆中。由此可见，网络拓扑结构会直接影响到网络中光电分离、耦合、接续等操作点的数量，进而对网络可靠性产生一定影响。

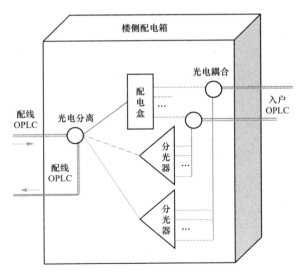

图 2-18　楼侧配电箱中的光电分离、耦合

（3）入户环节中楼宇内 OPLC 走线的方式会对网络可靠性产生一定影响，如图 2-19 所示。对于一般密度的住宅楼，每个单元的住宅数目较少，通常为 10～20 户，故可以考虑在二级分光后直接引出对应数量的 OPLC，每条 OPLC 直接

连接至对应住户家中。这样在楼宇内走线时可以省略 OPLC 光电分离或分纤操作。但对于高密度住宅楼，每个单元的住宅数目可高达上百户，在二级分光后直接用 OPLC 缆一对一连接将会导致网络建设成本激增，故可以考虑在二级分光后将多根光纤和楼宇主干配电线共同耦合为 1 根或几根 OPLC 缆布设在弱电井中，在各家住宅附近再进行 OPLC 续接操作引出 OPLC 分支入户。楼宇内走线方式的不同会导致网络中 OPLC 线缆选型的不同，同样会影响光电分离、续接等操作点的数量，进而影响整体网络可靠性。

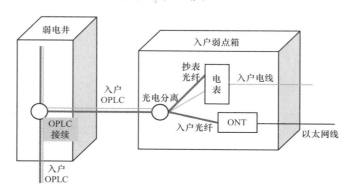

图 2-19　楼宇内 OPLC 走线设计

因此可以看出，PFTTH 在入户各个环节的典型结构中均存在可变的设计参量，且均在多方面、多因素上潜在地对网络可靠性造成影响。因此，在设计 PFTTH 网络可靠性保障机制时，应从多个层次方面联合考虑，既要顾全 PFTTH 入户的位置空间分布，又要考虑通信网络与电力网络的可靠性。宜采用多种机制协同配合，分别从网络生存性、故障后恢复、服务保障机制等各方面全面规划，使用户的网络质量和业务体验得到保证。

从网络生存性的角度，备份和保护机制是有效、可行的提高网络拓扑结构可靠性的手段，如图 2-20 所示。对于不同的备份与保护方案，会形成不同的网络拓扑结构。网络的备份和保护具体是指，当网络中部分设备或线路发生故障时，为了网络不瘫痪、有能力及时恢复正常，而对网络拓扑进行部分冗余布设的一种方案。通常在实际施工中，主要有三种备份和保护配机制可选，分别是光纤保护、OLT 保护和全保护，其中出于成本和性价比考虑，全保护机制使用的较少。在光纤保护机制中，对 OLT 设备或者分光器件不做备份措施，而在 OLT 到光分路器之间建立两条相对独立、互相备份的光纤链路，一旦主光纤故障后，可由人工切换至备用光纤，形成保护机制。

在 OLT 保护中，OLT 设备上有两个 PON 接口，在两个互为备份的 OLT 和光分路器之间建立两条独立的光纤链路，如图 2-21 所示。此种保护方式下，保护对象为 OLT 与 ODN 之间的光纤和 OLT 单板硬件，如发生故障，网络将自动切换至备用 OLT 保护方式。当备份和保护机制存在时，不同的备份和保护机制对应的网络拓扑结构不尽相同，而网络中被备份的设备或线缆出现故障时依然不会对网络整体的正常运行造成明显的影响，使得网络的可靠性大大加强。

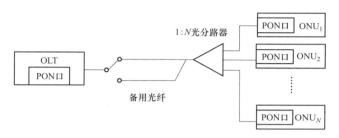

图 2-20　PFTTH 的光纤保护示意图

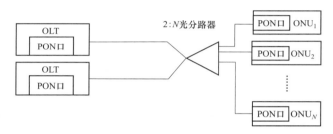

图 2-21　PFTTH 的 OLT 保护示意图

　　从故障后恢复的角度来看，在实际网络中当网络发生故障后，若故障链路存在冗余的全部或部分连接链路，则可利用路由算法等机制实现端到端的全部或部分路由的重建，从而规避故障节点或路由路径对网络性能的影响。故障后恢复的机制相比基于备份或保护的网络生存性保障机制的最大优点是可以动态地应对网络中的故障，硬件开销较小，故障处理解决的效率较高，但存在恢复时间较长的缺点，这对于对故障恢复时间非常敏感的电力网络而言通常是不能接受的。因此在 PFTTH 的建设中可以考虑将恢复机制与备份及保护机制联合使用，形成"手拉手保护机制"，其中一种"手拉手保护"的网络结构示意图如图 2-22 所示。

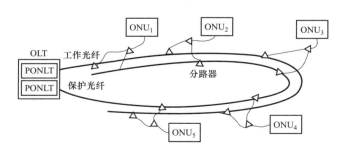

图 2-22　PFTTH 的 OLT 保护示意图

在这种手拉手保护系统中，当 PFTTH 网络的某些网络节点发生故障时，只需利用光开关切换，配合快速路由建立算法，即可实现主备用系统之间的切换，实现故障恢复。这可以视作是一种基于自愈环的备份及故障后恢复机制，其在网络拓扑结构上进行了备份及保护的设计，在 OLT 到光分路器之前的主干光纤上加入两条主干光纤构成逻辑环，以获得较高的可靠性。生成树协议（spanning tree protocol，STP）或者快速生成树协议（rapid spanning tree protocol，RSTP）可以作为开关切换之后快速重新建立路由的算法。

此外，在大规模 PFTTH 中，在通信网络的功能与电力网络分离之后其可靠性要求会适当降低，网络建设成本与网络可靠性的权衡同样需要纳入考虑范围。一般住宅用户数量大、单用户利润率不高，其对于终端通信接入网的可靠性要求也相对较低，因此，当网络出现故障时此类用户对故障恢复时间的容忍度相对较高。少量住宅用户与商业用户对网络可靠性要求则相对较高，订制的业务类型较多，短时间的网络中断也会带来较大损失。同时，在大规模 PFTTH 中，各个 ONU 用户的地理位置差距较大，可能会引起用户网络可靠性不可避免的差异。在 PFTTH 中，OPLC 缆的故障（包括光电分离、耦合、OPLC 缆接续等）将占据较大的比重，而距离 OLT 较远的用户链路需要经历较长 OPLC 缆以及更多的 OPLC 分离、耦合、接续点，那么在相同保护机制下其网络可靠性就会较差。因此，在实际大规模 PFTTH 中，网络运营商有必要在网络可靠性保障机制规划时对不同的用户采取不同的保护措施，实现网络可靠性与成本、利润的最优权衡。

2.3.3.3 电力光纤到户网络 QoS 保障关键技术

服务质量（QoS）是在网络通信过程中，根据用户业务的不同性能指标要求，为其提供相应的服务质量保障。网络性能指标一般包括丢包率、延迟、抖动和带宽等。从广义上来说，QoS 的实现技术有很多种，只要能保证用户业务的丢包率、延迟、抖动和带宽等性能要求的技术都可称其为 QoS 技术，比如负载均衡、业务区分、队列调度、拥塞控制、资源分配等。

QoS 架构是一系列通用的用来控制对网络服务请求作出响应的网络机制。QoS 的保障通常以两种方式实现：①通过扩容为业务提供超量带宽；②在有限的带宽资源上采用先进的 QoS 控制机制。由于单纯扩容会造成成本浪费和资源利用率低的问题，故设计高效的 QoS 控制机制，是智能配用电通信网业务 QoS 保障的关键。QoS 保障机制以一系列的 QoS 保障技术作为依托，主要包括 QoS 服务模型、QoS 组件技术、QoS 路由、负载均衡等。下面对这些技术进行简要介绍：

1. QoS 服务模型

IETF 通过一系列的 RCF 提出了多种解决网络 QoS 的技术方案，其中包括综合服务（integrated service，IntServ）模型和区分服务（differentiated service，DiffServ）模型。IntServ 模型通过引入资源预留协议（resource reservation protocol，RSVP），在数据经过的每个路由器上，预先根据该业务的 QoS 需求，进行网络资源（包括带宽和缓冲区）的预留，从而为该数据流提供端到端的 QoS 保障，IntServ 模型将用户的数据流按照业务 QoS 要求进行等级划分并进行流量控制，通过服务接口提供给上层应用使用，从而提供差异化的 QoS 保障。DiffServ 模型同样基于区分业务的思想，但是不对逐个流进行标识，而是将多种业务按照业务 QoS 要求进行分类标识，然后汇聚成几个优先级类，并获得不同 QoS 的服务。当网络出现拥塞时，优先级高的数据流在排队和占用资源时比优先级等级低的数据流有更高的优先权。

对比这两种模型可知，IntServ 模型采用基于分组流的资源预留方式，复杂度较高，且难以实现全网应用。因此，该模型在扩展性和健壮性上都存在不足。而 DiffServ 模型则简化了网络内部的节点功能，减轻了核心网络设备的处理压力，具有简单、有效、扩展性强的特点，并降低了网络管理和维护的成本。因此，相对于 IntServ 模型而言，DiffServ 模型在配用电通信网中更为适用。

2. QoS 组件技术

QoS 各种保障机制的实现，依赖于一系列的 QoS 组件技术，主要包括流分类、业务调度、拥塞控制等。

（1）流分类。

流分类组件完成对到达路由器的数据分组进行类别划分的功能，是实现 QoS 的前提。目前，用于各种场景的 QoS 保障机制大多根据优先级分配资源，不同机制之间的区别主要在于优先级划分方案不同，一般会根据业务的 QoS 要求，从时延、传输速率、可靠性、安全性等方面选择部分指标定义优先级。由于大多数网络只支持三到四个服务类，因此多种不同 QoS 要求的应用数据流被映射为同一个类，并得到特定的相同 QoS 处理方式。例如，在通常情况下网络电话（VOIP）业务承载流会得最高的优先级，并且在每个路由器上都被分配到严格优先级队列中。因此，在典型的数据网络中，比 VoIP 业务要求更高的流均被映射到与 VoIP 业务相同的优先级中，并获得与 VoIP 业务相同的处理方式。例如在电力通信网中，远程保护和向量同步测量业务流将获得与 VoIP 业务相同等级的 QoS 服务保障。但是，与这两种业务相比，VoIP 业务时延要求则较为宽松。因此，在智能电力通信网中，不能沿用电信运营商网络中的业务优先级划分方法，需针对配用电通信业务异构性强、QoS 要求差异性大的特点，设计相适应的业务优先级划分方法，其划分原理如图 2-23 所示。

（2）业务调度。

业务调度是 QoS 保障的关键环节之一，是解决多个业务竞争共享资源的有效手段，其主要功能是决定什么时间为哪些业务分配什么样的网络资源，在为用户提供可靠的 QoS 保障的同时，保证业务之间的协调性，并使系统容量最大化。为了实现业务的有效调度，需要感知资源配置、运行状态和故障等信息，描述网络运行的实时状态并指导后续资源分配、调度和优化。

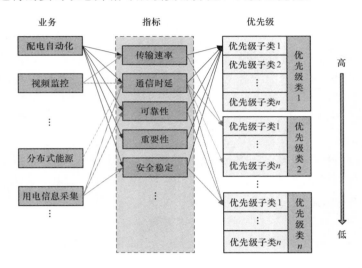

图 2-23　优先级划分原理图

业务调度由流量分析、协同、策略管理以及全局流量控制这四个功能构成。流量分析功能能够对业务流量的大小进行分析，同时为网络搜集网络流量信息。流量分析功能将可供调整的流信息提供给全局流量控制功能模块，以进行综合管控；协同功能负责新业务的接收，以及多种业务的协调。同时，协同功能也是策略管理功能与流量分析功能的桥梁，把业务的优化指令下发给全局流量控制功能模块；策略管理功能负责制定新业务的转发规则，是众多业务能够有序稳定接入设备的重要支撑功能，能够将策略信息下发给全局流量控制功能模块；全局流量控制是业务调度的核心技术，负责整合流量分析、协同以及策略管理功能模块下发的信息，最终决定是否将业务发送给设备，并同时为接入网提供网络的拓扑信息。业务调度逻辑功能架构如图 2-24 所示。

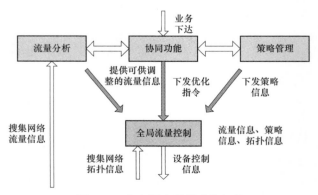

图 2-24　业务调度逻辑功能架构

现有的业务调度算法包括轮询（round robin，RR）类调度算法和基于服务曲线（service curve，SC）的调度算法等。不同调度算法在公平性、分组排队时延和复杂度上有所差异，其性能目标也有所不同，有的是为了保障 QoS，有的是为了使多用户能够公平地共享链路带宽，提高网络利用率。

（3）拥塞控制。

拥塞控制组件可以高效、合理地利用现有的共享资源，防止或处理网络拥塞，使网络在建设成本和运行效率的矛盾中找到平衡。与流量控制相比，拥塞控制主要考虑端节点之间的网络环境，目的是使负载不超过网络的传送能力；而流量控制主要考虑接收端，目的是使发送端的发送速率不超过接收端的接受能力。拥塞控制包括拥塞管理和拥塞避免两种不同机制：拥塞管理是"恢复"机制，用于把网络从拥塞状态中恢复出来；拥塞避免是"预防"机制，用于避免网络进入拥塞状态。

（4）负载均衡。

负载均衡（load balance，LB）技术建立在现有网络结构之上，将请求或数据均匀分摊到多个 OLT 或 ONU 上执行，提供了一种廉价、有效、透明的方法来扩展网络设备的带宽，增加吞吐量，加强网络数据处理能力，提高网络的灵活性和可用性。

3. QoS 路由

IETF 在 RCF2386 中将 QoS 路由技术定义为依据网络实际资源和业务 QoS 要求进行路径计算的路由机制。该机制采用多维约束参数进行路由选择，包括网络拓扑结构、业务 QoS 要求、可用带宽、资源占用量、链路利用率和跳数等。QoS 路由将传统的最短路径变为更适合具体业务流属性需求的路径，能够动态地选择可行路径，优化配置资源，平衡网络负载，优化网络全局资源利用率，并提高网络的性能。

QoS 路由主要包括 QoS 路由协议和 QoS 路由算法两个方面。QoS 路由协议用于完成网络节点之间发布和收集网络状态信息的功能；QoS 路由算法则是依据收集到的状态信息和资源情况为业务选择一条合适的路径。常用的度量参数包括跳数、时延、带宽、丢包率、成本等。路由算法分为源端路由、分布式路由和层次化路由三种，具体实现方式如下：

（1）源端路由。

源端路由是由各个节点保存全局状态信息，包括网络拓扑信息和每条链路的状态信息。源节点在本地基于全局信息计算出一条符合该业务 QoS 要求的路径，然后向这条路径上的所有节点发出控制信息。该算法简单灵活，但是计算开销大，且难以保证每个节点获得全网信息的准确性，故无法保障其所选路由的可靠性。

（2）分布式路由。

分布式路由算法通过多个节点分布协同计算得出路径。在每个节点中，都存有到所有目的节点的下一跳列表。当节点收到一个数据分组时，在各个节点之间交换控制信息，并将存储在各个节点的状态信息集合起来一起计算路由。由于分布式路由的计算分布在从源节点到目的节点之间的所有节点上，故花费的时间较短，路由建立的响应时间比源端路由算法快，并具有更强的可扩展性。但是分布式路由也存在两个问题：①可能会引起环路；②需要网络多节点间的有效协同。

（3）层次化路由。

在层次化路由中，节点被聚集成群，并且以群为单位进一步聚集成更高层级的群，以此类推形成多层次的网络结构。每个节点维护聚合后的状态信息，包括本群内各个节点的状态信息和其他以群为单位的聚合状态信息。源节点采用源端路由算法找到一条合适的路径，并沿着这条路径发送控制信息来建立连接。当某个群的边缘节点收到控制信息时，也利用源端路由的方法在群内找到适合的路径，从而建立一条从源节点到目的节点的完整路径。由于层次化路由的每个节点只保存了部分而非全局的状态信息，并且很多路由的计算都是分布在不同节点上进行的，故其兼具源端路由和分布式路由的优点。但是，由于群的状态信息是聚合起来呈现给外界的，无法真实反映群中某一条具体路径的状态，因此给群之外的路由选择带来了不确定性。

2.3.4 电力光纤到户网络规划优化技术

2.3.4.1 优化原则和步骤

规划的定义为：为了满足预期的需求和给出一种可以接受的服务等级，在恰当的地方、恰当的时间、以恰当的费用提供恰当的设备。由此可以看出，通信网络规划就是要在时间、空间、目标、步骤、设备和费用六个方面，对未来的通信网做出合理的安排和估计，其目标是减少投资和运营费用，同时改善业务质量和灵活性。此外，为了更好地支持智能电网中的业务，有效的通信网络规划方案必须能够平衡各种指标，如经济性和网络可靠性等。

网络优化是指根据一定的约束条件，对现有网络中存在的问题，如资源利用、性能参数等方面进行优化计算并进行调整，提高网络整体的运行效率。随着业务的不断发展，在规划阶段处于最优状态的智能电网通信网络会逐步偏离最优状态，网络资源利用率逐步下降，因此需要定期对其进行优化调整，从而确保网络资源的有效管理和最佳利用。一般的网络优化内容包括负载均衡、冗余优化、业务路由优化等。

针对智能电网通信网络规划优化的研究，主要集中于解决网络规划与优化中的最优化函数建模以及规划优化算法两个方面。在最优化函数建模方面，利用整数线性规划理论，完成网络中不确定因子的函数建模，将通信链路建设成本、节点部署成本、网络可靠性等作为网络规划优化的限制条件，建立相应的优化函数。在规划优化算法方面，国内外研究主要集中在解决路由与资源的计算与选择问题上，如利用最大不相交算法、K最短路径算法等搜索算法扩大解空间，然后利用启发式算法在解空间中寻找最优解。

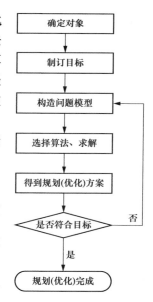

图 2-25　智能电网通信网络规划优化步骤

总结来说，智能电网通信网络规划优化主要包括以下几个步骤，如图 2-25 所示。

（1）确定对象：智能电网通信网络规划（优化）的对象包括拓扑结构、路由规划、编号规划、计费规划、传输规划等。其中拓扑结构又可以分为线路规划和站点选址两类，拓扑结构与网络的经济性和可靠性密切相关，是研究的重点。

（2）制订目标：规划（优化）的目标包括最小化经济成本、提高网络可靠性、降低时延、负载均衡等。在具体实施时，可以是单目标规划（优化），也可以是多目标联合规划（优化）。

（3）构造问题模型：在明确规划（优化）目标的基础上，根据规划（优化）对象的特征，利用数学工具来刻画各个变量之间的关系和规律，从而构造出相应的数学模型。

（4）选择算法、求解：得到问题模型之后，根据其特点选择合适的算法进行求解，如贪心算法、遗传算法、免疫算法等。

（5）得到规划（优化）方案：通常以问题模型的最优解（准最优解）的方式给出，根据不同的规划（优化）对象，可以是站点的最佳位置、光缆线路的部署方式、冗余节点的部署方案等。

（6）规划（优化）完成：对上一步得到的规划（优化）方案进行验证，若方案不满足最初制定的目标，则需要对数学模型进行改进和调整，并重新进行求解；若满足目标，则规划（优化）完成。

2.3.4.2　关键技术

1. 网络规划技术

通信网络规划优化的理论知识和关键技术是实施网络规划优化的基础，现简要介绍图论、排队论、可靠性理论、多目标决策的目标函数构造及启发式算法这五种网络规划优化常用理论和技术。

（1）基于图论的通信网络建模技术。

图论主要用于抽象通信网络拓扑结构。网络拓扑结构是否合理直接影响网络的性能、可靠性和经济性，是网络规划优化的重点对象。利用图的结构可以灵活直观地模拟网络设备（节点和链路）的物理布局，并可以根据实际情况和需求，将其抽象为有向图、无向图、有权图、连通图、正则图、树等多种形式，从而构造相应的拓扑矩阵，为将要进行的规划优化工作提供支撑。目前网络拓扑结构规划优化的主要内容包括节点选址规划和链路部署规划。

（2）基于排队论的网络时延量化技术。

排队论主要用于模拟通信网业务流量的随机性，并量化网络时延。智能电网通信网络承载的业务种类较多，不同种类的业务对时延的要求有所差异，在进行网络规划优化时，需要针对不同业务对网络时延进行约束和调整。如何根据物理条件的限制在网络成本和时延之间进行平衡，是智能电网通信网络规划优化研究的重点。

（3）基于可靠性理论的网络可靠性量化方法。

通信网络的可靠性是网络规划优化的一项重要指标。通信网的可靠性定义为在人为或自然的破坏作用下，通信网在规定条件下和规定时间内的生存能力。基于可靠性的网络规划优化是要在满足给定的可靠性约束的条件下，建设经济性最好的网络。影响通信网络可靠性的因素有网络部件（设备、链路）的可靠性、网络拓扑结构、网络架构（集中式、分布式）、路由选择等。

（4）基于多目标决策的目标函数构造方法。

系统方案的选择取决于多个目标的满足程度，这类问题称为多目标决策。通信网络的规划优化往往需要同时考虑经济性、可靠性、业务分布、网络时延等众多因素，因此属于多目标决策问题。常用的多目标决策方法主要有分层序列法、目标规划法、多属性效用法、层次分析法、重排序法等。基于多目标决策建立数学模型是通信网络规划优化的核心内容。

（5）基于启发式算法的规划优化方法。

通信网络规划优化属于典型的多目标优化问题，涉及大量各种类型的变量和约束。采用传统的整体优化方法求解这类问题是非常困难和耗时的，并容易在规划优化过程中陷入局部最优解，难以达到规划优化的最优结果。而基于生物智能的启发式算法在解决此类问题时能够表现出良好性能，在各类规划问题中获得了广泛应用，启发式算法主要有遗传算法、免疫算法、蚁群算法等。

2. 负载均衡技术

负载均衡（load balance，LB）技术建立在现有网络结构之上，提供了一种廉价、有效、透明的方法来扩展网络设备和服务器带宽，增加吞吐量，加强网络数据处理能力，提高网络的灵活性和可用性。在调度器的负荷均衡技术实现中，IP负载均衡技术的效率最高。现有的IP负载均衡技术包括：

（1）网络地址转换（network address translation，NAT）。

通过网络地址转换，即调度器重新请求报文的目标地址。根据预设的调度算法，将请求分派给后端的真实服务器；真实服务器的响应报文通过调度器时，报文的源地址被重写，随后再返回给客户，完成整个负载调度过程。

（2）IP隧道（IP tunneling，TUN）。

当采用NAT技术时，请求和响应报文都必须经过调度器地址重写，但客户请求越来越多时，调度器的处理能力将成为瓶颈。为解决这一问题，调度器把请求报文通过IP隧道转发到真实服务器，而真实服务器将响应直接返回给客户，则调度器只处理请求报文。由于一般网络服务应答比请求报文大，采用TUN技术后，集群系统的最大吞吐量则可提高10倍。

（3）直接路由（direct routing，DR）。

DR通过改写请求报文的MAC地址，将请求发送到真实服务器，而真实服务器将响应直接返回给客户。与TUN技术一样，DR技术可极大地提高集群系统的伸缩性。该方法没有IP隧道开销，且对集群中的真实服务器没有IP隧道协议的要求，但要求调度器与真实服务器都有一块网卡连在同一物理网段上。

3. 规划优化智能算法

（1）遗传算法。

遗传算法是模拟达尔文生物进化论的自然选择和遗传学机理的生物进化过程的计算模型，是一种通过模拟自然进化过程搜索最优解的方法。遗传算法是从代表问题可能潜在的解集的一个种群开始的，而一个种群则由经过基因编码的一定数目的个体组成。每个个体实际上是染色体带有特征的实体。染色体作为遗传物质的主要载体，即多个基因的集合，其内部表现（即基因型）是某种基因组合，它决定了个体的形状的外部表现，如黑头发的特征是由染色体中控制这一特征的某种基因组合决定的。因此，在一开始需要实现从表现型到基因型的映射即编码工作。由于仿照基因编码的工作很复杂，因此往往进行简化，如采用二进制编码，初代种群产生之后，按照适者生存和优胜劣汰的原理，逐代演化产生出越来越好的近似解，在每一代中，根据问题域中个体的适应度大小选择个体，并借助于自然遗传学的遗传算子进行组合交叉和变异，产生出代表新的解集的种群。这个过程将导致像种群自然进化一样，后生代种群比前代更加适应于环境，末代种群中的最优个体经过解码，可以作为问题近似最优解。遗传算法整体框架如图2-26所示。

（2）粒子群优化算法。

在粒子群优化算法（particle swarm optimiza-

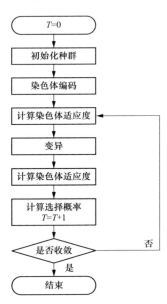

图2-26 遗传算法流程图

tion，PSO）算法中，许多简单实体—粒子都放在问题的搜索空间里，每一个粒子位置的目标函数值都将被评价。每个粒子根据历史所处的最优位置和整个群体全优位置，带着一些随机扰动决定下一步的移动。最终，粒子群作为一个整体，像一个鸟群合作寻觅食物，很有可能向目标函数最优点移动。粒子群算法是一种基于迭代模式的优化算法，最初被用于连续空间的优化。在连续空间坐标系中，粒子群算法的数学描述如下：一个由 m 个粒子组成的群体在 D 维搜索空间中以一定速度飞行。每个粒子在搜索时，考虑到了自己搜索到的历史最好点和群体内（或邻域内）其他粒子的历史最好点，在此基础上变化位置（位置也就是解）。粒子群的第 i 粒子是由三个 D 维向量组成，其三部分分别为：

1）目前位置：$x_i = (x_{i1}, x_{i2}, \cdots, x_{iD})$。

2）历史最优位置：$p_i = (p_{i1}, p_{i2}, \cdots, p_{iD})$。

3）速度：$v_i = (v_{i1}, v_{i2}, \cdots, v_{iD})$。

其中 $i = 1, 2, \cdots n$。目前位置被看作描述空间点的一套坐标，在算法每一次迭代中，目前位置作为问题解被评价。如果目前位置好于历史最优位置 p_i，那么目标位置的坐标就存在第二个向量 p_i。另外，整个粒子群中迄今为止搜索到的最好位置记为：$p_g = (p_{g1}, p_{g2}, \cdots, p_{gD})$。

对于每一个粒子，其第 d 维向量（$1 \leqslant d \leqslant D$）根据 v_{id}、x_{id} 等式变化，粒子具有自我总结和向群体中优秀个体学习的能力，从而向自己的历史最优点以及群体内或领域内的全局最优点靠近。当把群体内所有粒子都作为邻域成员时，得到 PSO 的全局版本；当群体内部分成员组成邻域时得到 PSO 的局部版本。

（3）禁忌搜索算法。

禁忌算法是一种亚启发式随机搜索算法，它从一个初始可行解出发，选择一系列的特定搜索方向（移动）作为试探，选择实现让特定的目标函数值变化最多的方向进行移动。为了避免陷入局部最优解，TS 搜索中采用了一种灵活的"记忆"技术，对已经进行的优化过程进行记录和选择，指导下一步的搜索方向，这就是 Tabu 表的建立。

为了找到全局最优解，就不应该执着于某一个特定的区域。局部搜索的缺点就是对某一个局部区域以及其邻域搜索，导致陷入局部最优。禁忌搜索就是对于找到的一部分局部最优解，有意识地避开它（但不是完全隔绝），从而获得更多的搜索区间。

禁忌搜索算法的主要思路为：

1）在搜索中，构造一个短期循环记忆表—禁忌表，禁忌表中存放刚刚进行过的 $|T|$（T 称为禁忌表）个邻居的移动，这种移动即解的简单变化。

2）禁忌表中的移动称为禁忌移动。对于进入禁忌表再次移动，在以后的 $|T|$ 次循环内是禁止的，以避免回到原来的解，从而避免陷入循环。$|T|$ 次循环后禁忌解除。

3）禁忌表是一个循环表，在搜索过程中被循环地修改，使禁忌表始终保持 ｜T｜个移动。

4）即使引入了禁忌表，禁忌搜索仍可能出现循环。因此，必须给定停止准则以避免出现循环。当在迭代次数内所发现的最优解无法再改进或无法离开它时，算法停止。

2.4　本　章　小　结

电力光纤到户作为将电网和通信网基础设施深度融合的一种接入网技术，是实现能源互联网信息通信的有效方式，能够达到加强电网整体的能力、提升服务质量、加强实时互动的目的。

2.5　参　考　文　献

[1]　刘建明，王继业，范鹏展，庄自超. 电力光纤到户在智能电网中的应用［J］. 电力系统通信，2011，32（9）：1-2.

[2]　陆春校，徐眉，魏学志. 光纤复合低压电缆前景展望与工艺结构探讨［J］. 电线电缆，2011（2）：14-15.

[3]　惠晓林，孙振权. 智能配电网与物联网的融合［J］. 物联网技术，2011（10）：34-35.

[4]　陈健. EPON 技术配合 OPLC 光缆在配网自动化中通信系统平台搭建［J］. 中国新技术新产品，2012（17）：4-4.

[5]　高俊伟，赵海，张梦璐. 上海"电力光纤到户"城域传送网建设方案［J］. 华东电力，2011，39（6）：947-948.

[6]　翟克文. 浅谈宽带接入技术［J］. 科技信息，2009（3）：203-204.

[7]　裘建强. 基于 EPON 技术中 ODN 的设计［J］. 城市建设理论研究（电子版），2014，4（19）.

[8]　常娟. PON 网络中关键技术之研究与对比［J］. 电脑开发与应用，2013，26（9）：19-21.

[9]　刘峰. 无源光网络技术在配电自动化系统中的应用［J］. 中国新通信，2013（16）.

[10]　顾林君，沈元隆. 下一代无源光网络技术［J］. 通信技术，2010，43（9）：96-97.

[11]　徐杨森，周亦敏. 新一代 IP 骨干路由器中 MPLS 技术［J］. 微计算机信息，2011，27（6）：137-138.

[12]　朱宁. 探讨光纤通信在配用电通信网络中的应用［J］. 通讯世界，2014（7）：79-80.

[13]　姜乐水. 浅谈 PON 无源光网络在接入网中的作用及在工程建设中考虑的因素［J］. 信息技术与信息化，2011（5）：30-31.

[14]　张刚. 电力光纤到户光缆监测系统的设计［J］. 现代电子技术，2011（4）：1-2.

[15]　余柏华. 光纤到户的特点和三种组网方式［J］. 城市建设理论研究（电子版），2012（15）.

[16]　缪睿，周秋霖，时浩. 面向智能电网的配用电通信网络研究［J］. 山东工业技术，

2016（11）：136-136.

[17] 张红日. 基于 OPLC 的电力光纤到户系统综述 [J]. 山西电子技术，2013（6）：96-97.

[18] 石占权. EPON 在用电采集系统中的应用探讨 [J]. 中国电业（技术版），2012（8）：39-42.

[19] 钱钢，叶志军，秦哲. 基于 EPON 的配网通信技术研究 [J]. 移动通信，2013（18）：40-41.

[20] 刘宇苹. 基于拥塞控制算法的研究 [J]. 武汉船舶职业技术学院学报，2009，8（3）：37-39.

[21] 刘杰，陆继翔. 负载均衡和虚拟集群技术在智能电网调度技术支持系统中的应用 [J]. 智能电网，2015（3）：266-271.

[22] 王英卫. 电力系统中 EPON 技术的应用 [J]. 经济视野，2014（22）：389-390.

[23] 彭鹏. 固定通信与移动通信网络中 QoS 路由技术的思路探讨 [J]. 电子测试，2014（8）：60-62.

[24] 顾华玺，刘增基，邱智亮. 太比特路由器交换网络中路由算法的研究 [J]. 电信科学，2004，20（3）：18-21.

[25] 张翼. 电力光纤到户在智能小区的应用研究 [J]. 城市建设理论研究（电子版），2011（33）.

[26] 严新华，周雄明. 电力电缆在线监测数据传输及组织处理 [J]. 供用电，2009，26（3）：423-425.

[27] 董小兵，蔡军，江秀臣，曾奕. 10～35kV XLPE 电缆在线监测技术 [J]. 电力自动化设备，2005，25（9）：20-24.

[28] 楚要钦，贺莹，吴翼虎. 一种机载显控系统高集成度通用处理模块设计 [J]. 电子技术，2013（7）：101-104.

[29] 刘澄宇. 分布式光纤温度检测监控系统在兰州石化分公司供电系统的应用 [J]. 甘肃科技，2005，21（3）：104-105.

[30] 乐坚浩，梅沁，李祥珍. 光纤复合低压电缆（OPLC）和光纤复合相线（OPPC）故障诊断与在线监测系统研究 [J]. 信息通信，2013（1）：7-8.

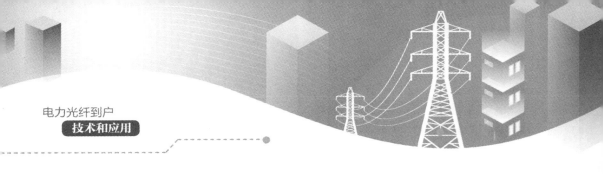

3 电力光纤到户系统与设备

本章主要对电力光纤到户系统物理构成用 OPLC 关键技术、OPLC 配套专用附件、电力光纤到户网络关键设备进行了研究。

OPLC 关键技术主要从光纤在热场环境下传输机理研究、核心、结构的原材料选型、结构设计及制造工艺、检测技术等方面详尽介绍了产品核心技术。

OPLC 配套专用附件关键技术按照所处的位置不同，可分为中间接续接入技术和终端接入技术，中间接续附件技术主要用于相同规格的电缆的接续或电缆损坏的维修，终端接入附件技术主要用于电力和光通信信号的传输和分配。

电力光纤到户网络及关键设备系统关键设备主要介绍网络管理系统及 EPON 网络的关键设备（OLT、ONU）的技术特点、结构、功能、应用场景等。

3.1 OPLC 关键技术

3.1.1 光纤在热场环境下传输机理

3.1.1.1 光纤衰减理论

在光电复合缆的光传输单元中，光通过光纤进行传播时会存在光纤衰减，包括吸收损耗、散射损耗和辐射损耗造成的光纤衰减。

光纤的吸收损耗包括由石英光纤本身吸收造成的本征吸收损耗和因石英光纤中存在其他杂质而造成的杂质吸收损耗，如图 3-1 所示。当光在光纤材料中传输时，有一部分的光能被吸收消耗掉而转变成其他形式的能，即使绝对纯净的石英光纤也有吸收损耗，因为这种损耗是由光纤材料本身吸收引起的，是材料固有的属性，所以称作本征吸收损耗，包括紫外吸收损耗和红外吸收损耗。光纤材料的不纯净和制作工艺的不完善，使得光在光纤传播的过程中存在附加吸收损耗，其中对光纤通信影响最严重的为 OH 离子吸收损耗和金属离子吸收损耗。

由于光纤在加工制造过程中，热骚动使得原子产生压缩性的不均匀，造成材料密度的不均匀，并进一步造成折射率的不均匀，产生了散射损耗，如图 3-1

所示。这种不均匀在冷却过程中固定下来，并引起的光散射，称为瑞利散射，是光纤本身固有的。当光纤中传输的光强大到一定程度时，就会产生四波混频，受激拉曼散射和受激布里渊散射，使得输入光能部分转移到新的频率分量上。在常规光纤通信系统中，半导体激光器的光功率较小，此时的非线性损耗很小。然而，当光纤中传输的功率较高，或研究波分复用系统中的损耗时，就需要考虑这种非线性损耗的影响。

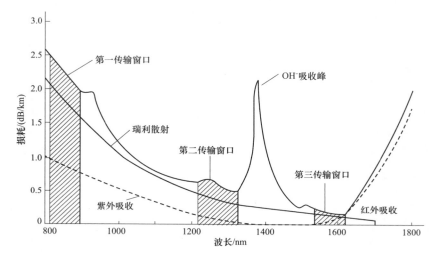

图 3-1 光纤的吸收损耗和散射损耗特性

辐射损耗是由于光纤在使用过程中的弯曲造成的，当光纤弯曲到一定的曲率半径时，就会产生辐射损耗，如图 3-2 所示。光纤的弯曲可以分为两种类型：①光纤的弯曲半径比光纤的直径大得多造成的宏弯曲损耗；②光纤成缆时其轴线产生的随机性微弯造成的光纤微弯损耗。在弯曲比较轻微时，附加损耗很小，但随着弯曲曲率半径的减小，损耗按指数增大。当达到某个临界值时，如果进一步减小弯曲半径，损耗会变得非常大，甚至导致传输中断。光纤护套不均匀或者成缆时产生的不均匀侧向压力会使光纤轴线的曲率半径周期变化，造成光

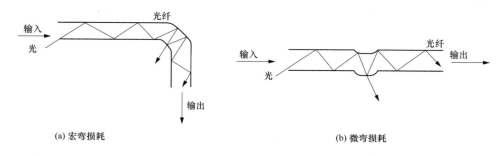

图 3-2 光纤的宏弯损耗和微弯损耗示意图

纤中导模和辐射模的反复耦合，导致光纤中的光能一部分转化为辐射模损耗掉，从而引起了光纤微弯损耗。

3.1.1.2　OPLC 基本方程

由欧姆定律可知，光电复合缆中电流即为导体两端电压与电阻的比值。由于光电复合缆在运行过程中将产生电流热效应，光电复合缆中的电流将使其自身发热，发热程度与电流有关。电流产生的热量使导体自身发热，由于热传导现象的存在，导体作为一个热源会把其自身热量传递给光电复合缆中的其他结构。导体中电流产生的焦耳热通过热传导将热量传递给其他结构，实现了电热耦合。由于光电复合缆中各结构的热量有变化，光电复合缆会随着温度变化产生热膨胀现象，导致各结构产生应变，热场对应变的影响由热膨胀表现。光电复合缆中各结构在运行过程中产生的热量使得光传输单元中光纤的温度在运行状态下升高，产生热膨胀，从而使得光纤产生微小的形变，导致光从纤芯散射到包层中，产生光损耗。同时，光纤受到热膨胀应力时，由于弹光效应的影响，折射率会随着应力的增加而降低，使光纤中的光传输模态从导模转变为辐射膜，引起部分光辐射到包层中，导致光纤衰减。

OPLC 的发热程度与电流有关，而电流由电阻、电压所决定，具体热量与电流的关系如式（3-1）和式（3-2）所示。

$$I = \frac{U}{R} \tag{3-1}$$

式中：I 为电流，A；U 为电压，V；R 为电阻，Ω。

$$Q = I^2 R = \frac{|U^2|}{R} \tag{3-2}$$

式中：Q 为热源热量，J；I 为电流，A；U 为电压，V；R 为电阻，Ω。

电流产生的热量使导体自身发热，由于热传导现象的存在，导体作为一个热源会把其自身热量传递给 OPLC 缆中的其他结构。热传导方程如式（3-3）所示。

$$\rho C_p \frac{\partial T}{\partial t} + \nabla \times (-k\nabla T) = Q \tag{3-3}$$

式中：ρ 为材料密度，$kg \cdot m^{-3}$；C_p 为材料的恒压热容，J/K；k 为导热系数，$W \cdot (m \cdot K)^{-1}$；T 为温度，K。

式（3-3）表示，在瞬态研究过程中，研究结构具有的原本热量与其他结构传递的热量之和与热源的热量值相等。

由于 OPLC 中各结构热量有变化，故 OPLC 会随着温度变化产生热膨胀现象，导致各结构产生应变，热场对应变的影响由热膨胀而表现，如式（3-4）所示。

$$\varepsilon_{th} = \alpha(T - T_{ref}) \tag{3-4}$$

式中：ε_{th} 为研究结构温度变化所导致的应变值；α 为研究结构的热膨胀系数，

K^{-1}；T 为研究结构热量发生变化后的温度，T_{ref} 为研究结构热量发生变化前的参考温度，K。

由于热膨胀现象的存在，使得 OPLC 各结构由电流发热得到的热量对应变产生影响，实现了电、热、力耦合。与此同时，应力的存在与热量的变化，使得电阻率和电阻发生变化，从而使电流大小发生改变。

通过固体传热和固体力学间的耦合，可以仿真计算出不同温度下光纤的热膨胀力，以及热致应力和热致应变。由于光纤各层的杨氏模量、热膨胀系数等参数的不同，光纤各层在不同温度下受到的热膨胀力不同，总的热膨胀力 F 和热应力 σ 如式（3-5）和式（3-6）所示。

$$F = \sum_{1}^{3} A_i E_i \alpha_i \Delta T \tag{3-5}$$

$$\sigma = \frac{F}{A} \tag{3-6}$$

式中：A 为截面积，m^2；E_i 为光纤不同层的杨氏模量，Pa；α_i 为光纤不同层的热膨胀系数，K^{-1}；ΔT 为温度变化量，K。

弹光效应表明，当光纤受到应力时，其折射率会随着应力的变化而改变。折射率的变化与应力的关系可以表示为式（3-7）。

$$\Delta n = - n_0^3 S_{mn} \sigma / 2 \tag{3-7}$$

式中：n_0 为折射率初始值；S_{mn} 为劲度系数；σ 为热应力，$\mathrm{N \cdot m^{-2}}$。

热致微弯损耗多物理场耦合模型可以将由固体传热和固体力学物理场计算得到的应力和应变耦合到波动光学物理场中，实时的计算不同温度下光纤的折射率。进一步地，利用波动光学物理场计算不同热致应力下的光纤的损耗。在多物理场仿真模型中，光纤在热场环境中受到热膨胀力时，由于形变和应力导致微弯损耗可以通过式（3-8）得到。

$$\alpha_m = 10 \log_{10} \frac{P_{in}}{P_{out}} \tag{3-8}$$

式中：P_{in} 为入纤的光功率，W；P_{out} 为经过光纤传输后出射的光功率，W。

3.1.1.3　OPLC 缆多物理场耦合建模与仿真

利用 COMSOL Multiphysics 多物理场仿真软件可对光电复合缆进行三维条件下的电、热、力、光等物理场的耦合仿真。在仿真准备过程中，首先要在软件中正确选择光电复合缆模型的维度。在研究三维光电复合缆的运行情况时，需要选择三维的空间维度。光电复合缆在正常运行情况下为观察热场分布与热膨胀等情况，需要选择电流、固体传热、固体力学、波动光学等物理场接口进行电流、温度、应力、光功率的设置。因为多物理场之间相互影响，故软件会自动形成 Multiphysics，即多物理场耦合接口。在仿真过程中，为研究光电复合缆热场分布等情况随时间变化的情况，选择瞬态研究以便于观察典型结构光电复合缆研究内容的变化趋势。

在电、热、力、光多物理场耦合中，由于电热、热膨胀、光纤衰减测量的需要，必须设置正确的材料电导率、导热系数、热膨胀系数、折射率等物理参数值。利用多物理场仿真软件，正确设置耦合关系是得到光电复合缆运行情况的保证。通过设置电流物理场中导体的电流值，得到光电复合缆在运行过程中产生的焦耳热，使得导体的温度改变；再将有电流通过的导体视为热源，其产生的焦耳热会通过热传导过程传递给光电复合缆中的其他结构，使光电复合缆中各结构的温度皆发生变化；由于光电复合缆在运行过程中电流产生的焦耳热导致各结构的温度产生变化，光电复合缆的几何形状会发生变化，光电复合缆各结构会产生不同程度的热膨胀现象；光纤产生了一定的微弯，增大了光纤衰减，故对光的传输产生了一定的影响；与此同时，温度的变化与热膨胀现象的发生对电阻产生影响，反之对电流产生影响。电流、固体传热、固体力学、光纤衰减通过焦耳热、热膨胀、电阻、传输功率的变化相互制约、相互联系，实现了多物理场耦合。四者相互作用的耦合关系如图 3-3 所示。

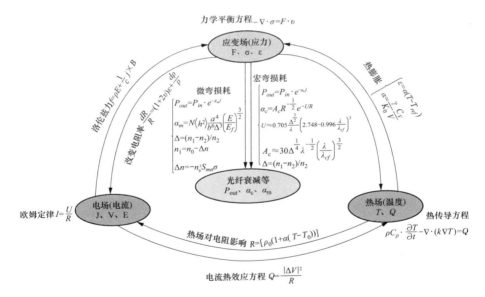

图 3-3　OPLC 缆多物理场耦合关系示意图

对于 OPLC-ZC-YJV22-0.6/1 4×240＋GT-24B1 进行仿真时，正常运行状态下稳定后 OPLC 截面二维温度分布如图 3-4 所示，温度稳定后 OPLC 缆各结构温度高度分布如图 3-5 所示，部分位置温度随时间变化曲线如图 3-6 所示。仿真结果表明，在正常运行条件下，13h 后 OPLC 缆温度可以达到稳定，电缆的主线芯的温度为 99℃，光纤的温度为 89℃，外护套的温度为 76℃。

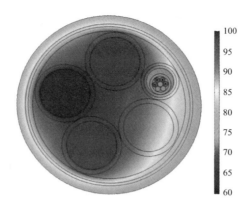

图 3-4　OPLC-ZC-YJV22-0.6/1 4×240＋GT-24B1 二维温度分布图

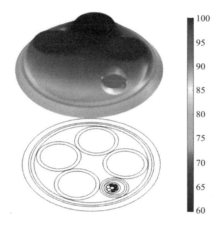

图 3-5　OPLC-ZC-YJV22-0.6/1 4×240＋GT-24B1 三维温度分布图

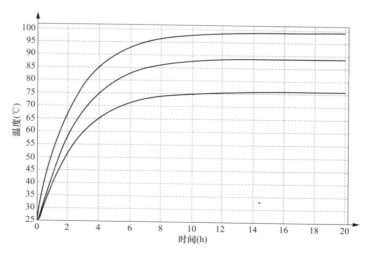

图 3-6　OPLC-ZC-YJV22-0.6/1 4×240＋GT-24B1 结构温度随时间变化曲线图

3.1.2 OPLC核心结构的原材料选型

3.1.2.1 电单元

OPLC中电单元与普通低压电力电缆的绝缘线芯没有分别，包括导体和绝缘。导体可采用铜导体、软铜导体和铝导体，绝缘可采用聚氯乙烯绝缘和交联聚乙烯绝缘，导体代号和绝缘代号如表3-1所示。导体截面的设计应综合考虑供电电压、传送距离和被供电设备所需功率。一般低压电网为三相四线制，采用四芯电缆，三相导体之外的另一根导体称为中性线，其作用是通过三相交流电的不平衡电流，降低金属保护层的受热，增加电缆的截流能力，保证电缆的安全使用。绝缘材料可根据不同的设计需求进行选择，具体可参考表3-2。

表3-1　　　　　　　　　　　导体结构特征代号和绝缘结构特征代号

导体		绝缘	
名称	代号	名称	代号
铜导体	（T）省略	聚氯乙烯绝缘	V
软铜导体	R	交联聚乙烯绝缘	YJ
铝导体	L		

表3-2　　　　　　　　　　　绝缘混合料、代号及导体最高工作温度

绝缘混合料		代号	导体最高工作温度（℃）	
			正常运行	短路（最长持续5s）
聚氯乙烯	导体截面积≤300mm^2	PVC/A	70	160
	导体截面积>300mm^2		70	140
交联聚乙烯		XLPE	90	250

3.1.2.2 光单元

OPLC中光单元一般采用为非金属松套结构，在入户段的OPLC中使用蝶形光单元结构。虽然在产品标准规定了如有要求时也可采用光纤带及非金属保护材料制成的光单元结构，但在实际应用中尚无光纤带光单元的OPLC产品。

光单元结构型式代号见表3-3。光纤芯数为2～144芯，可根据光单元传输性能要求和OPLC缆芯的特殊性，以及客户的需求进行设计。根据线路传输和使用环境的要求，光纤可选用单模光纤，也可选用多模光纤，其代号见表3-4。

表3-3　　　　　　　　　　　光单元结构型式代号

结构型式代号	名称
G	层绞全干式光传输单元
GT	层绞填充式光传输单元

结构型式代号	名　　称
GX	中心管全干式光传输单元
GXT	中心管填充式光传输单元
GQ	其他类型

注　G 表示光传输单元；X 表示松套中心管式结构；（省略）表示松套层绞式结构；T 表示油膏填充；（省略）表示全干式填充；Q 表示其他结构。

表 3-4　　　　　　　　　　　**光纤代号及其意义**

代号	意　　义
A	多模光纤
B1.1	非色散位移单模光纤（ITU-T G.652A 和 ITU-T G.652B 光纤）
B1.3	波长段扩展的非色散位移单模光纤（ITU-T G.652C 和 ITU-T G.652D 光纤）
B6	弯曲损耗不敏感光纤
B6a	弯曲损耗不敏感 A 类光纤（ITU-T G.657A 光纤）
B6b	弯曲损耗不敏感 B 类光纤（ITU-T G.657B 光纤）

3.1.2.3　内衬层和填充

圆形结构 OPLC 的绝缘线芯和光传输单元以绞合方式制成缆芯，成缆间隙有圆整的填充。内衬层可以挤包或绕包，挤包内衬层前允许用合适的带子扎紧，只有在绝缘线芯和光单元间的间隙被密实填充时，才可采用绕包内衬层。用于内衬层和填充物的材料都是适合电缆运行温度，并和电缆绝缘材料相容。

3.1.2.4　金属铠装

OPLC 需要铠装保护时，应包覆在内衬层上。金属铠装的方式包括三个类型，扁金属丝铠装、圆金属丝铠装和双金属带铠装。金属铠装层的作用是防止和承受各种机械力，应根据敷设场合选择铠装的结构。钢带铠装主要是防止来自径向的外力破坏；钢丝铠装则能防止径向或纵向的外力破坏，同时又能承受电缆悬挂状态时的自重。一般情况下 OPLC 采用镀锌钢带间隙绕包。

3.1.2.5　外护套

外护套通常为黑色，也可按照客户要求采用其他颜色，以适应 OPLC 使用的特殊环境。外护套主要采用聚乙烯材料、无卤低烟阻燃聚烯烃材料和聚氯乙烯材料，外护套材料选择可参考表 3-5。如果有要求火灾时电缆能阻止火焰的燃烧、发烟少及没有卤素气体放出等环保的特性，则采用无卤低烟阻燃聚烯烃材料。如果要求电缆防鼠、防白蚁，外护套中可采用化学添加剂，但这些添加剂不应包括对人类及环境有害的材料。

表 3-5   护套混合料、代号及正常运行时导体最高温度

护套混合料	代号	正常运行时导体最高温度（℃）
聚氯乙烯	ST_1	80
	ST_2	90
聚乙烯	ST_3	80
	ST_7	90
无卤阻燃材料	ST_8	90

3.1.3 OPLC 结构设计及制造工艺

3.1.3.1 耐热型 OPLC 结构设计

OPLC 作为具有传输电能和光通信能力双功能的复合缆，必须遵循电力电缆结构设计和电力线路设计的规则，适应输电线路特点，与原线路设计相匹配，同时满足通信网的基本要求。耐热型 OPLC 是指 OPLC 中光单元具有良好的耐热性，设计时主要参照 GB/T 29839《额定电压 1kV（U_m＝1.2kV）及以下光纤复合低压电缆》。光单元的耐热特性从原来的光纤附加衰减不大于 0.40dB/km，提高到在高于电缆工作最高标准温度 10％持续时间 15min 的光纤衰减变化不超过 0.15dB/km。

1. 光单元设计

在交流电缆运行时，导体损耗、绝缘介质损耗、金属屏蔽损耗及铠装损耗导致电缆发热升温，经过一段时间的暂态过程会逐渐上升到一个稳定值，即进入一个稳定工作状态，但当 OPLC 发生超载和应用故障或是短路路状态，会在短时间内通过较大的电流，电缆的温度会急剧升高，这不仅会造成 OPLC 金属材料的退火现象，危及电缆的线路安全还会使 OPLC 中光单元受热变形，超过光纤保障有效传输工作的承受温度，导致传输损耗变化较大，影响通话传输甚至导致系统通信中断，造成严重的后果。基于以上分析，设计者提出在光单元外增加耐热层结构，降低电缆急速升温时光纤的升温速度。目前提出了两种结构设计，结构示意图见图 3-7①光单元的护套外增挤一层耐热保护层；②光单元

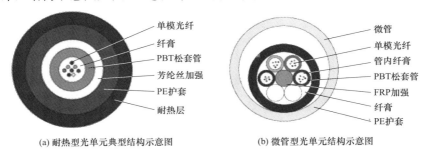

(a) 耐热型光单元典型结构示意图   (b) 微管型光单元结构示意图

图 3-7 光单元耐热层结构设计

外采用微管结构，微管本身可作为一层耐热层保护光单元，同时，微管与光单元间的空气也能起到很好的耐热层保护作用。

本书中耐热型 OPLC 使用的光单元均采用普通光纤，不含耐热型光纤。

2. 耐热型 OPLC 结构设计

耐热型 OPLC 结构设计主要为电单元和光单元复合位置的设计，即在普通低压电缆的结构基础上布放光单元。目前市场上的 OPLC 结构，除了 8 字形 OPLC 结构外，耐热型 OPLC 基本采用光单元放置于电单元绝缘线芯旁边边隙中。如果光单元置于绝缘线芯的中间空隙位置，原因是：①中间空隙较小，光单元易受到挤压；②即使中间空隙足够容纳光单元，光单元因未同绝缘线芯一起螺旋绞合而呈直线状，在 OPLC 受到拉力作用时将率先受到拉力的作用，极易用受到破坏；③中间空隙位置因各相线通电后发热的共同作用使其温度高于其他位置，光单元处于于中心空隙，其高温易使光纤受热变形，增大传输损耗。因此，光单元放置在复合缆中远离相线的绝缘线芯的边隙位置是最合适的，如图 3-8 所示。

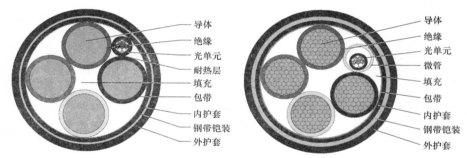

图 3-8　耐热型 OPLC 典型结构示意图

3.1.3.2　耐热型 OPLC 制造工艺

目前，国内线缆厂家能研发和生产 OPLC 的企业并不多，主要是因为同时具备电力电缆与光缆研发、生产能力的企业较少。为了满足相关标准中对光纤复合低压电缆提出的要求，针对关键工艺进行了深入研究，使各项性能满足设计和使用要求。

1. OPLC 几何结构及性能参数的确定

OPLC 在设计之初，需要解决的首要问题是复合缆的结构问题。因光单元不能受外界的拉伸、压扁、冲击和弯曲扭转等机械外力作用，因此如何保护光单元，使其在生产、安装敷设过程中不受影响是至关重要的。经过多次试验，将不同复合结构的光纤复合低压电缆进行上述机械外力的测试，最终发现光单元放置在成缆线芯的边侧是对光纤衰减和应变影响最小的组合方式，因此不同规格和结构形式的 OPLC 电缆，应将光单元设置在电缆的外侧，在成缆时与绝缘线芯一同绞合，以解决上述问题。另外，此结构也考虑到了光纤在成缆绞合过程中增加绞合余长的因素。

OPLC 的机械性能应满足以下要求：

（1）光纤复合低压电缆（OPLC）的拉伸性能。

复合缆在生产、安装施工过程中，受力拉伸的主要是 OPLC 中的金属导线部分，因此 OPLC 必须要承受的短暂拉力为 $70\text{MPa} \times S_{铜导线截面积}$，长期拉力为 100m 缆的自重（主要是考虑电缆在垂直敷设电缆高度以 100m 最大长度考虑）。经过长期允许拉力下 OPLC 中光纤应变应不大于 0.1% 和附加衰减不大于 0.1dB；在短暂拉力下 OPLC 中光纤附加衰减不大于 0.2dB 和应变不大于 0.3%。在此拉力去除后，应保证 OPLC 中的光纤无明显残余附加衰减和应变。

（2）光纤复合低压电缆（OPLC）的压扁性能。

OPLC 的结构与普通低压电缆一样，根据敷设要求分别铠装与非铠装电缆，因此承受的最大允许侧压力应满足表 3-6 要求。

表 3-6　　　　　　　　　　　最大侧压力允许值

OPLC 种类	短期压扁（N/100mm）	长期压扁（N/100mm）
非铠装型	1000	300
铠装型	3000	1000

不同种类 OPLC 在长期允许侧压力下光纤应无明显附加衰减，在短期侧压力光纤附加衰减应不大于 0.1dB，在去除压力后光纤应无明显残余附加衰减。

（3）OPLC 的冲击、弯曲和扭转性能。

光纤复合低压电缆中引入光纤单元后，需在常规电力电缆的试验基础上增加一些考核光单元光纤特性的试验项目。

1）冲击试验：根据 OPLC 的电缆种类，非铠装型冲垂重量为 450g，铠装型为 1kg。冲击柱面半径 12.5mm。

2）弯曲试验：弯曲心轴半径 15 倍电缆外径，弯曲 3 次。

3）扭转试验：非铠装型 ±180°，铠装型 ±90°，扭转 10 次。

以上各项试验后光纤应无明显的附加衰减和应变。同时电力绝缘线芯在经过以上任一项测试后，均需通过电压试验，且电缆护层应无目视可见的任何损伤和开裂。通过以上试验可模拟 OPLC 在生产、安装施工过程中，机械外力对其的影响。

2. OPLC 的工艺实现

（1）干式光单元的工艺实现。

干式光单元生产工艺的难点是在没有油膏的情况下保证套管的直径和圆整度，以及稳定的光纤余长控制。

因为传统松套管生产过程中，松套管内填充了纤膏，生产时纤膏起到光纤润滑剂的作用，这样光纤在纤膏的保护之下，同套管内壁在挤出机头后没有接触，因而不会产生光纤与套管的粘结现象。另外，由于纤膏具有黏稠且不易流动的特性，在松套管内起到了支持套管内径的作用，保证了松套管外表圆整，而干式套管由于缺少纤膏的支撑作用，松套管在挤出之后第一节水槽中冷却时马上会变成不规则形状，所以无法保证套管的外径尺寸和圆整度，更不能保证套管内稳定的余长需求。鉴于以上原因，通过一个气压控制装置，在挤出机头前增加一个气压针管，在松套管内注入稳定的干燥氮气气压，给套管一定的支撑作用，保证套管外径尺寸和圆整度，并且光纤在氮气气压下产生一定的抖动，从而防止光纤与套管内壁某一点长时间接触而粘结在一起。

传统松套管内的纤膏对光纤余长起到阻碍的作用，而增加氮气气压却增加了套管内光纤余长，所以为了得到相同的余长控制，采取四种方式来控制套管内光纤余长：

1）调节光纤放线张力。

2）调节不同水槽之间的水温差。

3）调节松套管在牵引轮上的圈数。

4）调节收线张力。

通过以上措施，可以得到所需的余长干式光单元。

（2）OPLC 的复合工艺。

光纤复合缆在生产过程中，最关键的工序是成缆工序。光单元由于其能承载的拉断力相对较小，需采用带自动衡张力的成缆放线装置，特别是蝶形光单元，其最大短期承载拉力不大于 70N，因此，在成缆时，合理控制放线张力至关重要，控制不当就会造成光单元的断纤事故。

OPLC 在复合后的每道工序均必须用光时域反射仪进行检测，监测光单元中光纤的通断、衰减及应变情况。

（3）OPLC 的防水要求。

光单元的一项重要指标就是阻水性能，水会引起光纤的水峰衰减，又能通过渗透腐蚀导致光纤断裂，因此需考虑 OPLC 中光单元的纵向和轴向防水。在水分或潮气较多的应用场合，建议 OPLC 电缆可采用钢－聚乙烯粘结护套或铝聚乙烯粘结护套结构；对于防水要求不高的场所，也最好采用憎水性护层材料，以保护 OPLC 电缆内的光单元。

3.1.4 光纤复合低压电缆检测技术

3.1.4.1 OPLC 检测项目概述

根据成品结构设计、生产制造和安装敷设应用要求，通过对 OPLC 产品不断深入分析研究，目前确定的 OPLC 检测项目主要分为结构尺寸和色谱识别、OPLC 标志、交货长度、绝缘和护套非电气性能、电气性能、光纤光学和传输性能、光纤尺寸参数、OPLC 机械和 OPLC 环境性能这几部分。其中，结构尺寸和色谱识别、OPLC 标志、交货长度、绝缘和护套非电气性能、电气性能、光纤光学和传输性能、光纤尺寸参数的测试方法和考核要求与普通的 0.6/1kV 低压电力电缆以及普通的通信光缆的测试方法以及测试要求没有分别，所有 OPLC 检测技术关键研究主要集中在 OPLC 成品机械物理性能和 OPLC 环境性能方面，研究的核心是 OPLC 敷设、安装以及使用场景下会经受的机械物理作用以及环境温度变化对于光纤应变和传输衰减性能的影响。

3.1.4.2 OPLC 检测关键技术研究

1. OPLC 机械物理检测技术研究

线缆机械物理性能一般都是考虑线缆在安装敷设过程中会遇到的拉力放线、挤压或是碾压以及过弯等施工工况，对于 OPLC 机械物理性能的检测研究主要从拉伸、压扁以及弯曲这三个主要性能展开。

（1）拉伸性能研究。

在光电复合类线缆发展初期，沿用对电缆性能考核的习惯思维方式，光单元被当作一个原材料来评价，认为只要原材料质量过关，复合缆的光学传输性能就可以有保障。但通过对典型结构 OPLC 受力情况进行研究，结果却完全颠覆了这样的认知。

考虑到光纤受力情况与铜铝导体的情况完全不一样，先对典型结构的 OPLC 样品进行了大量的拉力试验，以便了解 OPLC 产品的抗拉性能情况，表 3-7、表 3-8、图 3-9～图 3-12 为 OPLC 在不同拉力下拉伸性能试验情况比较。

表 3-7　　　　　　　　　　　　OPLC1 号第一次拉伸试验

测试过程	试验情况和结果
从 100～2100N 逐级加载	① 试验开始，光纤的应变就明显增加，说明光纤开始受力，但没有明显的附加衰减产生。 ② 约在 1600N，光纤有明显附加衰减，光纤应变继续上升。 ③ 2100N 时，光纤附加衰减继续增加超过 0.06dB，光纤应变急剧增加超过 0.28%。 ④ 试验后光纤的附加衰减回复，但应变均不能恢复

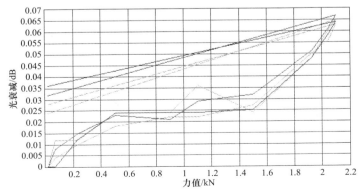

图 3-9　OPLC1 号第一次拉伸试验光纤附加衰减变化曲线

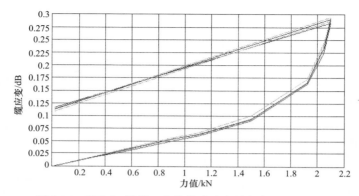

图 3-10 OPLC1 号第一次拉伸试验光纤应力—应变曲线

表 3-8	OPLC1 号第二次拉伸试验
测试过程	试验情况和结果
从 100～1500N 逐级加载	① 试验开始，光纤的应变就明显增加，说明光纤开始就受力，但没有明显的附加衰减产生。 ② 约在 1500N，光纤开始有明显附加衰减，光纤应变继续上升。 ③ 1500N 时，光纤附加衰减小于 0.04dB，光纤应变超过 0.08%。 ④ 试验后光纤的附加衰减和应变均恢复

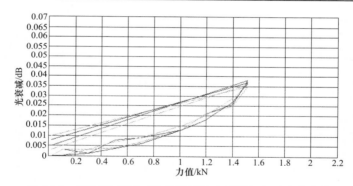

图 3-11 OPLC1 号第二次拉伸试验光纤附加衰减变化曲线

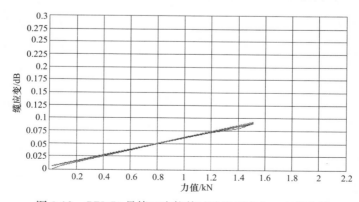

图 3-12 OPLC1 号第二次拉伸试验光纤应力—应变曲线

　　从以上测试结果，发现原本对于 0.6/1kV 的低压电力电缆完全没有考核的拉力情况对于复合缆中光单元的影响是相当大的，这也证明光电复合产品不能只是把光单元当作绝缘护套等原材料来考核，因为它受工况条件制约。复合线缆产品在使用或施工过程中一定应当兼容考虑光与电的双重特性，在检测要求的技术评价方面应当将两者的考核有机结合起来，同时也要避免将电缆和光缆这两类线缆产品的检测要求简单、机械地叠加使用。

　　试验结果结合 OPLC 的金属导体的拉力耐受情况分析，同时借鉴电缆施工规范要求文件中对于电缆放线张力的大小与电缆金属截面相关联，从而确认了以 $70MPa \times S_{金属截面}$ 作为 OPLC 拉伸负荷的考核条件。有了考核条件，配套的光学传输性能考核要求也就很好规定，原则是在受力状态下允许光纤有合理的应变和衰减变化，但在拉力卸载后，缆中光纤的应变和衰减变化都可回复到无明显应变和无明显附件衰减的状态。这一研究成果已经被 OPLC 国家标准所采纳。

　　（2）压扁性能。

　　对于光缆产品，设计要求规定缆中有长期允许压扁力和短暂压扁力之分，这是根据敷设安装中暂时存在的如异物器具的放置产生的压迫、碾压等情况，以及安装敷设好以后线缆间捆扎或是彼此交叠产生的挤压状态做出的规定。OPLC 应用工况与此类似，所以也沿用了这一概念，在长期压力下光纤无明显附加衰减；在短暂压扁力下光纤附加衰减应大于 0.1dB，去除压力后，光纤应无明显残余附加衰减；护套应无目力可见开裂。在对大量 OPLC 进行试验研究的结果表明，OPLC 中坚硬的金属导体线芯为光单元起了很好的支撑保护作用。

　　（3）弯曲性能。

　　弯曲是 OPLC 安装敷设过程中最常遇到的工况，与光缆施工中常见的反复弯曲状态不同，电缆敷设过程中基本不出现左右摇摆状态，大多是走半径各异的"U"型弯曲轨迹。因此在这一项目上参照电力电缆 GB/T 12706《额定电压 $1kV(U_m=1.2kV)$ 到 35kV（$U_m=40.5kV$）挤包绝缘电力电缆及附件》标准的要求，同时增加了光衰减的考核要求。

　　2. OPLC 热环境性能研究

　　OPLC 的应用环境下，电单元加载电能负荷后会长期发热场，所以光纤长期在热场环境下工作。根据电力电缆导体最高工作温度要求，交联聚乙烯绝缘类的电力电缆导体最高工作温度可以达到 90℃，而常规光纤工作温度多为 75℃，最高不超过 85℃，否则会出现衰减增大，油膏滴流等损伤情况，为了即保证 OPLC 导体能长期在 90℃下工作，且不使光纤性能发生下降，OPLC 在热场环境下的性能评价是 OPLC 环境性能研究的重点，也是 OPLC 特有的性能评价检测。

　　热环境的试验模拟有老化箱模拟环境和通电流加热模拟两种手段。老化箱模拟环境是按照光缆热老化试验方法，采用环境老化箱给整条 OPLC 样品加热到指定温度，监测光学衰减变化，该方法的实施需要有足够长度的样品。通电流加热模拟则是给 OPLC 通电加热让导体温度上升至比最高工作温度高 5～10℃，随后持续监测光学衰减变化的方法，加热方法参照电力电缆已有的且非常成熟的模拟线路运行的热循环试验。该试验是模拟实际线路使用时，由于负荷变化产生引起温度波动而设计的电缆性能测试试验，试验方法成熟，最接近实际使用情况，且试样长度较短，测试效果非常直观。

热性能试验具体试验方案和步骤为将 OPLC 中的光纤串联熔接形成光功率监测回路；将 OPLC 中的主绝缘线芯首尾串联形成电流回路，在 OPLC 的导体、绝缘、光单元、护套等位置放置温度传感器测量温度。在回路中施加电流，加热导体直至达到稳定温度，此温度应超过电缆正常运行时导体最高温度 5～10℃，加热电流应通过所有主绝缘线芯的导体，待导体温升达到规定的值稳定后持续至少 168h。在试验过程中应监测导体、绝缘间、光单元和外护套的温度，以及光单元的光纤在 1550nm 波长下的附加衰减。

考核要求：整个测试过程中持续监测所有光纤衰减变化以及环境、受试样品导体和表面的温度变化情况，光纤附加衰减变化不超过规定值。试验结束后，OPLC 电气安全性能不下降。

热性能试验典型测试结果如图 3-13 所示。

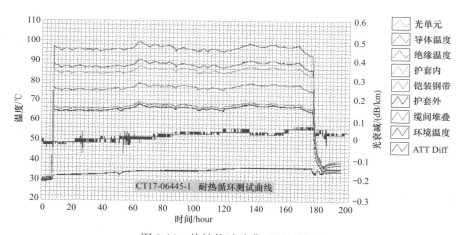

图 3-13　热性能试验典型测试结果

3.2　OPLC 配套附件关键技术

3.2.1　OPLC 中间接续接入技术

国外关于电力光纤到户研究几乎处于空白，国内于 2009 年开始电力光纤到户的相关技术研究及试点工作，目前国家电网公司已在 21 个省市完成 47 万户建设，南方电网公司也在广州、深圳等地进行了少量试点建设。但随着网络规模的不断扩大，OPLC 中间接续附件也存在一些问题，主要有以下几个方面：

（1）OPLC 中间接续附件专用性不足。目前由于 OPLC 包含光缆缆芯和电缆缆芯，接续施工需要由电力施工公司和通信施工公司分别施工，存在协调难度大、施工安全无法保证，操作人员无法同时具备光、电施工资质等问题，因此大部分施工都是由电力施工公司使用电缆接头对电缆进行接续，通信施工公司使用光缆接头盒进行接续。

（2）OPLC 中间接续附件光和电无法有效隔离。目前市场上设计的 OPLC 中间接续附件通常都是将光纤和电缆单独进行接续后，一起放置在一个腔体内，光、电没有分离或分离不彻底，电缆发热导致光纤通信质量下降甚至通信中断等问题。另外由于施工人员很难具备光、电双资质，通信施工人员可能导致维护时电力绝缘损伤而引发电力线路故障甚至电气安全事故，或者电力施工人员维护时损伤光缆导致通信问题。

3.2.1.1　技术指标

光电一体化中间接续附件主要用于连接两根完全一致的额定电压 $1kV(U_m = 1.2kV)$ 及以下 OPLC，在电力光纤到户工程中主要用于 OPLC 损坏后的施工维修或 OPLC 延长接续的场合，由于电力光纤现场施工环境复杂、接续难度大、考虑到损坏位置和延长位置不确定，光电一体化中间接续附件有着其独有的技术指标要求：

（1）电气性能应与原有的 OPLC 保持一致或超出。

电缆和 OPLC 损坏绝大部分发生在接头处，原因是光电一体化中间接续附件的接续过程主要是先对接续处的电缆进行切割，剥离绝缘，再对导体和绝缘进行恢复，因此接续部位的电气连续性势必无法达到成缆的水平，比如剥离的导体与后附加的绝缘保护层之间无法做到完全贴合，只能通过胶体粘接在一起，同时施工时剥离导体多采用刀具进行环形切割，不可避免地会对导体形成切割痕迹，破坏了导体的平整表面，形成小的尖端，依据金属导体的电荷分布理论，小尖端由于曲率更大，带电荷数更多形成"尖端放电"，电荷长时间反复击打绝缘层某个区域，绝缘失效电缆击穿。这样的问题还有很多，解决该问题的途径主要有两点：①通过规范施工过程，提高接续质量，减少因接续缺陷引起的局部发热、尖端放电等情况；②通过产品设计方面提高光电一体化中间接续附件的耐电压水平，使接头的电气性能优于 OPLC 本体，从而使接头不再是电力路由中的薄弱点。

OPLC 标准为 GB/T 29839《额定电压 $1kV(U_m = 1.2kV)$ 及以下光纤复合低压电缆》，对于电压试验的要求依据 GB/T 12706.1《额定电压 $1kV(U_m = 1.2kV)$ 到 $35kV(U_m = 40.5kV)$ 挤包绝缘电力电缆及附件　第 1 部分：额定电压 1kV(U_m＝1.2kV) 和 3kV(U_m＝3.6kV) 电缆》，耐压试验为 3500V/5min 不击穿，据此将光电一体化中间接续附件的出厂耐电压指标确定为 4500V/5min，较 OPLC 性能提升约 30％，为实际使用电压 220V 的 20 倍，这样可以确保光电一体化中间接续附件不会成为整条电力连接线路的薄弱点，基本可杜绝在接头处发生击穿问题，最大限度确保了电力线路的长期稳定性。

（2）结构保护与原有的 OPLC 保持一致或超出。

GB/T 29839《额定电压 1kV(U_n＝1.2kV) 及以下光纤复合低压电缆》中 OPLC 力学性能指标主要有拉伸、压扁和冲击。

1）拉伸。OPLC 与光电一体化中间接续附件的连接在 800N 的拉伸载荷作用下持续 5min，光纤附加衰减无明显变化，OPLC 应不发生松脱，附件应无变形和破损。

2）压扁。光电一体化中间接续附件压扁性能指标应考虑到现场施工可能发生的人员践踏、重压和物品堆积等情况，并结合 GB/T 29839《额定电压 1kV(U_n＝1.2kV) 及以下光纤复合低压电缆》对于 OPLC 压扁特性的要求（见表 3-9）确定为 1500N/100mm，施压 5 次后，表面应不发生破损和目力可见的裂痕，光纤的附加衰减应不大于 0.1dB，4500V/5min 耐压应不击穿。

表 3-9　　　　　　　　　　　　OPLC 压扁特性

结构	长期压扁力		短暂压扁力	
	允许力（N/100mm）	光纤附加衰减	允许力（N/100mm）	光纤附加衰减
无铠装	300	光纤无明显附加衰减	1000	≤0.1dB
带铠装	1000	光纤无明显附加衰减	3000	≤0.1dB

3）冲击。GB/T 29839《额定电压 1kV(U_m＝1.2kV) 及以下光纤复合低压电缆》对于冲击的特性要求为：①冲锤重量：非铠装型 OPLC 为 450g，铠装型 OPLC 为 1kg；②冲锤高度：1m。

对于光电一体化中间接续附件，考虑到现场施工可能存在的物品跌落、撞击等因素，确定冲锤重量为 1.6kg，冲锤高度 1m。试验后光电一体化中间接续附件应不发生破损，光纤的附加衰减应不大于 0.1dB，4500V/5min 耐压不击穿。

（3）良好的防水和密封保护性能。

当光电一体化中间接续附件安装在电缆沟和阴井盖下时，多降雨或内涝影响极有可能长时间处于浸水的状态，附件应能在浸水环境中确保无水或潮气进入，光纤的附加衰减应不大于 0.1dB，4500V/5min 耐压不击穿。

（4）较小的外形尺寸。

对于某些施工场合，比如电缆沟、电缆井，其空间相对狭小，光电一体化中间接续附件的体积应尽可能小。

（5）易于安装和施工维护。

光电一体化中间接续附件用于接续 OPLC 的光通信和电传输，必须充分考虑安装和施工维护的易操作性，确定合理的光电分布和走线设置对安装的影响，减少不必要的施工、维护成本。

（6）良好的散热性能。

光电一体化中间接续附件需要接续光通信和电传输。光通信需要预留足够的空间进行熔接和盘留，便于下次进行维护，这会对导体接续产生一定的影响；而电传输会产生大量的热能，若不及时传递到外侧，会在附件腔体内形成很高的温度，增大通信衰减。因此需要考虑导体接续的空间和附件的散热方式，保证电力导通的情况下，为光纤留有足够的空间余量及良好的环境温度。

（7）良好的耐腐蚀性能。

光电一体化中间接续附件使用环境恶劣，与潮湿空气、腐蚀物质等长期接触，附件外壳应具有良好的防腐蚀特性，保证充足的使用寿命。

3.2.1.2 OPLC 光纤中间接续

目前主流的光纤接续方式主要有光纤熔接、光纤冷接子和光纤活动连接器连接，对比如表 3-10 所示。

表 3-10　　　　　　　　　光 纤 接 续 方 式 对 比

性能	光纤熔接	光纤冷接子	光纤活动连接器
连接方式	永久连接	可重复连接	活动连接
接头平均损耗（dB）	≤0.1	≤0.5	≤0.3
长期稳定性	稳定	不稳定	稳定

光电一体化中间接续附件多用于小区主 OPLC 连接，对接续的稳定性要求较高，同时由于目前家庭网络带宽停留在 20Mbit/s～100Mbit/s 的水平，虽可满足目前家庭用户的基本需求，但无法应对未来用户网络带宽爆发式增长的需求。未来在信息化大发展的趋势下，家庭办公、视频会议、家庭能效、高清视频、远程医疗等服务均需要大量的带宽，总需求将超过 500Mbit/s，同时在同一个小区宽带速率并发的几率非常高，对 OPLC 光纤接续的衰减和连接稳定性提出了更高的要求，针对上述连接方式特点，在光电一体化中间接续附件中建议采用光纤熔接方式以达到最小的衰减损耗和最好的连接稳定性。

3.2.1.3 OPLC 电力线芯中间接续

在电力工程安装中，电缆中间接头是输变电电缆线路中重要的电力设备部件，它的作用是分散电缆接头外屏蔽切断处的电场，保护电缆不被击穿，还有内、外绝缘和防水等作用。在电缆线路中，60% 以上的事故是附件引起的，所以接头附件质量的好坏，对整个输变电的安全可靠是十分重要的。针对 OPLC，应采取压接方式，用管状导体金具将邻近的两根电缆导体在线路中间相互连接，外层做绝缘处理，保证可靠的电力传输。

接头的密封和机械保护是确保接头安全可靠运行的保障，应防止接头内渗入水分和潮气。OPLC 的外护套内部存在铠装保护，多为金属，如铠装钢带、铠装钢丝。由于 OPLC 不存在屏蔽层，故金属铠装容易形成感应电流，从而造成电能的损耗，若发生电力泄漏，易造成安全事故，故需要采取措施避免此类情况的发生。常用的方式是在末端进行接地，这样金属铠装的电位为零，就不会产生感应电流，同时发生电力泄漏时也可以很快地将电力传导到大地当中，减少事故发生概率。因此光电一体化中间接续附件需要将 OPLC 中的金属铠装接通，使其可以将电流传导到 OPLC 末端。

3.2.1.4 光电一体化中间接续附件设计

光电一体化中间接续附件结合了电缆中间接头及光缆接头盒的特点进行设计，电部分满足 GB/T 12706《额定电压 1～30kV 挤包绝缘电力电缆及附件》等相关标准要求，光部分满足 YD/T 814.1《光缆接头盒 第一部分：室外光缆接头盒》要求，主要作用部件为电传输单元和光纤接续单元，其具体的方案和功能如下：

（1）电传输单元包括电传导器件和绝缘密封器件，OPLC 进入光电一体化中间接续附件后，压接与缆芯相同材质的连接管将电缆导体连通，通过绝缘密封的材料隔离内部的电力导出及外部的潮气或水进入。同时将电缆内部非导电金属通过合适的地线接通，保证能够在缆末端完成整体接地。

（2）光纤接续单元主要为光纤接续保护装置，由熔纤盘、光纤热缩管和固定装置组成。其中熔纤盘使用紧固件固定在中间的光电背板上，用于存放光纤接头、余留光纤等。

（3）当光通信与电传输在一个腔体内共同运行时，相互之间的影响必须要考虑，其中最大的影响应该是温度。一般光纤的工作温度为 $-40\sim+60℃$，若超出此温度范围，光纤的衰减将非常明显，严重影响到正常的通信系统。而 3kV 及以下交联聚乙烯护套的电缆运行时导体最高额定温度为 90℃，虽然正常电缆运行都不会满负荷工作，但温度不会低，即使传递到护套表面的温度会有所降低，但温度仍然有超过光纤工作温度的风险因此附件的散热设计尤为重要。针对散热问题，通过研究光电背板与热源相对位置对光纤单元温度的影响以及研究隔热板结构对降低光纤单元温度的进一步增益作用，完成光电背放的结构设计，具体如图 3-14 所示。

设计时考虑以下几点作为主要控制措施：

1）优质导热外壳：采用碳钢外壳作为主要散热载体，其导热率在 36～54W/mK 之间，导热率良好，从而促使腔体内外的温差减小。

2）隔热板：在光纤熔纤盘与热源之间放置一个隔热板，其导热率仅为0.25W/mK，有效地减少热量传递，使光纤工作温度低于光电背板的温度。

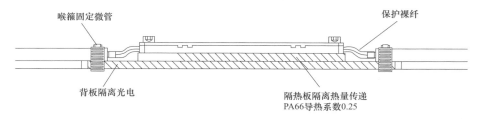

图 3-14　光电位置图

3）散热设计：通过设置光电背板，使两侧空间分开，光电背板会压缩热源一侧空间的稳态温度场，使得距离热源相同横向距离的位置上背板位置的温度最低。无背板和有背板时接续部位的温度分布如图 3-15 所示，有背板时温度相比于无背板低了约 21℃。光电一体化中间接续附件设计的形状为狭长形的结构，此结构腔体内空气少，从而降低因空气不流通导致热量堆积的程度；热源距离壳体更近，使热量传递的效率更高；有效散热面积更大，提高了整体散热效率。

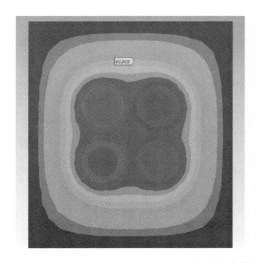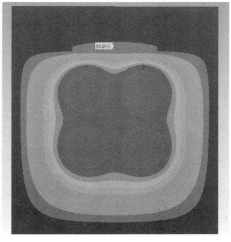

图 3-15　无背板与有背板的温度分布横截面图

4）散热源：热源是电缆导体，为控制其散热功率，需要从以下方面着手：①选用优质的接续产品，减少因劣质产品导致的额外散热；②接续操作规范化，减少不规范的操作，从而降低因操作不规范引起的局部发热过大问题，保证接续点的发热在合理范围内；③绝缘材料的选择上，从厚度及导热率上考虑，使接头中部的温度低于两侧，让热量高部分更加靠近外壳；④在热源的尺寸方面，将接头盒尽量小型化，使电缆导体在腔体内的长度更短，从而从根本上降低散热功率。

5）使用环境：此附件通常为埋设或者放置在电缆沟内，环境温度较为适宜，更加有利于整体散热。

（4）光电一体化后，如何合理安排光电走线，将直接影响到产品的尺寸、运行的安全性及维护的操作简易性。若光和电无法有效隔离，将会导致维护时电力绝缘损伤而引发电力线路故障甚至电气安全事故或造成光纤通信质量下降甚至通信中断等问题。由于光缆缆芯较细，相较于电缆缆芯可以更容易地弯折，因此布放时需要先连接电缆导体，光纤在导体接续后再进行熔接。此外，导体的连接更加占用空间，因此光电分离结构中，空间安排应更加侧重于电缆接续，从而更好地利用空间，减小附件整体大小，而熔纤盘通用规格都较大，不利于附件的整体尺寸，因此需要设计出既能够满足光纤最小弯曲半径要求，又能使整体大小更小的熔纤盘，从而保证附件大小的合理性。

（5）光电一体化中间接续附件采用光电背放结构，即利用中间隔板将光接续装置和电接续装置隔开，并呈现背向放置。该结构首要作用是将光通信隔离在电传输之外，避免了光通信被安置在热量最大、温度最高的部位，从而降低通信质量。其次是光通信接续往往需要熔纤盘这种产品，而电接续通常为圆柱形，若放置在一起则会比较杂乱，浪费接续空间；而使用光电背放结构后，光通信与电传输有序排列，最大限度地节约内部空间，有效地实现了产品的小型化和轻量化。在光接续和电接续的一侧分别设置好盖板，当设备需要维护时，只需打开对应一侧的盖板，单独维护光通信或者电接续，而无需将附件整个拆卸，从而有效地减少了施工的时间，并且实现了光和电的独立维护，提高了维护的安全性。

（6）OPLC进入光电一体化中间接续附件后，需要进行固定。若不固定，当缆受到拉伸后，拉伸力传递到光电接头，会致使接头直接损坏，因此固定电缆尤为重要。电缆一般使用锚固等装置固定，但是体积大、成本高、性能过剩，在此处不适用；光缆一般通过夹具实现，但是光缆缆径小，若在OPLC上使用光缆的夹具，由于电缆直径远大于光缆，而紧固件压力必须控制在不对电缆内部关键元件产生影响的范围内，因此作用在缆护套表面的压强有限，从而整体摩擦力偏小，无法满足要求。因此只能通过考虑增加夹具的表面摩擦系数来增加摩擦力。光电一体化中间接续附件的夹持装置由多个相同的分割体组成，内侧表面有特殊的异形结构来增加摩擦力，异形结构不能有尖锐的部分，防止刺穿OPLC外护套防护层导致缆外部防护失效。装配时，使用紧固件将夹持结构的分割体均匀地围绕固定在外护套周围，使之与外护套紧密贴合。适当调节分割体间的紧固件，使夹持结构紧紧夹住电缆，由于夹持结构内部表面的异形结构，造成外护套表面局部微变形，但不会对内部元件产生不利影响。在允许的拉伸或扭转范围内，载荷会传递到主要承力构件，从而提供了牢固的固定方式，保护光通信和电传输接头。

（7）光电一体化中间接续附件应用的环境为电缆沟、管道或者埋地，需要满足一定的防尘防水要求。

通用的密封方式有三种，具体如下：

1）将接头完成后，在壳体内倒入充分搅拌好的绝缘密封胶，这是海电缆和向压电缆等维修时常用的方式，既完成了密封，又同时兼顾了绝缘。但是此方法不宜在现场完成，因为密封胶至少需要 12 小时以上才能够固化，而且密封胶价格较高。

2）利用电缆外护套材料的热熔性，将与电缆外护套同型号规格的材料融化后，通过金属模具的灌注成形。此方法操作简单，但在融化温度控制和注入方式上要求较高。

3）利用密封圈或者密封胶条进行密封，在电缆外侧与外壳之间及外壳的金属件之间使用密封圈或者密封胶条达到密封。此方法比较科学而且容易实现。

中间接续附件的应用环境与光缆接头盒的使用环境基本相同，可以借鉴光缆接头盒的密封方式，即采用机械密封方式完成整体密封。

（8）光电一体化中间接续附件使用环境通常为潮湿的空气或者具有腐蚀特性的土壤中，因此需要具有一定的耐腐蚀能力。通常解决此类问题的方式有：

1）采用耐腐蚀材料，如不锈钢、塑料等本身具有抗腐蚀特性的材料；耐腐蚀金属一般材料成本较高，机加工性能不佳，若不是特别恶劣的腐蚀环境，不推荐使用，而塑料等非金属材料导热性能很差，不宜使用在此类电压要求的产品中。

2）采用普通的金属，在其外层涂覆一层抗腐蚀的涂层，如在外侧喷涂防腐油漆，或者镀一层保护金属，如镀锌、镀铬等。由于外壳需要具有良好的散热特性，油漆可以排除，所以选择镀一层金属比较合理。

3）增加一块阳极块对壳体进行阴极保护，此类方式常应用于长期浸水的金属装置上，如平台、海洋设备等，在此环境中不适合。根据附件的使用环境，建议结合 ISO 14713 等同类标准选用合适的镀层、镀层方式及镀层膜厚。

3.2.2 光纤复合低压电缆终端接入技术

OPLC 终端接入技术作为电力光纤到户建设实施中关系到光通信质量、电气安全性能、易维护性以及施工和运维成本的关键因素，接续的质量、效率、成本和便捷性直接影响电力光纤到户工程的运行质量，目前国内外对于电力光纤到户 OPLC 接续技术研究几乎空白，作为终端接入技术的载体的 OPLC 专用一体化终端接入附件也未见报道，极大制约了电力光纤到户工程的推广建设。

现有的电力光纤到户主要有以下两种方式：

（1）OPLC 到楼：OPLC 只用于小区台式变压器和楼宇配电箱之间，从配电柜引出后采用电走电接续箱、光走光交接箱的形式，楼宇配电柜后光和电的路由、通道和接续点均不一致，严格意义上来说不是真正的电力光纤到户。

（2）OPLC 到户：由于配套的专用附件缺失，在光和电分离式需要在同一地点设置电接续箱和光交接箱（两箱独立或两箱叠加），OPLC 中电单元和光纤单元需要大长度的开剥，电力绝缘线芯和光单元裸露在外，会导致光和电的保护不足引起通信终端和电力电气安全性能下降，以及因光纤盘纤而导致电力线芯浪费严重的问题。

基于以上问题，OPLC 配套专用光电一体化终端接入附件应能实现 OPLC 光电的有效分离、接续、分配、保护功能；确保电气安全性能，满足施工操作的易维护性，同时可减少电力线芯浪费的性能要求。

3.2.2.1　OPLC 光纤终端接续

现有常用的接续方式主要有光纤熔接、光纤冷接以及光纤活动连接器连接。

（1）光纤熔接。

早在 20 世纪 70 年代采用镍铬丝通电作为热源，对熔点低（1000℃以下）的多组分多模玻璃光纤进行熔接，连接的损耗约 0.5dB；70 年代中期开始采用电弧放电法，多模光纤的平均损耗达到了 0.2dB；80 年代开始使用预加热熔接法，即通过电弧对光纤端面进线预热整形，然后在放电的情况下，让两根待连接的光纤的其中一根沿轴线向另一根移动，最后把它们熔接在一起。该技术发展至今，单模光纤的损耗可达 0.1dB 以下，是现有接续技术中接续损耗最低和稳定性最好的。

（2）光纤冷接。

光纤冷接是指通过简单的接续工具、利用机械连接技术实现光纤连接的方式，现在常用的光纤冷接子的关键部位是一个经过精密加工的 V 形槽，V 形槽能保持发射光纤和接收光纤的相互对准，同时光纤对接部位配有匹配液，可以进一步减少光纤的接续损耗，光纤冷接操作简单、人员培训周期短、工具投资少，比较适用于用户数量大且地点分散的场合，但长时间运行的可靠性还未得到充分验证。

（3）光纤活动连接器。

光纤活动连接器是连接两根光纤或光缆形成持续光通路，且可以重复装拆的无源器件，根据结构的不同主要有金属螺纹型（ferrule connector，FC）光纤活动连接器、小型（little connector，LC）光纤活动连接器、矩形（square connector，SC）光纤活动连接器和插入拧紧型（stab twist，ST）光纤活动连接器；按照连接器插针体端面可以分为平面对接 FC 型、物理接触型（physical contact，PC）、超级物理接触型（super physical contact，SPC）、超级平面物理接触型（ultra physical contact，UPC）和带角度物理接触型（angle physical contact，APC），完整的光纤活动连接器由结构和插芯端面组成，比如 FC/PC，

LC/APC。

1）金属螺纹型 FC 型光纤活动连接器。FC 光纤活动连接器主要由 2 个插针与套筒等组成，其中一个插针装有发射光纤，另一个插针装有接收光纤，将 2 个插针同时插入套筒中，再将其螺旋拧紧，就实现了光纤的对接耦合。按规定要求，插头应可以互换，应反复插拔数千次而不影响其主要指标。

2）小型 LC 光纤活动连接器。LC 型连接器是 Bell 研究所研究开发出来的光纤连接器类型，LC 型连接器采用操作方便的模块化插孔闩锁机理制成，其所采用的插针和套筒的尺寸是普通 SC、FC 等所用尺寸的一半，为 1.25mm，可以提高光纤配线架中光纤连接器的密度。

3）矩形 SC 型光纤活动连接器。FC 在安装时需要留有一定的空间以便使耦合部分旋转，这样就不能满足高密度安装的要求，在光纤用户网络场合，使用的是 SC 光纤活动连接器。这种 SC 光纤活动连接器体积下小，只需要轴向操作，不用旋转，能自锁和开启，最适宜于高密度安装。SC 光纤活动连接器采用塑料模塑工艺制造，插针套管是氧化锆整体型，端面磨成凸球面，插针尾部入口呈锥形，便于光纤插入。

4）插入拧紧 ST 型光纤活动连接器。ST 型光纤活动连接器结构由"插头-适配器-插头"组成，插头采用带键的卡口式锁紧结构，光纤嵌插在外径为 2.500mm 的高精度插针体中，插针体端面一般为凸球面，两插头通过适配器用卡扣对接形式进行连接。

光纤插芯端面根据插针端面形状及研磨程度的不同，常用的光纤连接器又可分为 PC、UPC 和 APC 三种类型，以回波损耗量为依据在性能上进行区分时区分，APC 最优、UPC 次之、PC 稍差。

光纤处于平面接触状态，端面不可避免由小量的空气缝隙，即使缝隙很小，在石英玻璃与空气之间也会产生菲涅耳反射。反射光回射到激光器会引起额外的噪声和波形失真。回波损耗是指在光纤连接处，后向发射光（连续不断向输入端传输的散射光）相对输入光的比率分贝数。回波损耗越小说明反射光对光源和系统的影响越小。PC 型插芯端面虽有抛磨，但抛磨的半径不大，连接面还是接近于平面；UPC 型插芯端面抛磨半径达到 R20，有效改善了回波损耗；APC 型光纤接头端面被磨成一个 8°角，目的是更大程度地减少回波损耗。具体到回波衰减上，PC 型回波损耗为−35dB、UPC 型回波损耗为−55dB，APC 型回波损耗为−65dB。

3.2.2.2　OPLC 电力线芯终端接续

OPLC 电力线芯接续与普通低压电缆类似，一般由绝缘管、接线端子等组成，电缆端头套上绝缘管将绝缘线芯剥开一段长度后压接铜/铝接头，接头与光电一体化母线对应位置螺栓固定连接，采用加热或冷缩方式使绝缘管牢固固定在接头位置。

3.2.2.3 光电一体化终端接入附件

依据电力光纤到户小区建设场景和敷设条件的不同，需要使用到不同型号和规格的 OPLC，光电一体化终端接入附件应能与其进行有效配套，电力光纤到户用 OPLC 终端接入附件始于小区台变，终止于用户侧，根据所在位置和层级的不同，可分为光电一体化局维配电柜、光电一体化楼宇配电柜、光电一体化楼层电表箱和光电一体化分户箱，常见的架构示意图如图 3-16 所示。

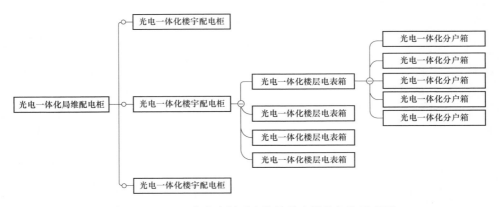

图 3-16 OPLC 电力光纤到户终端接入附件架构示意图

（1）光电一体化局维配电柜。

光电一体化局维配电柜位于小区变电站，电路进线为小区台变始端箱的母线排，光路进线为引至通信运营商主干网的通信光缆，出线为分别连接至多个光电一体化楼宇配电柜的多根 OPLC。

光电一体化局维配电柜在原有的局维配电柜上进行结构优化，主要包括配电单元和光接续单元，整体外形和配电单元满足 GB 7251.1《低压成套开关设备和控制设备　第 1 部分：总则》和 GB 7251.12《低压成套开关设备和控制设备　第 2 部分：成套电力开关和控制设备》等相关标准要求，光纤接续单元满足 YD/T 778《光纤配线架》要求其具体的方案和功能如下：

1）配电单元包括进线总隔离开关和多个分接断路器，小区台变始端箱母线排通过光电一体化局维配电柜中的铜排连接到总隔离开关，总隔离开关出线端通过铜排连接到各分接断路器进线端进行电能分配，分接断路器的出线端与出线 OPLC 电力线芯相连。

2）光纤接续单元主要为光纤配线架，由支撑架、多个盘纤盒和固定装置组成。其中盘纤盒可从箱体的槽位中拔出或插入，用于存放光纤接头、余留光纤等；盘纤盒中预留一段尾纤，一端用于与 OPLC 开剥后的光纤单元进行接续，另一端带有预置端接头，与出线 OPLC 的光纤熔接。

　　3）光接续单元的放置位置是直接影响到光、电维护时的安全性、易用性和经济性的重要因素，根据使用场合和空间要求的不同，主要有光电背放、光电侧放和光独立隔间三种结构形式：

　　①光电背放。光电背放是利用中间隔板将光接续装置和电接续装置隔开，并呈现背向放置，以确保光维护在一侧、电维护在对应侧。该结构最为节约箱体空间，同时可实现光和电的独立维护，但该结构前后侧都要开门并留有操作空间，对场地空间和安装位置的要求很高。

　　②光电侧放。光电侧放是将光纤接入点设置在柜体的左侧或右侧，可以减少开门结构要求，成本较低，对柜体结构的改动也较小，但无法适用于并排放置间距较小的光电一体化局维柜和楼宇柜。

　　③独立隔间。在柜体正面设置光纤接续装置隔间，光纤接续可在独立隔间中完成，同时独立隔间配有独立的锁扣，光维护时打开独立隔间，不会误碰电力线芯，提高维护的安全性。电维护打开柜门时光独立隔间不会打开，同样光维护时无法打开配电单元柜门，可最大限度确保光通信的连续性和稳定性。该结构对于柜体的空间要求最高，价格也最高。

　　4）对配电单元和光纤接续单元单独设置门锁，可方便对光、电的独立维护。

　　5）电力线芯，尤其是大截面多芯数的电力线芯的浪费对工程造价的影响较为明显，通过对光电一体化局维配电柜的内部结构、光电走线路径进行优化，将光纤接续和分离单元设置在离光纤分离点更近的地方，同时通过二次布线 superharess 软件模拟和实际组装测试最终确定三者最为合理的位置，可确保电力线芯损耗控制在 1.5m 以内。

　　（2）光电一体化楼宇配电柜。

　　光电一体化楼宇柜一般位于各个楼宇底层，进线为引至光电一体化局维配电柜的 OPLC，出线为分别连接至多个光电一体化楼层电表箱的多根 OPLC。

　　光电一体化楼宇配电柜的整体结构与光电一体化局维配电柜的结构类似，内部配置有配电单元和光纤接续单元，配电单元包含 1 个总开关和多个分开关，进线 OPLC 从光电一体化楼宇配电柜底部进线，开剥后电力线芯接总开关，总开关通过铜排与分开关进线端连接、分开关出线端接开剥后的出线 OPLC 电力线芯，进线 OPLCDE 光纤单元通过光纤接续单元与开剥后的出线 OPLC 光纤单元接续。

　　1）光电一体化楼层电表箱。

　　光电一体化楼层电表箱通常位于楼宇相关楼层的用户门口外侧或电缆井旁边，进线为引至光电一体化楼宇配电柜的 OPLC，出线为光电一体化分户箱的 OPLC。

　　光电一体化楼层箱外形结构与现有的电表箱尺寸一致，由电能分配计量单元和光配单元组成，光配单元作为独立的模块设置在箱体内部，与电能分配计量单元电气隔离。OPLC 引入到光电一体化楼层电表箱后分成电能传输和光传输两路，分别进入电能计量单元与光配单元后再融合为 OPLC，接口示意图见图 3-16。

图 3-17　光电一体化楼层电表箱接口示意图

电能分配计量单元设置计量单元、总负荷开关单元、用户负荷开关单元等子单元，以实现一分多户的电能分配以及电能计量功能。

光配单元设置熔接盘、光分路器、活动连接器等子单元，实现光纤链路的一分多户及配线功能。

进线 OPLC 进入光电一体化楼层电表箱后，采用专用的保护装置固定后开剥分离后，OPLC 中电力线芯接入总负荷开关单元；OPLC 中光纤单元通过裸纤保护管保护，引入光配单元与尾纤熔接成端，接入分路器输入端。

出线 OPLC 采用蝶形耐低弯损耗光单元，已满足室内光缆要求良好的抗压性能和小弯曲半径低损耗要求，考虑到出线 OPLC 经由管道敷设，保护较好，同时位置相对固定，不采用专用夹具固定，以节约内部空间。

2）光电一体化分户箱。

光电一体化分户箱位于用户家中，进线为引至光电一体化楼层箱的 OPLC，出线电路为无护套绝缘电缆，光路为皮线缆分别引到家庭多媒体信息箱。光电一体分户箱接口示意图如图 3-18 所示。

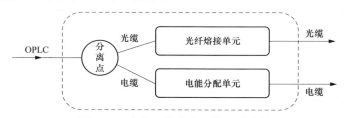

图 3-18　光电一体分户箱接口示意图

针对入户箱内部空间狭小，光电的分离和接续相对困难、维护难度高的问题，设计全新的光配单元，可实现光电分离、光单元接续和光接续点保护功能，同时维护性较好，光配模块主要由卡具和光纤熔接保护单元组成。

OPLC 进入光配模块后、先用卡具固定，再用螺丝紧固，保证固定的可靠性，开剥后的电力线芯由光配模块预置的电力线芯专用通道引出，皮线光缆通过预置走纤槽道进入熔接保护单元后开剥成裸纤，余纤盘留装置中盘绕后，与引出的皮线光缆熔接。

对于电缆槽道盖板采用熔接保护单元盖板分离方式，同时电缆槽道盖板采用紧固件固定以保证连接的可靠性。对于光纤熔接保护单元盖板采用卡扣式结构，可免工具快拆，对光纤进行维护。同时光配模块将 OPLC、电力线芯及皮线光缆牢固固定为一体，并恢复一定的抗拉、抗扭强度，因此光配模块在入户箱内不与箱体绝对固定，可利用入户箱的狭小空间实现 OPLC 的分离。因分离装置与熔接装置距离极近，光缆与电缆开剥长度相近，可确保入户 OPLC 的电力线芯的浪费控制在 1.5m 以内。

3.3 电力光纤到户网络及关键设备

3.3.1 网络管理系统

网络管理系统实现对电力光纤到户网络内所有设备的管理，并与上层设备（BRAS、Radius 等）一起实现对用户的认证和对用户业务的管理。典型的网管系统以 Windows 风格的图形操作界面生动地为用户提供配置管理、告警管理、性能管理、安全管理等管理功能。其软件架构如图 3-19 所示。

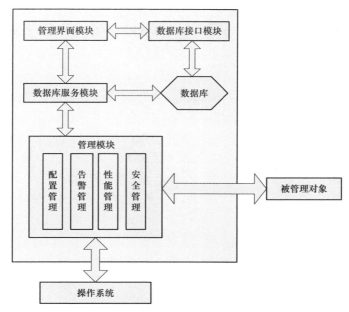

图 3-19　网管系统软件结构图

电力光纤到户网络采用了新一代的网管管理系统，该系统集智能维护、融合管理、开放平台于一体，是面向未来网络管理的解决方案。

新一代的网络管理系统，能实现 IP 设备、接入设备、传输设备的融合管理，管理容量可達 20w 個等效網元；采用可视化的网络监控管理，通过拓扑图可以了解全网组网情况以及监控网络运行状态；基于模块化的网络架构，可以定制化设计接口，以满足下一代网络的管理需求。

新一代的网络管理系统具有如下的功能优势：

（1）强大的管理能力：服务器通过多实例分布式部署和进一步利用网络服务器，大大提升了管理能力。

（2）运维简单高效：重组云管理解决方案、全局模板、告警、统计等功能，运维简单高效，操作智能。

（3）多操作平台：支持不同的场景数据库和操作系统。

（4）支持客户端在线升级：使用 Web 发布，支持客户端在线升级。用户通过网页访问 Web 服务器发布的客户端软件进行升级。

（5）平滑升级：支持平滑无中断升级，兼容设备的全部历史版本，可使用原始的硬件平台。

（6）灵活的可扩展性：采用业界领先的可拓展、模块化架构设计。支持数据库模块、业务配置处理模块和通用模块的分布式、分层部署。

（7）在线帮助：提供在线帮助。用户可以按 F1 打开帮助界面，使用帮助文档的搜索功能搜索参考信息。

在信息通信技术（information communication technology，ICT）融合时代，越来越多的运营商逐步从单一的带宽经营向体验经营、数字经营转变，信息技术（information technology，IT）与通信技术（communication technology，CT）之间的界限变得模糊，并逐步走向融合。

OLT 作为光纤接入网的汇聚型局端设备，需要具备虚拟化能力，能够对设备和网络资源进行逻辑分片，虚拟出多个不同的 OLT 实例（虚拟 OLT）。虚拟化 OLT，一方面通过网络切片技术让不同的虚拟 OLT 共用一个 OLT 硬件，不同的虚拟 OLT 在硬件转发资源和控制层相互隔离，互不干扰，可以提供多业务（家庭/企业/移动）分类承载，针对服务提供商（retailer service provider，RSP）所定购和定制的差异化网络资源和业务，实现多业务和多 RSP 的智能运营，可以归属到不同的团队或客户进行独立管理维护，帮助运营商降低机房空间占用，节省电费，让物理资源可按用户需求进行灵活配置和独立管理，提高设备资源的使用效率，降低运维成本；另一方面通过设备虚拟化，还可以支持 PON 网络的平滑升级，实现对现有零散 OLT 整合，也有利于技术升级，避免对 IT 和放装流程的变更，降低维护压力和提高维护效率。

2015 年以来，OLT 虚拟化成为接入网络新趋势，国内外运营商开始提出具体的需求，上海电信在 2016 Q3 组织了集采测试虚拟 OLT 功能，并将虚拟接入网内容写入中国电信的企业标准。目前国内主要设备厂商率先实现虚拟 OLT 功能，其他设备厂商紧随其后，根据上海电信的集采测试要求，提出了各自的虚拟接入网解决方案。

虚拟化的 OLT 同时可以解决多部门之间的协调问题，以及基于现有的人工逐网点配置模式的效率问题，可以在网管界面上统一管控，化繁为简，实现集中化管理，有利于加快新技术、新产品引入。

根据上述内容，目前虚拟 OLT 技术的功能主要运用在两种场景：

（1）减少实体 OLT 的数量：将一台物理 OLT 虚拟成多台逻辑 OLT。各个逻辑 OLT 资源独立，管理独立，这样可有效减少实体 OLT 的数量，提高机房空间利用率和降低能耗。

（2）运营商将指定的 PON 口或槽位组合成虚拟 OLT，租用给虚拟运营商使用。

虚拟 OLT 功能的关键技术是设备要实现对现有业务软件层和交换驱动层分成，分离出虚拟 OLT 层，特别是灵活的业务对象创建虚拟 OLT 规则，允许业务对象同时归属于多个虚拟 OLT；各虚拟 OLT 之间要业务隔离互不影响。

而随着上海电信对于虚拟 OLT 技术需求规范的不断完善、集采测试的进行，目前设备厂商主推的 10G PON 系统都已具备虚拟 OLT 功能，支持相关的网络切片功能。功能说明如下：

（1）独立的虚拟局域网（virtual local area network，VLAN）资源：每个 VLAN 都有独立的 VLAN 资源，VLAN ID 基于 Port 可重叠。

（2）独立流资源：可以给每个 VAN 分配不同的业务流资源。

（3）独立的转发表资源：可以给每个 VAN 分配不同的转发表资源。

（4）独立的 QoS 资源：可以给每个 VAN 分配不同的队列资源，提供 VAN 之间的带宽保障和共享机制。

（5）VAN 间的广播风暴、MAC 地址攻击隔离。

（6）虚拟 OLT 对象的粒度到 PON。主控盘属于实体 OLT，其他类别的对象可以不属于任何一个虚拟 OLT。

（7）一个对象只能属于一个虚拟 OLT，不能被共享。允许某个对象不属于任何一个虚拟 OLT，此时此对象属于实体 OLT。

（8）一个虚拟 OLT 添加的所有对象组成此虚拟 OLT 的对象集，各个虚拟 OLT 的对象集不重叠。

（9）某个虚拟 OLT 对象集至少要包含上联盘端口对象和 PON 对象。主控盘对象属于所有虚拟 OLT，主控盘对象的配置（主要是模板类）所配即所有，以条目数为粒度归属其所配置的虚拟 OLT，在其他虚拟 OLT 不可见。

3.3.2　OLT 设备

3.3.2.1　OLT 设备技术特点

作为光接入局端接入设备，目前，现有商用化的 OLT 设备可配合 ONU、

HG、Modem、交换机等用户侧接入设备使用，能够通过多种接入途径将种类繁多的用户汇聚到同一台局端设备，并为用户提供大容量、高带宽、低成本的综合业务接入方案，从而满足信息时代飞速增长的网络业务需求。同时，本设备对传统铜线接入业务的支持能力使得其业务兼容性得到大幅提升，有效推动了传统接入业务的演进。

OLT 设备的功能定位如下：

（1）作为 FTTx 方案中的局端设备 OLT 与远端设备 ONU 配合使用。

（2）支持 VoIP、TDM、IPTV、CATV 和上网等宽带业务。

OLT 设备的网络定位如图 3-20 所示。

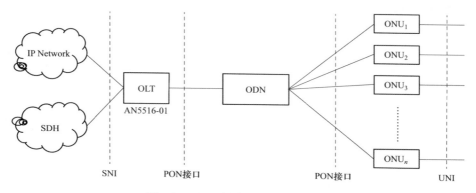

图 3-20　OLT 设备在网络中的位置

如图 3-20 所示，OLT 设备通常摆放在小区或局端机房内。在网络侧，OLT设备可以提供千兆或者万兆上联接口与 IP 网络连接，也可以提供 STM-1 光接口或者 E1 电口与 SDH 或传统的 PDH 设备连接。在用户侧，OLT 设备通过 ODN网络为用户在单根光纤上提供 VoIP、IPTV、CATV、TDM 和上网等多种业务。

这里主要以商用化 OLT 系列设备为例，介绍该设备配套的诸多业务盘，以及完整支持多种接入的场景。OLT 示意图如图 3-21 所示。

作为一款智能型电信级 PON 局端设备，现有商用化 OLT 设备具备 16 个业务槽位，支持双主控双电源冗余备份，上联两个专用槽位，支持 100G 数据上联，整机背板总线交换容量为 3.76T，主控盘交换容量为 1.92T；具有大容量、高密度的接入特点，适用于人口密度较高区域的接入部署需求。

面对不同接入容量：根据交换能力、接入容量的不同，适应不同的接入需要；整机支持 256 个 EPON/GPON 接口，128 个 10GPON 接口，单框支持32000 个用户。

面对不同接入条件：提供对诸如机柜安装、壁挂安装、水平放置、室外机柜安装等多种安装方式的支持能力。

面对不同接入类型：配套种类完备的接口盘，兼容各种物理层介质接入，并支持 PON/综合业务接入网（multi-service access network，MSAN）共框接入。

图 3-21　OLT 示意图

面对不同接入技术：支持 EPON/GPON/10GEPON/10GGPON 等多种 PON 技术，便于用户进行灵活部署。

商用化 OLT 设备具有如下特点：

(1) 硬件处理能力。

商用化 OLT 设备采用高性能芯片及硬件处理器，线卡槽位带宽可扩展到 200G，单槽位提供最多 16 个 10G PON 接口，后续可支持 8 个 40G PON 接口，2 个 100G PON 上联接口；上联槽位目前可支持 4×10GE 接口，后续可扩展到 100G 接口；核心交换能力可达到 3.2T，背板交换容量 14T。采用全新设计，单主控到槽位无阻塞交换，业务处理分散于各个线卡，系统可靠性提高，且交换容量、MAC 地址容量、ARP 表项也可随着板卡的个数增加而增加，可提供更大容量的 ACL、VLAN、QUEUE。

(2) vOLT 设备虚拟化。

OLT 设备支持虚拟化应用，vOLT 将使 OLT 成为开放的硬件，能同时节省资本性支出 X（capital expenditure，CAPEX）和企业管理支出（operating expense，OPEX）。在原有的 FTTP 网络中，每个服务都需要单独的硬件，并建立一个服务链支持新网络设备上的应用，并且将它们整合到繁琐且容易出错的序列里，电信运营商在相关 FTTP 局端设备方面也大都选择同样的设备供应商，因为每家设备商的软件管理流量和汇聚功能都是专有的，采用 SDN/NFV 将使包括 OLT 在内的 FTTP 相关设备实现成本效益的最优化，这种虚拟 OLT 可以实现集中管理和自动配置网络和资源。此外，虚拟化的网络功能还提供动态服务链和动资源分配，使网名、结构更为简化，且易于扩展，可缩短服务部署的时间等。

OLT 虚拟化后控制平面和转发平面进一步分离，强化控制平面，引入虚拟化，可以实现网络分片，针对 RSP 所定购和定制的差异化网络资源和业务，实现网络资源开放和高效运维，另一方面通过设备虚拟化，还可以支持 PON 网络的平滑升级，实现对现有零散 OLT 整合，也有利于技术升级，避免对 IT 和放装流程的变更，降低维护压力和提高维护效率。vOLT 接入示意图如图 3-22 所示。

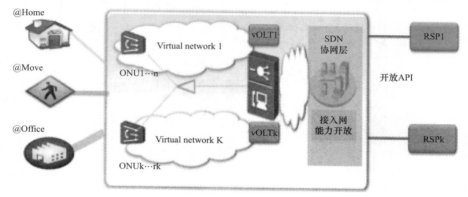

图 3-22　vOLT 接入示意图

（3）面向下一代 PON 网络的平滑演进能力。

目前现网中使用较为成熟的是 EPON/GPON 技术，而作为更为先进的下一代 PON 接入技术，10G EPON/XG-PON 技术具有更高的带宽，能够极大提高局端容量，降低运营商部署线路的平均成本，从而为运营商带来更高的利润。

根据运营商现有网络设备部署情况和技术成熟度，现有的 EPON/GPON 网络在一段时间内还具备服务能力，但必须向下一代 PON 网络进行演进。

目前，商用化的 OLT 设备支持分类 EPON、GPON、10G EPON、10G GPON 接口，具备从现有 PON 网络向下一代 PON 网络平滑演进的能力。主要演进方案包含以下两种：

1）独立部署方案。

独立部署方案分别以不同的业务盘接入 1G PON 与 10G PON 用户，两类用户共用同一子框，但不共用主干光纤资源，如图 3-23 所示。此方案需要为 10G PON 用户单独分配一个业务槽位和一根主干光纤。独立部署方案实现方式简便，对现有接入用户的业务不会造成影响。

2）混合部署方案。

混合部署方案分别以不同的业务盘接入 1G PON 与 10G PON 用户，两类用户共用同一子框，并通过 WDM 技术，将不同波长的光信号调制到同一条主干光纤资源进行传输，如图 3-24 所示。此方案需要单独的 WDM 1r 设备，部署时需要考虑到该设备为链路中增加的额外光功率损耗（约 1.5dB），以及现有用户业务的割接过程可能引入的风险。

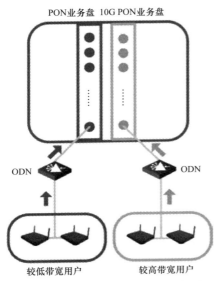

图 3-23　独立部署方案组网示意图　　　　图 3-24　混合部署方案组网示意图

（4）绿色节能环保设计。

商用化 OLT 设备满足业界能效标准，设备在设计之初就充分考虑了绿色环保概念，保证了设备能耗、噪声、散热都最优化，减少环境污染，降低运营成本。

OLT 设备的绿色节能设计主要体现在如下方面：

1）采用无源光网络传输技术，具有高分光比、高容量、高密度等特点，减少能源和光纤的消耗。

2）采用无铅生产工艺，可根据用户对环保的要求提供无铅产品。

3）采用高性能低功耗芯片，整体功耗低于业界平均水平。

4）采用 8 档温控智能风扇，节能降噪。

（5）接口类型。

接口类型示意图如图 3-25 所示，OLT 设备接口类型及功能列表如表 3-11 所示。

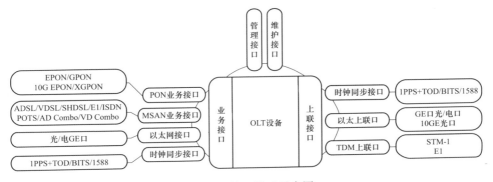

图 3-25　接口类型示意图

表 3-11   OLT 设备接口类型及功能列表

接口类别	接口类型	接口功能
上联接口	10GE 光接口	提供 10GE 以太网上联光接口
	GE 光接口	提供 GE 以太网上联光接口
	GE 电接口	提供 GE 以太网上联电接口
	STM-1 光接口	可以与传输设备的 STM-1 光接口连接
	E1 电接口	可以与传输设备的 E1 接口连接
用户接口	EPON 光接口	提供 EPON 用户接口
管理接口	FE 电接口	满足 GUI 带外管理需求
	GE 电接口	满足 GUI 带内管理需求
	RJ-45 接口（采用 RS-232 接口协议）	满足 CLI 本地带外管理需求
干节点接口	RJ-45 接口	可以搜集外部环境变量，上报至网管
外部时钟接口	时钟同轴接口	可以提供外部 2M 时钟和 BITS 时钟的输入和输出
告警接口	RJ-45 接口	用于将子框的告警信号传送到 PDP 上

接口特点：

1）支持 Triple-play。FTTx 系统采用波分复用技术，通过在 OLT 设备的外部加置一个合波器，实现 CATV 信号和用户的数据业务、语音业务在同一根光纤内传输，实现三网合一功能。

2）支持光纤到户。OLT 设备与 FTTH 类型 ONU 设备配合使用，将光纤引入用户家中，实现高带宽服务。

3）支持老区改造。OLT 设备与 FTTB 类型 ONU 设备配合使用，通过将已建有的 LAN 网络进行光纤化改造，保证语音和数据业务的接入。

4）支持村村通和农村信息化。OLT 设备与 MDU 设备配合使用，提供较高的带宽，保证语音和数据业务的接入，适应一些居住密集型农村地区的接入条件，充分满足农村用户当前及未来的通信需求。

5）支持移动基站业务传输。OLT 设备可以支持 2 种 TDM 接口盘，分别提供 E1 电接口和 STM-1 光接口上联，与 AN5006-06A-A 或者 AN5006-20 设备（配置 TDM 卡）配合使用，可将移动基站的 TDM 信号上联至传输设备，实现 TDM 仿真功能。

3.3.2.2 OLT 设备结构

商用化 OLT 设备包含有如下的器件：

（1）子框。OLT 设备子框位置示意图如图 3-26 所示，子框功能列表如表 3-12 所示。

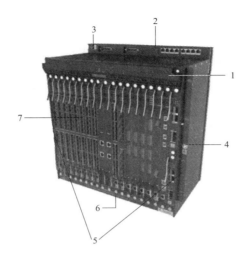

图 3-26 OLT 设备子框位置示意图

表 3-12　　　　　　　OLT 设备子框功能列表

序号	名称	主要功能
1	风扇单元	用于设备散热
2	背板	用于连接各个机盘模块，提供总线功能，并具有功能接口、电源接口
3	接地柱	用于连接子框接地线
4	防静电扣	用于连接防静电装置
5	上架弯角	用于将子框固定在机柜中
6	防尘网	用于防止灰尘进入设备内部，保证设备的清洁与稳定运行
7	机盘区	用于安插机盘，实现设备的各种功能

（2）槽位分布。

OLT 设备槽位示意图如图 3-27 所示。图中 1～8 和 11～18 为业务盘，9、10 为核心交换盘，19、20 为上联盘。

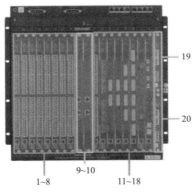

图 3-27 OLT 设备槽位示意图

设备子框共有 20 个竖式槽位，槽位说明如表 3-13 所示。

表 3-13 OLT 设备槽位说明

类型	槽位	可插入机盘
业务槽位	1～8、11～18	PON 接入业务盘，包括 EPON、GPON、10G EPON、XG-PON 接口盘等； MSAN 接入业务盘，包括 ADSL、VDSL、SHDSL、POTS、ISDN 接口盘、 AD Combo、VD Combo 盘等； TDM 业务盘； 以太网（P2P）接口盘； 光时域反射仪（Optical Time Domain Reflectometer, OTDR）线路诊断测量盘； 时钟盘
核心交换槽	9、10	核心交换盘
上联盘槽	19、20	上联盘

（3）机盘。

设备机盘功能如表 3-14 所示。

表 3-14 OLT 设备机盘功能列表

机盘类型	缩写	功能说明
核心交换盘	HSWA	完成 EPON 系统业务流量的汇聚、交换和管理；二层协议的处理；整个设备的故障、性能及配置管理；提供 1 个 Console 本地管理接口
10GEPON 接口盘	XG8A	完成用户业务的接入； 提供 8 个 10GEPON 业务接口； 在光功率预算范围内，支持 1：128 分路比
上联盘	HU1A	完成 PON 系统的信号上联； 提供 4 个 GE 和 1 个 10GE 上联光接口
	HU2A	完成 PON 系统的信号上联； 提供 2 个 GE 和 2 个 10GE 上联光接口
	HU4A	完成 PON 系统的信号上联； 提供 4 个 10GE 上联光接口
	H1CS	完成 PON 系统的信号上联； 提供 1 个 100G 上联光接口

3.3.2.3 OLT 设备功能

OLT 的 PON 系统具有如下的功能性能：

（1）PON 接入能力。

1）支持 IEEE 802.3av 标准规定的 10G EPON 功能。

2）提供 10GEPON 传输带宽。

3）上下行速率支持 10Gbit/s。

4）支持最大 1：128 的分光比，从而提高容量、节约光纤资源，便于网络扩展。

5）支持动态带宽分配 DBA 算法：DBA 的最小带宽分配粒度不大于 64kbit/s；DBA 的可配置最小带宽不大于 256kbit/s；DBA 的精度优于±5％。

6）支持长距离传输，利用无源光网络传输技术，解决了双绞线接入技术的长距离覆盖问题。最大传输距离（无源光网络＋双绞线接入）可达 20km 以上。

7）具有向下兼容性，支持多种类型 ONU，例如 SFU、盒式 MDU（包括 LAN 型和 xDSL 型）、插卡式 MDU 以及 HGU 型 ONU 等。

8）支持扩展的 OAM 功能。

（2）组播功能。

OLT 设备具备 PON 网络点到多点的结构特点，并且支持组播协议。利用组播特性，可以非常方便地向用户提供一些新的增值业务，包括在线直播、网络电台、网络电视、远程医疗、远程教育、实时视频会议等互联网信息服务。

1）支持互联网组管理协议（internet group management protocol，IGMP）V2/V3 协议。

2）支持 IGMP Proxy 和 IGMP Snooping 协议。

3）单框至少支持的并发组播组数为 4k 个。

4）支持预加入功能，可以自动向上行方向发送加入报文，加入预先配置的组播组。

5）支持预览功能，包括设置 5 个预览参数，单次预览最长时间，允许预览次数，预览间隔时间，预览权限手工或自动复位以及预览总时长。

6）支持用户快速离开组播组功能。

7）支持组播级联。

8）支持跨 VLAN 组播。

9）支持基于组播 VLAN 对节目源和用户进行管理和识别。

10）支持对组播的管理。

11）支持组播信息的统计：每个组播组的点播次数，点播总时长，平均点播时长；每个用户端口的点播次数，点播总时长，平均点播时长。

12）利用 IGMP Proxy、IGMP Snooping 实现对组播组成员的管理。通过 IGMP Report/Leave 和 Query 消息实现组播组成员的动态加入/离开和维持。

13）支持组播信息的在线查询：可以分级查询主控盘、线卡以及 ONU 上的在线组播组，组成员及状态。

14）组播业务组播业务（call detail record，CDR）功能：包括用户端口信息、组播组地址、加入和离开时间、离开方式（强制、自主离开）、权限信息。

（15）具备可控组播功能，支持基于组播用户的控制，包括信息显示、点播日志、点播统计等功能，可以有效地防止协议攻击、非法组播源、非法转播、非法接受者，保障运营商的利益。

（3）QinQ VLAN /VLAN stacking 功能。

VLAN 又称虚拟局域网，是指在交换局域网的基础上，采用网络管理软件构建的可跨越不同网段、不同网络的端到端的逻辑网络。VLAN 的标准是 IEEE 802.1Q。IEEE 802.1ad 在 IEEE 802.1Q（VLAN）的基础上实现了 VLAN stacking，也称为 QinQ VLAN，其核心思想是将用户私网 VLAN tag 封装在公网 VLAN tag 中，用户业务带着两层 tag 穿越服务商的骨干网络，从而为用户提供一种较为简单的二层 VPN 隧道。这种方式能实现 VLAN 标识的透明传输，即客户的 VLAN 与服务提供商使用的 VLAN 相互独立，有效解决网络中 VLAN ID 瓶颈的问题。

OLT 设备支持的 QinQ VLAN 功能如下：

1）支持 VLAN 的数目扩展：通过添加 QinQ VLAN，在原有 VLAN 基础上，数目添加到 4096×4096。

2）支持完善的有选择性添加 QinQ VLAN 功能：系统能针对源 MAC 地址、目的 MAC 地址、源 IP 地址、目的 IP 地址、L4 源端口号、L4 目的端口号、以太网类型、第一层 VLAN、第二层 VLAN、业务类型、生存时间、协议类型、第一层 CoS、第二层 CoS 等条件添加内、外层 VLAN。

3）支持通过 VLAN 实现用户和业务的区分。

4）支持基于机盘、基于 PON 口、基于 ONU 设置用户的 S-VLAN。

5）支持同一端口实现选择性 QinQ，即某些业务使用双层 VLAN，某些业务依然使用单层 VLAN。

（4）QoS 保证。

OLT 支持端到端的全网 QoS 解决方案，能够针对各种不同的客户和业务，提供不同质量的网络服务，为各种业务管理的开展提供了基础。

1）系统侧的 QoS 保证。

① 支持 2760 条 QoS 规则。

② 支持上联接口基于以太网数据流的包过滤、重定向、流镜像、流量统计、流量监控、端口队列调度、端口限速、优先级策略和优先级转换等策略。

③ 支持上联接口基于源 MAC 地址、目的 MAC 地址、以太网类型、VLAN、CoS、源 IP 地址、目的 IP 地址、IP 端口、协议类型等进行报文的分类和过滤。

④ OLT 支持三种队列调度算法：严格优先级（strict priority，SP）、加权循环调度算法（weighted round robin，WRR）和 SP＋WRR 队列调度算法，每

个端口支持 8 个优先级队列。

⑤ 支持流量的标记和整形。

2）用户侧的 QoS 保证。

① 支持 CoS remark 和 CoS copy 功能，可以更改用户数据报文中的原有 CoS 值，或者将 C-VLAN 中的 CoS 值复制到 S-VLAN 中等。

② 支持端口的限速。

③ 支持 EPON 接口的带宽控制功能，带宽控制粒度为 1kbit/s。

④ ONU 支持多 LLID 技术，每一个 ONU 最多可以支持 8 条 LLID。可根据源 MAC 地址、目的 MAC 地址、源 IP 地址、目的 IP 地址、TCP、UDP、在三层报文头（即 IP 头）做标记（type of service，TOS）、在二层报文头做标记（code of service，CoS）、以太网类型和协议类型等进行分级。

（5）安全保障机制。

1）系统侧的安全保障措施。

① 支持 L2~L7 包过滤功能，提供基于源 MAC 地址、目的 MAC 地址、源 IP 地址、目的 IP 地址、端口号、以太网类型、协议类型、VLAN、VLAN 范围的非法帧过滤，限制非法用户的上网。

② 具有防止 DoS 攻击能力，提高系统的抗攻击性能。

③ 支持基于访问控制列表（access control list，ACL）的允许/禁止访问控制功能。

④ 支持防御 Internet 控制报文协议（internet control message Protocol，ICMP)/IP 报文攻击功能。

⑤ 支持防御地址解析协议（address resolution protocol，ARP）攻击功能。

⑥ 图形网管系统和命令行网管系统都能提供若干不同操作权限的用户等级，保证网管系统的操作安全性。

⑦ 支持向网管系统自动上报 ONU MAC 地址，以及基于 ONU 的 MAC 地址对 ONU 合法性进行认证的能力。

⑧ 支持广播风暴抑制功能。

⑨ 帧过滤和限速功能。

2）用户侧的安全保障措施。

① 支持线路标识功能，例如动态主机配置协议（dynamic host configuration protocol，DHCP）Option82 和 PPPOE＋，可以将用户设备的物理信息插入到 DHCP 请求拨号或者 PPPOE 拨号的协议报文中，通过与认证系统的配合，可以有效、动态地控制用户对网络特定资源的访问，对故障处理和攻击定位给予极大的帮助。

② 支持 DHCP Snooping 功能，通过建立和维护 DHCP Snooping 绑定表实现侦听接入用户的 MAC 地址、IP 地址、租用期、VLAN ID 等信息，解决了对

DHCP 用户的 IP 地址和端口的跟踪定位问题，同时对不符合绑定表项的非法报文（ARP 欺骗报文、擅自修改 IP 地址的报文）进行直接丢弃，保证 DHCP 环境的真实性和一致性。

③ MAC 地址最大学习数量限制，防止用户 MAC 地址的攻击。

④ 可以限制每个端口加入的组播组的数量。

⑤ 支持端口绑定功能，保证接入用户的合法性。

（6）可靠性设计。

OLT 设备支持机盘的热拔插，提供机盘冗余保护和光线路保护倒换机制。

1）机盘的保护功能。

支持核心交换盘的 1：1 主备倒换功能，可以做到无缝倒换。核心交换盘倒换后，无须改变上联接口的设置，极大地方便用户进行维护管理操作。支持上联盘的 1+1 主备保护功能、上联接口的 Trunk 方式的保护、上联接口的双归属方式的保护。当上联盘设置为 1+1 主备倒换时，两个上联盘的接口为一对一保护方式，若采用 GU6F 作为上联盘，设备最多可提供 6 个 GE 上联接口；若采用 HU1A 作为上联盘，设备最多可以提供 4 个 GE 上联接口和 1 个万兆上联。若采用 HU2A 则设备最多可以提供 2 个 GE 上联接口和 2 个万兆上联接口。当上联接口设置为 Trunk 方式时，可以扩展上联接口的带宽，并且自动完成负荷均衡，一旦 Trunk 组中的某一个接口失效，这个接口中的流量可以自动分担到同一个 Trunk 组中的其他接口中，两个上联盘的 12 个 GE 上联接口可以最多组成 6 个 Trunk 组，每个 Trunk 组最多可支持 12 个成员接口，也可以提供 2 个万兆上联 Trunk 组。当上联接口设置为双归属保护时，两个上联接口分别通过不同的路由连接处于不同物理位置的两套上联设备，形成系统间的备份方式，实现负荷分担。当发现其中一个系统出现故障时，另一个系统能够将其业务全部接管，确保业务的通畅。支持 TDM 盘的盘间保护功能：TDM 盘可以配置成独立使用，也可支持 1：1 保护。

2）PON 芯片级的保护功能。

支持指配任意 PON MAC 芯片做 1：1 的保护，可以做到硬件检测光模块收无光时，控制 PON MAC 芯片的倒换。

3）电源的保护功能。

采用双电源并联接入、分散式供电方式，具备防反接功能。所有机盘的电源都是独立提供的，任意一块机盘出现故障不会对其他机盘造成影响。

4）风扇的保护功能。

采用风扇散热，风扇单元上有指示灯，可以指示风扇的运行状态。三个风扇独立安装，实现风速自动调节功能，便于维护。

（7）可维护和可管理。

OLT 设备具备配置管理、安全管理、性能管理和故障管理四大网管功能，充分保障网络运营的服务质量，便于用户对设备的日常维护和故障诊断，具体细节如下：

1）维护手段。

提供本地维护和远程维护等维护手段。提供图形网管和命令行网管，支持带内和带外两种管理方式。支持简单网络管理协议（simple network management protocol，SNMP）协议，可采用 OLT 设备制造商提供的网管系统实现对 OLT 和 ONU 设备的统一管理。支持 Telnet 方式，实现对设备的远程访问和管理。支持多个管理 IP/VLAN，实现多管理服务器对设备同时进行管理。

2）终端管理。

OLT 作为网管系统的代理，通过以太网 OAM 方式对 ONU 进行远程管理。支持 OLT 对 ONU 的离线配置，可在 OLT 内保存配置，并在 ONU 注册时自动生效，使业务发放更为简便。支持和运营商的资源系统对接，接受局方资源系统的配置。

3）安全权限管理。网管系统设有用户管理设置表，对不同级别的用户账号设置不同级别的管理权限。用户进行操作时，网管系统会对用户登录的权限进行鉴定，然后根据登录的权限对用户的操作进行限制。

4）环境监控功能。可采集 OLT 机房的环境信息和 ONU 的环境、安防等信息（取决于 ONU 是否具备该功能），并在网管上予以显示。采用风扇散热，风扇单元上有指示灯，可以指示风扇的运行状态，三个风扇独立安装，便于维护，并且风速可以根据环境温度自动调节。

5）告警和故障管理。提供告警附加信息，帮助用户判断告警产生的原因以及解决方法。支持系统日志功能，可以记录系统的关键操作，协助故障分析和定位。支持语音的信令跟踪和 112 测试功能，可以定位信令故障和电话线路故障。提供光功率的性能监控和检测，对光路维护带来极大的方便。提供环回告警，可以定位用户线路故障。

6）软件升级功能。

支持 OLT 系统软件的本地或者远程在线升级。支持 ONU 软件的批量以及自动升级。

7）性能统计功能。

支持各种报表的输出，以便于日常维护，例如性能统计报表，告警统计报表等。网管提供性能数据的收集、查询和分析功能。

3.3.3 ONU 设备

3.3.3.1 ONU 设备技术特点

随着目前交互式网络电视、高清晰度电视、网络游戏、视频业务等大流量、高宽带业务的开展和普及，EPON 和 GPON 均无法满足未来宽带业务发展的需要，现有 PON 口带宽将会出现瓶颈。为了适应市场的发展趋势，争取更多的市场份额，10G PON ONU 产品成为主要通信设备商的主推产品。

10G ONU 产品具有如下的技术特点：

（1）电磁兼容特性。

设备采用塑料机壳，采用 220V 交流输入、12V 直流输出的电源适配器供电。ONU 设备电磁兼容特性列表如表 3-15 所示。

表 3-15 　　　　　　　　　　ONU 设备电磁兼容特性列表

测试项		无线电骚扰
辐射骚扰		30MHz～6GHz 应满足 B 类限值要求，3dBμV 裕量
传导骚扰	AC 电源端口	150kHz～30MHz 应满足 B 类限值要求，3dBμV 裕量
	电信端口	150kHz～30MHz 应满足 B 类限值要求，3dBμV 裕量
测试项		电磁抗扰度（机箱端口）
静电放电抗扰度		6.0　Contact Discharge(level 3) 8.0　Air Discharge(level 3) criteria B
射频电磁场辐射抗扰度		80～800MHz：3V/m 800～960MHz：10V/m 960～1000MHz：3V/m 1400～2000MHz：10V/m 2000～2700MHz：3V/m 80% and 1.0kHz Modulation criteria A
工频磁场抗扰度		50Hz 3A/m(rms)(level 2) criteria A
测试项		电磁抗扰度（电源 & 信号端口）
电快速瞬变脉冲群	AC 电源端口	1.0 5/50(Tr/Th，ns)，5kHz criteria B
	电信端口	0.5 5/50(Tr/Th，ns)，5kHz criteria B

续表

测试项		无线电骚扰
浪涌（冲击）	AC 电源端口	1.2/50(Tr/Th, μs) 差模：4 共模：4 阻抗：差模 2Ω，共模 2Ω criteria B
	电信端口	网口： 1.2/50(Tr/Th, μs) 共模（8Lines-PE）1.5 阻抗：10Ω/line、内阻 2Ω；200Ω/line、内阻 2Ω 差模（Line-Line）1 阻抗：40Ω/line、内阻 2Ω criteria B 10/700(Tr/Th, μs) 共模（8Lines-PE）1.5 阻抗：25Ω/line、内阻 15Ω 差模（Line-Line）1 阻抗：25Ω/line、内阻 15Ω criteria B POTS： 1.2/50(Tr/Th, μs) 1.5(A-PE，B-PE，A-B) 阻抗：40Ω/line、内阻 2Ω 1.5(A+B-PE) 阻抗：10Ω/line、内阻 2Ω criteria B 10/700(Tr/Th, μs) 1.5(A-PE，B-PE，A+B-PE) 阻抗：25Ω/line、内阻 15Ω criteria B
射频场感应传导抗扰度	AC 电源端口 & 电信端口	150kHz～80MHz 3V(Vrms) 80% and 1.0kHz Modulation criteria A

（2）系统保护机制。

SFU 作为终端设备，采用单 PON 口的设计方式。

设备在升级过程中遇到意外情况中断，可以回滚到上一个正常的版本。

设备断电时，通过上报 Dying Gasp 消息通知 OLT，再由 OLT 向图形网管上报掉电告警。

设备断纤时，OLT 检测到 ONU 心跳包超时，会向图形网管上报断纤告警。

设备检测到 CPU/内存利用率过高时，通过 OMCI/OAM 消息通知 OLT，再由 OLT 向图形网管上报 CPU/内存利用率过高告警。

（3）容错机制。

硬件方面：电源部分设计考虑到适配器损坏的时候输出电压过高损坏设备，

在电源入口处添加了防过压保护的二极管和过流保护的保险丝。为了避免设备反复开关电造成设备启动出错，电源开关部分添加了控制设备通电的 MOS 管，只有电压达到开启电压时设备才会通电启动。

软件方面：考虑现网特殊报文对系统造成的影响，不会造成协议栈状态机异常等错误。对 CPU 入口的报文限速，避免因报文冲击 CPU 造成系统挂死。函数的实现中，对每个输入参数进行合法性检查。

（4）MTBF 与 MTTR。

平均故障间隔时间（mean time between failure，MTBF）：30000h 以上。

平均恢复时间（mean time to restoration，MTTR）：24h 以内。

（5）数据安全性。

ONU 的配置主要保存在 OLT，本地也保存配置。ONU 重启或掉线后，OLT 会下发配置给 ONU；如果没有收到 OLT 下发的配置，ONU 会恢复本地保存的配置。

（6）操作安全性。

命令行界面（command line interface，CLI）和 Web 均采用两级用户的管理方式，分为普通用户和管理员用户，普通用户不能修改配置。

修改关键配置/清空配置/重启设备时有确认提示。

（7）设备标准化

1）遵循的国际标准如下。

➢ ITU-T G. 987 XG-PON definitions and acronyms

➢ ITU-T G. 987. 1 XG-PON service requirements

➢ ITU-T G. 987. 2 XG-PON physical media dependent specification

➢ ITU-T G. 987R vTen Gigabit PON：Definitions

➢ ITU-T G. 987. 2R Ten Gigabit PON：PMD specifications

➢ ITU-T G. 987. 3 Ten Gigabit PON：TC specifications

➢ ITU-T G. 988 ONU management and control interface（OMCI）specification

➢ IEEE 802. 3av Physical layer specifications and management parameters for 10 Gb/s Passive Optical Networks

➢ IEEE 802.11n-IEEE Standard for Information Technology-Part 11：Wireless LAN Medium Access Control（MAC）and Physical Layer（PHY）Specifications Amendment：Enhancements for Higher Throughput

➢ IEEE 802.1Q IEEE Standard for Local and metropolitan area networks-Virtual Bridged Local Area Networks

➢ IETF RFC 1112 Host Extensions for IP Multicasting

- IETF RFC 1305 Network Time Protocol（Version 3）Specification，Implementation and Analysis
- IETF RFC 2030 Simple Network Time Protocol（SNTP）Version 4 for IPv4，IPv6 and OSI
- IETF RFC 2236 Internet Group Management Protocol，Version 2
- IETF RFC 3435 Media Gateway Control Protocol（MGCP）Version 1.0
- EN 55022：Information technology equipment radio disturbance characteristics limits and methods of measurement
- EN 61000-3-3 ElectroMagnetic Compatibility（EMC）requirements Limits-Limitation of voltage changes，voltage fluctuations and flicker in public low-voltage supply systems，for equipment with rated current$\leqslant$16 A per phase and not subject to conditional connection
- EN 61000-4-2 Electromagnetic compatibility Testing and measurement techniques Electrostatic discharge immunity test
- EN 61000-4-3 Electromagnetic compatibility Testing and measurement techniques Radiated，radio-frequency，electromagnetic field immunity test
- EN 61000-4-4 Electromagnetic compatibility Testing and measurement techniques Electrical fast transient/burst immunity test
- EN 61000-4-5 Electromagnetic compatibility Testing and measurement techniques Surge immunity test
- EN 61000-4-6 Electromagnetic compatibility Testing and measurement techniques Immunity to conducted disturbances，induced by radio-frequency fields
- EN 61000-4-8 Electromagnetic compatibility（EMC）-Part 4-8：Testing and measurement techniques-Power frequency magnetic field immunity test
- EN 61000-4-11 Testing and measurement techniques-Voltage dips，short interruptions and voltage variations immunity tests

2）遵循的行业标准如下。
- YD/T 2274 接入网技术要求 10Gbit/s 以太网无源光网络（10GEPON）
- YD/T 2402.1 接入网技术要求 10Gbit/s 无源光网络（XG-PON）第 1 部分：总体要求
- YD/T 2402.2 接入网技术要求 10Gbit/s 无源光网络（XG-PON）第 2 部分：物理媒质相关（PMD）层要求
- YD/T 2402.3 接入网技术要求 10Gbits 无源光网络-第 3 部分：XGTC 层要求
- YD/T 2793 接入网技术要求 GPON/XG-PON ONU 管理和控制接口

（OMCI）要求

➢ YD/T 1292 基于 H.248 的媒体网关控制协议

➢ YD/T 1694 以太网运行和维护技术要求

➢ YD/T 1636 光纤到户（FTTH）体系结构和总体要求

➢ YD/T 1691 具有内容交换功能的以太网交换机设备技术要求

➢ YD/T 1695 IPTV 对接入网络的技术要求（第一阶段）

3）遵循的企业标准如下。

➢ Q/CT 2360《中国电信 GPON 设备技术要求》

➢ Q/CT 2361《中国电信 EPON 设备技术要求》

➢《中国移动 GPON 设备互通测试规范》

➢《中国电信 H.248 协议规范》

➢ Q/CT 2154《中国电信 SIP 网关控制协议规范》

（8）维护便捷化。

10G EPON SFU 和 10G EPON MDU 提供电信级的运维、管理服务。

1）告警管理。

告警管理实时监测设备运行过程中产生的故障和异常，并提供告警的详细信息和分析手段，为快速定位故障、排除故障提供有力支持。

① 紧急告警：使业务中断并需要立即进行故障检修的告警。

② 主要告警：影响业务并需要立即采取故障检修的告警。

③ 次要告警：不影响业务，但需要采取故障检修以阻止故障恶化的告警。

④ 提示告警：不影响现有业务，但有可能成为影响业务的告警，可视需要采取故障检修。

依据告警所处状态，将告警分为当前告警和历史告警。

① 当前告警：保存在网管当前告警数据库中的告警数据。

相同对象多次产生的相同告警在当前告警中只显示为一条记录。若想查询每一条告警记录可以查看告警日志。

② 历史告警：已清除的当前告警，在设定的延时后，转为历史告警。

历史告警将由当前告警数据库转到历史告警数据库中。

告警显示是网管的一个重要功能，提供多种告警显示方式，以便及时通知用户网络的运行情况。

2）性能管理。

提供查看实时性能数据及综合管理性能数据的功能，可对接入网中的有关设备进行实时性能监控和即时性能对比，有助用户了解网络当前的运行状况和基本性能，预防网络事故发生，合理规划运营网络。

网管系统中可以显示如下三类性能数据：

① 实时性能：设备当前的性能数据值，储存在设备上，由网管从设备读取。

② 当前性能：设备中存储的所选 15min 内性能数据的平均值，用户可查询当前 1min 性能数据和离当前最近的第 1~16 个 15min 的当前性能数据。

③ 历史性能：根据设置的性能采集方案存储至网关数据库的性能数据，历史性能数据分为 15min 和 24h 的性能数据。

性能显示：实时性能和历史性能数据分别可用列表、曲线及图表方式显示，当前性能数据用列表方式显示。用户可以通过不同的显示方式分别了解各性能参数的具体数值或变化情况，以便于了解网络的运行情况及性能变化趋势，预防网络事故的发生。

3）配置管理。

① 全业务配置。

宽带接入设备同时承载数据、语音、IPTV 和 CATV 等多种业务，网管提供了全业务配置的统一配置界面，用户可以通过网管集中配置数据、语音、IPTV 和 CATV 等多种业务，大大提高了配置效率。

针对系统对象，网管提供业务配置的快捷操作入口，将单个 Grid 配置界面统一到主界面进行处理，即将系统对象下所有的配置命令以及 ONU 列表统一到一个业务配置管理界面中，便于用户直接进行业务配置操作。

网管提供全局模板和全局配置功能，当多个网元的配置相同或相似时，可以将全局模板绑定到多个网元或将全局配置下发到多个网元，从而提高配置效率，同时全局模板和全局配置不依赖于网元的状态，可以实现网元的离线配置。

网管提供配置数据检查功能，在配置业务的过程中，网管会自动检查配置数据的合法性，如果发现配置冲突或不合法的情况，网管会提示用户修改，直至数据合法。配置检查功能有效提高了配置的准确性，减少后期因为业务配置错误导致的排障时间，提高了配置效率。

② 预配置。

网管支持预配置功能，在设备与 UNM2000 连接之前，用户可以先在网管上对将来需要的业务进行预配置，当设备与网管正常连接后，网管会将预配置的数据下发到设备中，完成业务配置。预配置功能使业务配置工作不受设备与网管连接状态的约束，提高了配置效率。

4）维护管理。

维护管理的目的在于限制非法用户登录网管及限制合法用户在网管上的非法操作，以保护网络安全运行。网管提供强大的安全管理功能，可以通过分权分域、访问控制及日志管理等方式最大限度地保证网络安全。

① 分权分域。

网管系统通过引入用户组、操作集和对象集的概念，将用户指定为区域受限用户，并为其绑定操作集、对象集及用户组，提供分权分域管理功能。

用户组：将需要统一授权的用户加入同一用户组中，通过给用户组分配权限，使组内所有用户都具有用户组的权限，实现用户权限的快速分配。

操作集：创建一个操作集，将某业务需要的操作权限加入此操作集，则可以统一将这些权限分配给相关用户或用户组，实现用户权限的快速分配。当某用户或用户组与某操作集绑定时，此用户及用户组就拥有该操作集中的读、写权限，以及操作集以外的所有命令的读权限。

对象集：创建一个对象集，将可以统一管理的对象加入此对象集，则可以统一指定某用户或用户组来管理此对象集中的对象，降低管理员的管理成本。UNM2000 网管系统体现在对象树上的分域管理功能包括：对区域管理用户，不在其管辖范围内的系统、盘等均不显示；显示告警灯时，过滤不在管理范围的节点，用特殊图标标识，一般只对模块及以上对象过滤，盘对象只对 EC2 卡和类似有远端模块的盘进行过滤。生成对象树时过滤不需要生成的节点，包括主界面和分散在各处界面的对象树。

网管系统体现在菜单控制上的分域管理功能如下：

对象菜单：区域受限用户不能导入管理域，只有对上级对象有全部权限，才能增加/删除下级对象或重置盘类型。

主菜单：区域受限用户不能进行强制保存、导入和导出操作，不能执行用户管理、分域管理和命令权限管理（仅适用于高级管理员）。

根据区域权限过滤主菜单、对象菜单（包括检测物理配置、增加/删除/导入/导出逻辑域、强制保存等）。

② 访问控制。

为了保证网管账号的安全，用户可以通过网管设置用户密码长度最大、最小值，密码使用天数的最大、最小值，密码是否不能与历史密码相似，密码最少字母、数字个数等，还可以启动未登录用户策略，暂停使用或删除指定时间未登录的用户账户。

③ 日志管理。

网管提供操作日志、系统日志、安全日志以及网元日志。网络管理者使用高级管理员用户登录网管后，可以通过查看对应日志，了解登录网管服务器的所有用户及各用户执行的所有命令，以发现网络可能存在的潜在威胁并尽早采取措施，保障网络的安全。

3.3.3.2　ONU 设备结构

10G ONU 的器件包含如下：

1. PON 模块

单盘可采用 PON 芯片 HI5681T，芯片内部集成 CPU，实现 PON 相关协议，且 CPU 作为系统的核心实现业务配置，系统控制等相关功能。该芯片的功能框图如图 3-28 所示。

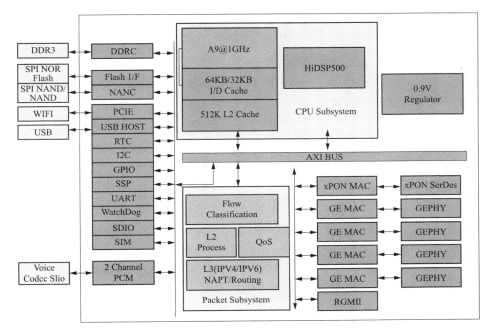

图 3-28   单盘芯片的功能框图

HI5681T 的主要特点如下：

（1）支持 GPONITU-T G. 984 和 10G GPON ITU-T G. 987 系列协议。

（2）集成 1GHz 双核的 CPU，作为整个系统的控制管理。

（3）内部集成 SERDES（SERializer/DESerializer，串行器/解串器）电路。

（4）支持以下接口：管理数据输入/输出（management data Input/output，MDIO）、通用输入/输出（general purpose input /output，GPIO）、总线是用于连接微控制器及其外围设备（inter integrated circuit，I2C）、串行外设接口（serial peripheral interface，SPI）、通用异步收发传输器（universal asynchronous receiver/transmitter，UART）、联合测试工作组（joint test action group，JTAG）等接口。

（5）集成了基于 VoIP 的数字信号处理（digital signal processing，DSP）处理软件。

（6）两个 USB 2.0 HOST 控制器。

（7）支持低功耗模式。

（8）*外部存储器：支持 256Mb 到 8Gb，最大速率 1066MHz DDR3 双倍速率同步动态随机存储器（double data rate three synchronous dynamic random access memory，DDR3S DRAM）。*

H5681T 能提供相应的系统操作管理功能，在芯片外部需扩展一个 64 位的 64M x 16 的 DDR3，用于 GPON 数据包的存储与转换，采用镁光 MT41K256M16LY-107：N，该系统还需要一个外部的 Flash，用于存放应用程序，采用 SPANSION S34ML02G200TFI000，其大小为 2Gb。

在 PON 芯片上，提供了比较多的 GPIO 口，可以用于系统外围的控制，比如告警输入、光模块 I2C 总线控制、外挂 FLASH 的 CPU 并行总线、VoIP 芯片复位信号等。

2. WIFI 模块

单盘中 HI56 系列芯片提供的 2 个 PCI 接口分别与 1 片 WIFI 芯片 RTL8192ER 和 PCIE 插座互连。一片提供 2.4G 的 3×3 802.11N 业务。WIFI 芯片 RTL8192ER 功能框图如图 3-29 所示。

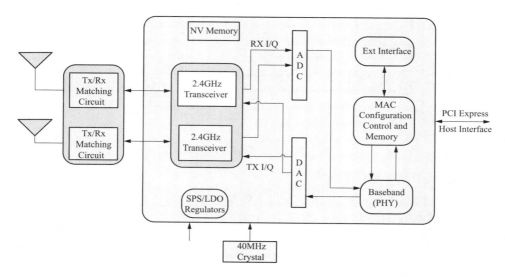

图 3-29　WIFI 芯片 RTL 8192ER 功能框图

RTL8192ER 的主要特点如下：

（1）支持 802.11n 3×3 多输入多输出（multiple-input multiple-output，MIMO）方案，2.4GHz 频段。

（2）兼容 PCIe V1.1 接口。

（3）支持优化低功耗方案。

（4）二进制相移键控（binary phase shift keying，BPSK），正交相移键控（quadrature phase shift keying，QPSK），16 正交幅度调制（quadrature amplitude modulation，QAM），和 64QAM 的正交频分复用技术（orthogonal frequency division multiplexing，OFDM）调制解调功能；

（5）支持动态口令（one-time password，OTP）。

该芯片需要外接 25MHz 的晶体。

3.3.3.3 ONU 设备功能

10G ONU 具有以下功能性能：

1. 10G EPON SFU 的主要功能、性能

（1）支持 10G EPON 标准 IEEE 802.3av，支持非对称模式，实现 PON 口下行带宽 10Gbit/s，上行带宽 1Gbit/s。

（2）支持对以太网接口速率、工作模式、MDI/MDIX 自适应模式。

（3）支持包过滤和防止非法报文攻击保护功能。

（4）支持以太网线路性能统计功能。

（5）支持通过 DHCP 方式获取用户 IP 地址，支持 DHCP Option82 上报以太网接口的物理位置信息。

（6）支持通过 PPPoE 方式获取用户 IP 地址，支持 PPPoE＋功能，用于用户的精确识别。

（7）支持 H.248 和会话初始协议（session onitiation protocol，SIP）等多种语音协议。

（8）支持 IGMP Snooping 协议。

（9）支持全局配置队列优先级和报文 802.1p 优先级值的灵活映射。

（10）支持 PQ 队列调度模式；可对调度队列的权重进行配置，保障多重业务环境下，语音、视频等高 QoS 业务的服务质量。

（11）支持无线接入方式，符合 802.11b/g/n 标准。

（12）认证方式支持 open、shared、wpapsk、wpa2psk 和 wpapskwpa2psk 等，加密方式支持 none、wep、tkip、aes 和 tkipaes 等。

2. 10G EPON MDU 的主要功能、性能

（1）支持用户侧以太网端口的线路环回检测功能。

（2）支持对以太网端口速率、工作模式、MDI/MDIX 自适应模式和 Pause 流控的配置功能。

（3）支持包过滤和防止非法报文攻击保护功能，对未知单播、未知组播和广播的报文进行抑制。

（4）支持以太网业务二层交换和上下行业务的线速转发。

（5）支持 IGMP Snooping 协议。

（6）支持 DHCP Option82 和 PPPoE 功能。

（7）支持 RSTP 功能。

（8）支持 SIP 和 H248 协议，提供高质量语音通话、传真功能。

（9）具有强大的 QoS 能力，支持全局配置队列优先级和报文 802.1p 优先级值的灵活映射。

（10）支持 SP、WRR 或 SP＋WRR 队列调度模式，可对调度队列的权重进

行配置，保障多重业务环境下，关键业务的服务质量。

（11）支持数据加密。

（12）支持以太网线路性能统计功能。

（13）支持断电、断纤告警。

（14）支持状态检测和故障上报功能。

（15）支持远程复位功能。

（16）支持远程升级功能。

（17）支持电源防雷和业务端口防雷设计。

3. 10G EPON 光接口的发送及接收指标

10G EPDN 光接口的发送及接收指标如表 3-16 所示。

表 3-16   10G EPON 光接口的发送及接收指标列表

参数名	国际标准	国标	主要竞争对手	本产品
传输速率	IEEE 802.3av	YD/T 2274—2011	非对称：1G/10Gbps 对称：10G/10Gbps	非对称：1G/10Gbps 对称：10G/10Gbps
接口模式	IEEE 802.3av	YD/T 2274—2011	单模	单模
最大传输距离	IEEE 802.3av	YD/T 2274—2011	20km	20km
中心波长	IEEE 802.3av	YD/T 2274—2011	上行：1270nm 下行：1577nm	上行：1270nm 下行：1577nm
发送光功率	IEEE 802.3av	YD/T 2274—2011	4～9dBm	4～9dBm
消光比	IEEE 802.3av	YD/T 2274—2011	＞6dB	＞6dB
接收灵敏度	IEEE 802.3av	YD/T 2274—2011	＜−28.5dBm	＜−28.5dBm
过载光功率	IEEE 802.3av	YD/T 2274—2011	−8dBm	−8dBm

4. 结构及功耗

满载功耗：18W。

静态功耗：8W。

电源参数：12V/2A。

重量：小于 800g。

尺寸：252mm×46mm×173mm(宽×高×深)。

3.3.3.4 应用场景

ONU 设备的类型常用的有单个家庭用户单元（single family unit，SFU）、多住户单元（multiple. dwelling unit，MDU）。

10G PON SFU 适用于 FTTH 场景，如图 3-30 所示，一般放在用户家里，为用户提供数据、语音和视频等多种方式的通信和娱乐服务，支持无线接入，满足家庭的综合接入需求。

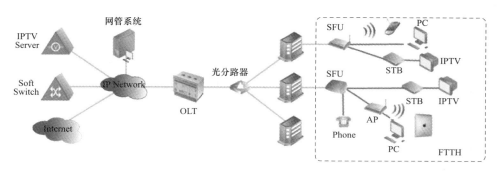

图 3-30 10G PON SFU 应用场景

10G PON MDU 适用于 FTTB 场景，一般放在楼道，为运营商提供光纤到大楼的解决方案，如图 3-31 所示，提供数据、语音和视频等多种方式的通信和娱乐服务，满足用户的综合接入需求。

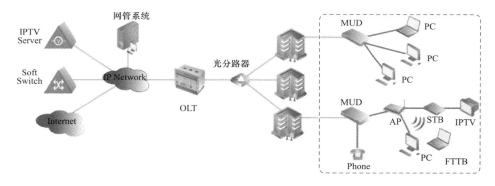

图 3-31 10G PON MDU 应用场景

3.4 本 章 小 结

本章基于对光纤复合低压电缆耐热机理揭示和关键技术研究，对于 OPLC 结构进行优化设计，让其具有更优异的耐热性能表现，满足更多的应用场景需求。

对于 OPLC 配套专用附件及电力光纤到户网络关键设备的研究，配合了电力光纤光缆多种芯数及截面，为实现大容量的高速网络传输奠定了基础。

3.5 参 考 文 献

［1］ H. Woesner，and D. Fritzsche，SDN and OpenFlow for converged access/aggregation networks，Optical Fiber Communication Conference and Exposition and the National Fiber Optic Engineers Conference，OFC/NFOEC March 17-21，2013.

[2] 杨立伟，徐云斌. 基于 SDN 的智能接入网关键技术及其标准化进展，电信网技术，13-15（2014）.

[3] C. -H. Lee，W. V. Sorin，and B. -Y. Kim，Fiber to the home using a PON infrastructure，J. Lightwave Technol. ，24（12），Dec. 2006.

[4] J. -P. Elbers，K. Grobe，and A. Magee，Software-defined access networks，2014 European Conference on Optical Communication，ECOC 2014，September 21- 25，2014.

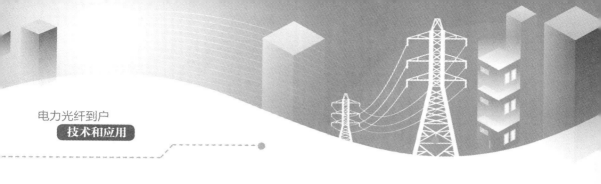

4   电力光纤到户网络设计

　　本章从工程应用角度出发，详细介绍了电力光纤到户应用场景中强电网络和通信网络的设计原则和方法，对强电网络设计原则、站址选择、建筑要求、电缆选择及敷设等设计要素，以及通信网络的机房选址、网络覆盖、线缆敷设、网络设备选型、网络参数配置等设计要素给出了具体的方法指导。

4.1　设 计 总 体 原 则

4.1.1　强电网络设计原则

　　电力光纤到户系统的强电网络设计应根据负荷性质和容量，按照安全可靠、经济和便于管理的原则，以缩短低压供电半径，提高供电质量为目标，满足居民随生活水平增长对用电的需求。

　　供配电设施、供电设备应执行国家及行业的相关技术经济政策及相关要求，实现规范化、标准化，选用运行安全可靠、技术先进、维护方便、操作简单、节能环保的设备，禁止使用国家明令淘汰及不合格的产品。

4.1.2　通信网络设计原则

　　电力光纤到户系统的组网设计要结合楼宇配电情况，合理规划光缆分配点、用户接入点的位置，要综合考虑设备成本、工程施工成本、网络运维成本等因素。网络设计基本原则包括：

　　（1）ODN 网络应一次性施工，线缆应预留足够的纤芯和设备端口满足业务扩展和光纤备份的需求。

　　（2）系统的路由设计和产品选型应满足工程实施便利性。

　　（3）系统组网设计，应规划清晰的拓扑、路由，尽量减少链路节点数量，方便网络的管理及资源调配。

　　（4）系统组网设计应首先规划网络关键节点的位置。网络关键节点包括局端、光缆分配点和用户接入点。

　　1）局端设备布放原则。

　　电力光纤到户系统的局端为 ODN 网络的起始点，通常设置在小区配电室、开闭所或变电站，宜集中部署。结合城区电力系统供电特点和 10kV 通信接入网建设情况，电力光纤到户系统的局端位置选择宜遵循以下原则：

a. 充分利用 10kV 通信接入网资源，在变电站至规划区域 10kV 通信接入网已建成的情况下，宜将规划区域的电力光纤到户的局端设置在变电站；在变电站至规划区域 10kV 通信接入网未建成的情况下，宜将电力光纤到户的局端设置在小区配电室或开闭所。待 10kV 通信接入网建成后，可将局端上移。

b. 在小区用户数较多（1 万户以上）的情况下，可将电力光纤到户的局端设置在小区的配电室。

2）光缆分配点选择原则。

光缆分配点是多个用户接入点靠近 OLT 局端的光纤集中汇聚点，位置可依据小区配电电缆交接点进行确定，宜遵循以下原则：

a. 光缆分配点宜选择在楼宇的配电间处，特殊情况下也可选在小区配电室：楼内没有设置楼宇配电间，直接由小区配电室进线为楼宇供电时，应将光缆分配点选择在小区配电室。

b. 光缆分配点亦可承担用户接入点的功能，即由光缆分配点直接连接入户光缆实现就近用户的接入。

c. 光缆分配点处应安装光缆交接箱，完成馈线光缆和配线光缆的光纤接续。

3）用户接入点布放原则。

用户接入点是多个用户的光纤集中汇聚点，可依据楼宇单元内配电电缆交接点进行确定，宜遵循以下原则：

a. 一个用户接入点所带楼层不宜超过 10 层，用户不宜超过 64 户。

b. 用户接入点宜选择在楼宇单元配电电缆连接节点处，用户接入点数量应尽量少；楼宇单元内一个配电电缆连接的节点所带用户或范围超过上述容量时，可在合适楼层增加相应的用户接入点。

c. 用户接入点处应安装光纤分纤箱，完成配线光缆和入户光缆光纤接入，并完成配电线光缆和入户光缆的接续。

线缆可分为馈线光缆、配线光缆和入户光缆三段，规划时需分别选择线缆类型，分别设计路由和容量。

a. 馈线光缆规划应遵循以下原则：①类型。馈线光缆宜选用光纤复合低压电缆，在馈线光缆中间出现多次电缆接续等特殊情况可选用普通光缆。②路由。馈线光缆由小区配电室低压侧沿电缆沟、槽敷设至楼宇光缆分配点（楼宇配电间）处。③容量。馈线光缆的芯数应按所带楼宇最大用户容量进行配置，并为新业务开展和光纤备份保护提供预留。

b. 配线光缆规划应遵循以下原则：①类型。当连接的用户接入点与楼宇单元内配电电缆连接的节点位置相同时，配线光缆宜选用光纤复合低压电缆，在连接的用户接入点与楼宇单元内配电电缆连接的节点位置不同等特殊情况时，可选用普通光缆。②路由。配线光缆由楼宇配电间沿楼宇强电井槽敷设至用户接入点处。③容量。配线光缆的芯数应按所带用户接入点处最大用户容量进行配置，并为新业务开展和光纤备份保护提供预留。

　　c. 入户光缆规划应遵循以下原则：①类型。入户光缆宜选用皮线光缆。在楼宇电能表集中安装、且施工条件适合的情况下，可选用光纤复合低压电缆入户。②路由。入户光缆优先选择强电井，入户端宜采用埋管、线槽方式入户。③容量。入户光缆芯数宜选择两芯。

4.2   强 电 网 络 设 计

4.2.1   供电方式

1. 电源要求

（1）居民区一级负荷应由双电源供电。

（2）居民区二级负荷宜由双电源供电。

（3）居民区三级负荷一般由单电源供电，可视电源线路裕度及负荷容量合理增加供电回路。

2. 供电方式

（1）居民区宜采用变电站、配电室方式。

（2）新建居民区低压供电半径不宜超过 150m。

（3）低压线路应采用三相四线制。

（4）高、低压电缆截面应力求简化并满足规划、设计要求。

4.2.2   变电站、配电室设计

4.2.2.1   变电站、配电室地址选择

地址应根据下列要求，经技术经济等因素综合分析和比较后确定：

（1）宜接近负荷中心。

（2）宜接近电源侧。

（3）应方便进出线。

（4）应方便设备运输。

（5）不应设在有剧烈振动或高温的场所。

（6）不宜设在多尘或有腐蚀性物质的场所，当无法远离时，不应设在污染源盛行风向的下风侧，或应采取有效的防护措施。

（7）不应设在厕所、浴室、厨房或其他经常积水场所的正下方处，也不宜设在与上述场所相贴邻的地方，当贴邻时，相邻的隔墙应做无渗漏、无结露的防水处理。

（8）当与有爆炸或火灾危险的建筑物毗连时，变电站的地址应符合现行国家标准 GB/T 50058《爆炸和火灾危险环境电力装置设计规范》的有关规定。

（9）不应设在地势低洼和可能积水的场所。

（10）不宜设在对防电磁干扰有较高要求的设备机房的正上方、正下方或与其贴邻的场所，当需要设在上述场所时，应采取防电磁干扰的措施。

（11）在多层或高层建筑物的地下层设置非充油电气设备的配电室、变电站时，应符合下列规定：

1）当有多层地下层时，不应设置在最底层；当只有地下一层时，应采取抬高地面和防止雨水、消防水等积水的措施。

2）应设置设备运输通道。

3）应根据工作环境要求加设机械通风、去湿设备或空气调节设备。

4.2.2.2 变电站、配电室防火要求

变电站和配电室的耐火等级不应低于二级。

民用建筑内变电站防火门的设置应符合下列规定：

（1）变电站位于高层主体建筑或裙房内时，通向其他相邻房间的门应为甲级防火门，通向过道的门应为乙级防火门。

（2）变电站位于多层建筑物的二层或更高层时，通向其他相邻房间的门应为甲级防火门，通向过道的门应为乙级防火门。

（3）变电站位于单层建筑物内或多层建筑物的一层时，通向其他相邻房间或过道的门应为乙级防火门。

（4）变电站位于地下层或下面有地下层时，通向其他相邻房间或过道的门应为甲级防火门。

（5）变电站附近堆有易燃物品或通向汽车库的门应为甲级防火门。

（6）变电站直接通向室外的门应为丙级防火门。

变压器室的通风窗应采用非燃烧材料。

4.2.2.3 变电站、配电室建筑要求

变电站、配电室等建筑需满足以下建设要求：

（1）地上变电站宜采用自然采光窗。除变电站周围设有 1.8m 高的围墙或围栏外，高压配电室窗户的底边距室外地面的高度不应小于 1.8m，当高度小于 1.8m 时，窗户应采用不易破碎的透光材料或加装格栅；低压配电室可设能开启的采光窗。

（2）变压器室、配电室、电容器室的门应向外开启。相邻配电室之间有门时，应采用不燃材料制作的双向弹簧门。

（3）变电站各房间经常开启的门、窗，不应直通相邻的酸、碱、蒸汽、粉

尘和噪声严重的场所。

（4）变压器室、配电室、电容器室等房间应设置防止雨、雪和蛇、鼠等小动物从采光窗、通风窗、门、电缆沟等处进入室内的设施。

（5）配电室、电容器室和各辅助房间的内墙表面应抹灰刷白，地面宜采用耐压、耐磨、防滑、易清洁的材料铺装。配电室、变压器室、电容器室的顶棚以及变压器室的内墙面应刷白。

（6）长度大于 7m 的配电室应设两个安全出口，并宜布置在配电室的两端。当配电室的长度大于 60m 时，宜增加一个安全出口，相邻安全出口之间的距离不应大于 40m。

当变电站采用双层布置时，位于楼上的配电室应至少设一个通向室外的平台或通向变电站外部通道的安全出口。

（7）配电装置室的门和变压器室的门的高度和宽度，宜按最大不可拆卸部件尺寸，高度加 0.5m，宽度加 0.3m 确定，其疏散通道门的最小高度宜为 2m，最小宽度宜为 750mm。

（8）当变电站设置在建筑物内或地下室时，应设置设备搬运通道。搬运通道的尺寸及地面的承重能力应满足搬运设备的最大不可拆卸部件的要求。

（9）设置在地下的变电站的顶部位于室外地面或绿化土层下方时，应避免顶部滞水，并应采取避免积水、渗漏的措施。

（10）配电装置的布置宜避开建筑物的伸缩缝。

4.2.2.4 变电站、配电室通风要求

变电站、配电室等建筑的通风应满足以下要求：

（1）变压器室宜采用自然通风，夏季的排风温度不宜高于 45℃，且排风与进风的温差不宜大于 15℃。当自然通风不能满足要求时，应增设机械通风。

（2）当变压器室、电容器室采用机械通风时，其通风管道应采用非燃烧材料制作。当周围环境污秽时，宜加设空气过滤器。装有 SF_6 气体绝缘的配电装置的房间，在发生事故时房间内易聚集 SF_6 气体的部位，应装设报警信号和排风装置。

（3）配电室宜采用自然通风。设置在地下或地下室时，宜装设除湿、通风换气设备；控制室和值班室宜设置空气调节设施。

（4）在采暖地区，控制室和值班室应设置采暖装置。配电室内温度低影响电气设备元件和仪表的正常运行时，也应设置采暖装置或采取局部采暖措施。控制室和配电室内的采暖装置宜采用铜管焊接，且不应有法兰、螺纹接头和阀门等。

4.2.2.5 变电站、配电室其他要求

变电站、配电室等建筑还应满足以下要求：

（1）高、低压配电室、变压器室、电容器室、控制室内不应有无关的管道和线路通过。

（2）有人值班的独立变电站内宜设置厕所和给、排水设施。

（3）在变压器、配电装置和裸导体的正上方不应布置灯具。当在变压器室和配电室内裸导体上方布置灯具时，灯具与裸导体的水平净距不应小于 1m，灯具不得采用吊链和软线吊装。

4.2.3 电缆选择

4.2.3.1 电缆材质

用于下列情况的电力电缆，应选用铜导体：

（1）电机励磁、重要电源、移动式电气设备等需保持连接具有高可靠性的回路。

（2）振动剧烈、有爆炸危险或对铝有腐蚀等严酷的工作环境。

（3）耐火电缆。

（4）紧靠高温设备布置。

（5）安全性要求高的公共设施。

（6）工作电流较大，需增多电缆根数时。

4.2.3.2 电缆绝缘类型

电缆的绝缘类型的选择应符合如下特性：

（1）电缆在使用电压、工作电流和环境条件下，电缆绝缘特性不应小于常规预期使用寿命。

（2）应根据运行可靠性、施工和维护的简便性以及允许最高工作温度与造价的综合经济性等因素选择。

（3）应符合防火场所的要求，并应利于安全。

（4）明确需要与环境保护协调时，应选用符合环保的电缆绝缘类型。

（5）低压电缆宜选用聚氯乙烯或交联聚乙烯型挤塑绝缘类型，中压电缆宜选用交联聚乙烯绝缘类型。明确需要与环境保护协调时，不得选用聚氯乙烯绝缘电缆。高压交流系统中电缆线路，宜选用交联聚乙烯绝缘类型。

（6）放射线作用场所，应按绝缘类型的要求，选用交联聚乙烯或乙丙橡皮绝缘等耐射线辐照强度的电缆。

（7）60℃以上高温场所，应按经受高温及其持续时间和绝缘类型要求选用耐热聚氯乙烯、交联聚乙烯或乙丙橡皮绝缘等耐热型电缆；100℃以上高温环境，宜选用矿物绝缘电缆。高温场所不宜选用普通聚氯乙烯绝缘电缆。

（8）－15℃以下低温环境，应按低温条件和绝缘类型要求，选用交联聚乙烯、聚乙烯绝缘、耐寒橡皮绝缘电缆。低温环境不宜选用聚氯乙烯绝缘电缆。

（9）在人员密集的公共设施，以及有低毒阻燃性防火要求的场所，可选用交联聚乙烯或乙丙橡皮等不含卤素的绝缘电缆。防火有低毒性要求时，不宜选用聚氯乙烯电缆。

4.2.3.3　电力电缆导体截面

电缆导体截面应符合如下要求：

（1）最大工作电流作用下的电缆导体温度，不得超过电缆使用寿命的允许值。持续工作回路的电缆导体工作温度，应符合表 4-1 规定。

表 4-1　　　　　　　　　常用电力电缆导体的最高允许温度

电　缆			最高允许温度（℃）	
绝缘类型	型式特征	电压（kV）	持续工作	短路暂态
聚氯乙烯	普通	≤6	70	160
交联聚乙烯	普通	≤500	90	250
自容式充油	普通牛皮纸	≤500	80	160
	半合成纸	≤500	85	160

（2）最大短路电流和短路时间作用下的电缆导体温度，应符合表 4-1 规定。

（3）最大工作电流作用下连接回路的电压降，不得超过该回路允许值。

（4）10kV 及以下电力电缆截面除应符合上述（1）～（3）的要求外，宜按电缆的初始投资与使用寿命期间的运行费用的综合经济原则进行选取。

（5）10kV 及以下常用电缆按 100% 持续工作电流确定电缆导体允许最小截面，其载流量按照下列使用条件差异影响计入校正系数后的实际允许值应大于回路的工作电流：

1）环境温度差异。

2）直埋敷设时土壤热阻系数差异。

3）电缆多根并列的影响。

4）户外架空敷设无遮阳时的日照影响。

4.2.3.4　电缆截面选择

1. 电缆截面选择的条件

（1）通过负载电流时，线芯温度不超过电缆绝缘所允许的长期工作温度，简称按温升选择截面。

（2）经济寿命期内的总费用最少，即初始投资和经济寿命期内线路损耗费用之和最少，简称按经济电流选择。

（3）通过短路电流时，不超过所允许的短路强度。高压电缆和低压电缆要校验热稳定性，母线要校验动稳定性和热稳定性。

（4）电压损失在允许范围内。

（5）满足机械强度的要求。

（6）低压电缆应符合过负载保护的要求；TN 系统中还应保证在接地故障时保护电器能断开电路。

2. 按温升选择截面

为保证电缆的实际工作温度不超过允许值，电缆按发热条件的允许长期工作电流（简称载流量），不应小于线路的工作电流。电缆通过不同的散热条件地段，其对应的缆芯工作温度会有差异，应按散热条件最恶劣地段（通常≥1m）来选择截面，工程上可视此地段长度≤1m。当负荷为断续工作或短时工作时，应折算成等效发热电流，按温升选择电缆的截面，或者按工作制校正电缆载流量。

3. 按经济电流选择截面

按经济电流选择电缆截面的方法是经济选型。所谓经济电流是寿命期内，投资和导体损耗费用之和最小的适用截面（区间）所应对的工作电流（范围）。

按载流量选择线芯截面时，只计算初始投资；按经济电流选择时，除计算初始投资外，还要考虑经济寿命期内导体损耗费用，二者之和应最小。当减少线芯截面时，初始投资减少，但线路损耗费用增大；反之增大线芯截面时，线路损耗减少，但初始投资增加，某一截面区间内，二者之和（总费用）最少，即为经济截面。

4. 按电压损失校验截面

用电设备端子电压实际值偏离额定值时，其性能将受到影响，影响的程度由电压偏差的大小和持续时间而定。

配电设计中，按电压损失校验截面时，各种用电设备端电压应符合电压偏差允许值。当然还应考虑到设备运行状况，例如对于少数远离变电站的用电设备或者使用次数很少的用电设备等，其电压偏移的允许范围可适当放宽，以免过多地耗费投资。

对于照明线路，一般按允许电压损失选择电缆截面，并校验机械强度和允许载流量。可先求得计算电流和功率因数，用电流矩法进行计算。

选择耐火电缆应注意，因着火时线芯温度急剧升高导致电压损失增大，应按着火条件核算电压损失，以保证重要设备连续运行。只要将按正常情况（即电压偏差允许值按 $-5\%\sim+5\%$）选择的电缆截面放大一至两级就可以。原来选择 $50mm^2$ 及以下时放大一级截面，原来选择 $70mm^2$ 及以上时放大两级截面，通常就可以满足着火条件下的电压偏差不大于 -10% 的条件。

5. 按机械强度校验截面

机械强度允许的最小截面见表 4-2。

表 4-2　　　　　　　　　　　　　　机械强度允许的最小截面

用　途			导线最小允许截面（mm²）		
			铝	铜	铜芯软线
裸导线敷设于绝缘子上（低压架空线路）			16	10	—
绝缘导线敷设于绝缘子上，支点距离 L(m)	室内	L≤2	2.5	1.0	—
	室外	L≤2	2.5	1.5	—
		2<L≤6	4	2.5	—
		6<L≤15	6	4	—
		15<L≤25	10	6	—
固定敷设护套线，轧头直敷			2.5	1.0	—
移动式用电设备用导线	生产用		—	—	1.0
	生活用		—	—	0.2
照明灯头引下线	工业建筑	屋内	2.5	0.8	0.5
		屋外	2.5	1.0	0.5
	民用建筑、室内		1.5	0.5	0.4
绝缘导线穿管			2.5	1.0	1.0
绝缘导线槽板敷设			2.5	1.0	—
绝缘导线线槽敷设			2.5	1.0	—

6. 中性线（N）、保护接地线（PE）、保护接地中性线（PEN）的截面选择

（1）单相两线制电路中，无论相线截面大小，中性线截面都应与相线截面相同。

（2）三相四线制配电系统中，N 线的允许载流量不应小于线路中最大的不平衡负荷电流及谐波电流之和。当相线线芯不大于 16mm²（铜）或 25mm²（铝）时，中性线应选择与相线相等的截面。当相线线芯大于 16mm²（铜）或 25mm²（铝）时，若中性线电流较小可选择小于相线截面，但不应小于相线截面的50%，且不小于 16mm²（铜）或 25mm²（铝）。

（3）三相平衡系统中，有可能存在谐波电流，影响最显著的是 3 次谐波电流。中性线 3 次谐波电流值等于相线谐波电流的 3 倍。选择导线截面时，应计入谐波电流的影响。当谐波电流较小时，仍可按相线电流选择导线截面，但计算电流应按基波电流除以表 4-3 中的校正系数。当 3 次谐波电流超过 33% 时，它所引起的中性线电流超过基波的相电流。此时，应按中性线电流选择导线截面，计算电流同样要除以表 4-3 的校正系数。

表 4-3　　　　　　　　　　　　　　谐波电流的校正系数

相电流中 3 次谐波分量（%）	校正系数		相电流中 3 次谐波分量（%）	校正系数	
	按相线电流选择截面	按中性线电流选择截面		按相线电流选择截面	按中性线电流选择截面
0～15	1.0	——	33～45	——	0.86
15～33	0.86		>45		1.0

注　表中数据仅适用于中性线与相线等截面的 4 芯或 5 芯电缆及穿管导线，并以 3 芯电缆或 3 线穿管的载流量为基础，即把整个回路的导体视为一综合发热体来考虑。

当谐波电流大于10%时，中性线的线芯截面不应小于相线，例如以气体放电灯为主的照明线路、变频调速设备、计算机及直流电源设备等供电线路。

7. 爆炸及火灾危险环境导线截面的选择

(1) 不同爆炸及火灾危险区导线最小截面见表 4-4。

表 4-4 不同爆炸及火灾危险区导线最小截面

区域	明敷或沟内敷设电缆及穿管线导线最小截面（mm²）			移动电缆	高压配线
	电力	照明	控制		
1 区	铜≥2.5	铜≥2.5	铜≥2.5	重型	铜芯电缆
2 区	铜≥1.5	铜≥1.5	铜≥1.5	中型	铜芯电缆
10 区	铜≥2.5	铜≥2.5	铜≥2.5	重型	铜芯电缆
11 区	铜≥2.5			中型	铜芯及铝芯电缆
21 区 22 区 23 区	铜芯不延燃导线穿管或电缆			轻型	

(2) 1、2 区导体允许载流量，不应小于保护熔断器熔体额定电流的 1.25 倍；或熔断器反时限过电流脱扣器整定电流的 1.25 倍（低压笼型电动机支线除外）；低压笼型电动机支线的允许载流量不应小于电动机额定电流的 1.25 倍。

(3) 爆炸危险区内宜选用阻燃电缆，且不允许有中间头接头，穿线管材应采用低压流体输送用镀锌焊接钢管。

4.2.4 电缆敷设

4.2.4.1 电缆敷设一般要求

电力电缆的敷设方式应根据工程条件、环境特点、电缆类型和数量等因素，按运行可靠、维护方便和技术、经济合理等原则综合确定。

电缆路径的选择，应符合下列规定：

(1) 应避免电缆遭受机械性外力、过热、腐蚀等危害。

(2) 满足安全要求条件下，应保证电缆路径最短。

(3) 应便于敷设、维护。

(4) 宜避开将要挖掘施工的地方。

(5) 电缆在任何敷设方式及其全部路径条件的上下左右改变部位，均应满足电缆允许弯曲半径要求。电缆的允许弯曲半径，应符合电缆绝缘及其构造特性的要求。对自容式铅包充油电缆，其允许弯曲半径可按电缆外径的 20 倍计算。

(6) 同一通道内电缆数量较多时，若在同一侧的多层支架上敷设，应符合下列规定：

1) 应将电压等级由高至低的电力电缆、强电至弱电的控制和信号电缆、通信电缆按由上而下的顺序排列。

当水平通道中含有 35kV 以上高压电缆，或为满足引入柜盘的电缆符合允许弯曲半径要求时，宜按由下而上的顺序排列。

在同一工程中或电缆通道延伸于不同工程的情况，均应按相同的上下排列顺序配置。

2）支架层数受通道空间限制时，35kV 及以下的相邻电压级电力电缆，可排列于同一层支架上；1kV 及以下电力电缆也可与强电控制和信号电缆配置在同一层支架上。

3）同一重要回路的工作与备用电缆实行耐火分隔时，应配置在不同层的支架上。

4.2.4.2　电缆敷设

电缆的敷设应符合以下规定：

（1）明敷的电缆不宜平行敷设在热力管道的上部。电缆与管道之间无隔板防护时的允许距离，除城市公共场所应按 GB/T 50289《城市工程管线综合规划规范》执行外，还应符合表 4-5 的规定。

表 4-5　　　　　　电缆与管道之间无隔板防护时的允许距离　　　　单位：mm

电缆与管道之间走向		电力电缆	控制和信号电缆
热力管道	平行	1000	500
	交叉	500	250
其他管道	平行	150	100

（2）电缆敷设方式的选择，应根据工程条件、环境特点和电缆类型、数量等因素，以及满足运行可靠、便于维护和技术经济合理的要求选择。

（3）电缆穿管敷设方式的选择，应符合下列规定：

1）在有爆炸危险场所明敷的电缆，露出地坪上需加以保护的电缆，以及地下电缆与公路、铁道交叉时，应采用穿管。

2）地下电缆通过房屋、广场的区段，以及电缆敷设在规划中将作为道路的地段时，宜采用穿管。

3）在地下管网较密的工厂区、城市道路狭窄且交通繁忙的道路、道路挖掘困难、施工电缆数量较多时，可采用穿管。

4）电缆与电缆、管道、道路、构筑物等之间的允许最小距离，应符合表 4-6 的规定。

表 4-6　　　电缆与电缆、管道、道路、构筑物等之间的允许最小距离　　　单位：m

电缆直埋敷设时的配置情况		平行	交叉
控制电缆之间		—	0.5[①]
电力电缆之间或与控制电缆之间	10kV 及以下电力电缆	0.1	0.5[①]
	10kV 以上电力电缆	0.25[②]	0.5[①]

续表

电缆直埋敷设时的配置情况		平行	交叉
不同部门使用的电缆		0.5②	0.5①
电缆与地下管沟	热力管沟	2③	0.5①
	油管或易（或）烟气管道	1	0.5①
	其他管道	0.5	0.5①
电缆与铁路	非直流电气化铁路路轨	3	1.0
	直流电气化铁路路轨	10	1.0
电缆与建筑物基础		0.6③	—
电缆与公路边		1.0③	—
电缆与排水沟		1.0③	—
电缆与树木的主干		0.7	—
电缆与1kV以下架空线电杆		1.0③	—
电缆与1kV以上架空线杆塔基础		4.0③	—

① 用隔板分隔或电缆穿管时不得小于0.25m；
② 用隔板分隔或电缆穿管时不得小于0.1m；
③ 特殊情况时，减小值不得大于50%。

（4）对电缆可能着火蔓延导致严重事故的回路、易受外部影响波及火灾的电缆密集场所，应设置适当的阻火分隔，并应按工程重要性、火灾几率及其特点和经济合理等因素，采取下列安全措施：①实施阻燃防护或阻止延燃；②选用具有阻燃性的电缆；③实施耐火防护或选用具有耐火性的电缆；④实施防火构造；⑤增设自动报警与专用消防装置。

（5）阻火分隔方式的选择，应符合下列规定：

电缆构筑物中电缆引至电气柜、盘或控制屏、台的开孔部位，电缆贯穿隔墙、楼板的孔洞处，工作井中电缆管孔等均应实施阻火封堵。

（6）非阻燃性电缆用于明敷时，应符合下列规定：①在易受外因波及而着火的场所，宜对该范围内的电缆实施阻燃防护；对重要电缆回路，可在适当部位设置阻火段实施阻止延燃。②阻燃防护或阻火段，可采取在电缆上施加防火涂料、包带；当电缆数量较多时，也可采用阻燃、耐火槽盒或阻火包等。③在接头两侧电缆各约3m区段和该范围内邻近并行敷设的其他电缆上，宜采用防火包带实施阻止延燃。

（7）在火灾几率较高、灾害影响较大的场所，明敷方式下电缆的选择，应符合下列规定：①火力发电厂主厂房、输煤系统、燃油系统及其他易燃易爆场所，宜选用阻燃电缆。②地下的客运或商业设施等人流密集环境中需增强防火安全的回路，宜选用具有低烟、低毒的阻燃电缆。③其他重要的工业与公共设施供配电回路，当需要增强防火安全时，也可选用具有阻燃性或低烟、低毒的阻燃电缆。

4.3 通信网络设计

电力光纤到户网络常使用 EPON 系统进行建设，EPON 系统的部署涉及组网、节点设备、网络生存性、网管以及 ODN 等多个方面，相应的采用 EPON 系统建设电力光纤到户网络时，通信网络的设计工作主要包括以下几个方面：

（1）根据用户分布、带宽需求情况、已有物理资源情况，确定采用的 PON 网络结构是 FTTB+LAN、FTTB/C+DSL 还是 FTTH。

（2）进行 PON 网络用户容量测算。

（3）进行 ODN 规划和线路设施规划，确定系统 PON 路数，确定分路 PON 的 ODN 结构、分光结构，进行光链路预算。

（4）测算网络中每段的光缆类型、光缆芯数等。

（5）在采用 PON 结构时，确定系统 OLT 安装点、上联接口和物理连接，确定系统光分路器安装点，确定设备数量、设备接口类型等。

（6）确定 ONU/ONT 的接口配置数量、ONU/ONT 数量。

（7）进行系统 VLAN、IP 地址规划。

4.3.1 ODN 网络结构选择

ODN 网络结构的选择应遵循以下原则：

（1）在选择 ODN 结构时，应根据用户性质、用户密度的分布情况、地理环境、管道资源、原有光缆的容量，以及 OLT 与 ONU 之间的距离、网络安全可靠性、经济性、操作管理和可维护性等多种因素综合考虑。

（2）ODN 以树形结构为主，分光方式应尽量采用单级均匀分光方式，不宜超过 2 级，设计时应充分考虑光分路器的端口利用率，根据用户分布情况选择合适的分光方式。

（3）在主干光缆管道比较缺乏的地区，可适当选择 2 级分光方式。

（4）在用户分散、光缆线路距离相差悬殊的地区，特别是在郊区，可采用非均匀分光方式的光分路器来满足不同传输距离对光功率分配的需求。但设计时必须将光分路器每个输出端口的序号和插入损耗在图上标注清楚，以便工程施工和后期维护。

（5）在城市地区，光分路器应主要采用集中放置方式，宜一次性配足，一般设置在片区光节点，比如小区机房、小区路边或者楼道，以提高主干光纤利用率，从节省 PON 口角度也可以适当考虑与 OLT 放置在同一端局机房。在农村地区，光分路器位置可根据实际情况灵活放置在乡镇端局、光缆交接箱、配线光缆接头盒等处。总的来说，分光点离用户越近，越节省光纤，但在业务开展初期可能会对 OLT PON 口资源带来浪费，分光点离端局越近，OLT PON 口资源利用率就越高，但会造成来浪费。

对于重要用户，可选用和配置光纤自动保护倒换功能。为了保证主备两条光纤链路不会同时发生故障，在进行 ODN 规划时，应选择不在同一管道中的两条光纤链路组成保护对。

对于启用了光纤自动保护倒换功能的 PON 网络，ODN 网络结构的选择还需要遵循以下原则：

（1）光纤自动保护倒换分为干路光纤保护倒换和全纤路保护倒换两种。

（2）干路光纤保护倒换采用 2∶N 的光分路器，在光分路器和两个互为备份的 OLT 侧 PON 接口之间建立两条独立的光纤链路，一旦主用光纤或 OLT 侧 PON 接口发生故障，在备用光纤链路和备用 OLT 侧 PON 接口可用的情况下自动或人工切换至备用光纤链路和备用 OLT 侧 PON 接，属于冷备份保护方式。

（3）全纤路保护倒换就是 PON 系统对 OLT、ODN、ONU 均提供备份的保护方式，属于热备份保护方式。

4.3.2　OLT 设备部署

OLT 的部署可以分为集中设置在端局和分散设置在接入点两种。

（1）集中设置：覆盖多个用户片区（一般小区或商业区），可简单对应机楼或大接入点，以便于设备的集中管理，同时提高设备利用率，减少设备数量，以及局端节点的数量，有效降低后期运行维护工作量。这时 OLT 可采用大容量机框设计，整机不少于 20 个 PON 口容量。

（2）分散设置：覆盖单个用户片区，可简单对应小区接入，这时 OLT 可采用小容量机框设计，整机不少于 4 个 PON 口容量。

OLT 的部署尽量利用现有机房（原有机楼或接入点）集中设置，尽量不为 OLT 的设置新建机房。一般根据光缆路由就近选择位于接入网主干光缆（环）上的现有机房（原有机楼或大接入点）。

由于 PON OLT 设备下联的用户较多，所以对 OLT 设备的稳定性和安全性要求很高。另外 OLT 上联一般都需要与 IP 城域网、软交换平台的汇聚层以上节点对接，因此 OLT 一般选择在电源、数据通信网络（data communication network，DCN）等相关配套设施相对优越的端局，并尽可能与 IP 城域网和软交换平台的汇聚节点重合。极少数密度大且光纤紧张的区域也可以考虑安装在接入网或模块局。OLT 的放置尽可能靠近用户光缆的接入局，以缩短传输距离，减少功率损耗。对于在配用网中 OLT 设备的放置位置而言，OLT 的位置越在底层，组网就越灵活。具体来说，可以分为以下几种场景。

（1）将 OLT 设备放置在 10kV 的变电站，将该变电站所辖区域内的所有电力二次设备全部连接起来。在使用光分路器的时候可以有更灵活的选择，可以考虑非均分光分路器和均分光分路器搭配使用，如果选择均分的光分路器组网，在不增加主干光纤数量的前提下，直接更换较大分光比的光分路器，可以较灵活地实现网络扩容。

（2）如果将 OLT 设备再下沉一级，直接进环网柜，这种情况下网络的覆盖和扩容就显得更加灵活，但缺点是需要对现有的电信级 OLT 设备进行工业化改造，设备的改造成本比较高，同时还受芯片条件的制约。

（3）10kV 站点采用 OLT 直接成环，10kV 以下，采取均分和非均分方式相结合的方式，连接各环网柜和分支箱内的 ONU，以提供对电力二次设备的接入功能。

（4）根据实际情况也可以采取将 OLT 进一步下沉的方式，在环网柜内放置 OLT，同时将环网柜光纤按成环方式部署，在 10kV 站点采用传输设备将业务汇聚后上传。

4.3.3 ONU 设备部署

ONU 应根据 FTTx 网络的应用模式、业务需求进行设置。

（1）FTTB/C。ONU 应尽可能靠近用户，以缩短接入电缆的长度。可选择将 ONU 放置于楼道综合信息箱，在大楼楼道或竖井内机柜、室外光交接箱等不同位置集中放置。ONU 原则上采用本地供电方式。

（2）FTTCab。ONU 应与需要对接的设备（如一体机等）放置在一起，方便连接和维护。

（3）FTTH。ONU 置于用户住宅内相对隐蔽且便于维护的位置。应尽量将 ONU 设置在用户家里，避免安装在门口或楼道内。对普通公众用户，可将 ONU 设置在用户综合信息箱内提供保护，或者放置于桌面（采用光纤信息插座）。

（4）FTTO。ONU 一般放置在企业、单位的中心机房内，以获得最优越的保障设施条件，同时也方便与用户设备对接。

楼道综合信息箱是指安装在楼内，适用于 FTTB 应用，内部可以提供具备语音和数据功能的 ONU、ONU 电池模块、防雷保护模块、光缆分歧及直通、光缆熔接成端、箱内外接电源以及小型数字配线架（digital distribution frame，DDF）的有源智能盒。

用户综合信息箱是指安装在最终用户处，提供入户线光缆成端和光/电缆储存保护功能，并提供电话、数据和有线电视等网络综合接线功能的有源智能信息分配盒。用户综合信息箱一般内置 ONT、ONT 电源或外接电源、ONT 电池模块保护不间断电源（uninterruptible power system，UPS）等设备或功能模块。

4.3.4 光通道衰减预算

ODN 的光功率衰减与光分路器的分路比、活动连接器数量、光缆接续点数量和光缆线路长度等有关，进行 ODN 规划设计时必须控制 ODN 最大的衰减值，使其符合 PON 系统的光功率预算要求。PON 系统允许的光功率预算如表 4-7 所示。

表 4-7　　　　　　　　　PON 系统允许的光功率预算（最坏值估算）

PON 技术	工作中心波长（nm）	光模块类型/ODN 等级	最大允许插损（dB）	备注
EPON	下行：1490	1000BASE-PX20	24	
	上行：1310	1000BASE-PX20＋	28	

注　表中技术指标来源于 GB/T 29229—2012《基于以太网方式的无源光网络（EPON）技术要求》。

ODN 光通道衰减所允许的衰减定义为 S/R 和 R/S 参考点之间的光衰减，以 dB 表示。ODN 光通道衰减包括光纤、光分路器、光活动连接器、光纤熔接接头所引入的衰减总和。

应采用最坏值法进行 ODN 光通道衰减预算，常用的 ODN 光通道模型示意图见图 4-1。

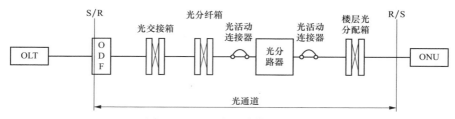

图 4-1　ODN 光通道模型示意图

ODN 光通道衰减预算为：

$$ODN = \sum_{i=1}^{n} Li + \sum_{i=1}^{m} Ki + \sum_{i=1}^{p} Mi + \sum_{i=1}^{h} Fi \qquad (4\text{-}1)$$

ODN 光通道衰减$+M_c \leqslant$PON 系统允许的光通道衰减。

式中：$\sum_{i=1}^{n} Li$ 为光通道全程 n 段光纤衰减总和，dB；

$\sum_{i=1}^{m} Ki$：为 m 个光活动连接器插入衰减总和，dB；

$\sum_{i=1}^{p} Mi$：为 p 个光纤熔接接头衰减总和，dB；

$\sum_{i=1}^{k} Fi$：为 k 个光分路器插入衰减总和，dB；

M_c 为光纤链路光衰减富余度。

计算时相关参数典型取值如下：

（1）光纤衰减。1310nm 波长，0.36dB/km；1490nm 波长，0.22dB/km。技术指标来源于 GB/T 9771—2008《通信用单模光纤系列》。

（2）光活动连接器插入衰减：0.5❶dB/个。

---

❶　数据来源于工程设计经验。

（3）光纤熔接接头衰减：分立式光缆光纤接头衰减双向平均值为 0.08❶dB/每个接头；带状光缆光纤接头衰减双向平均值为 0.2❶dB/每个接头。

（4）冷接子双向平均值为 0.15❶dB/每个接头。

（5）计算时光分路器插入损耗参考值，如表 4-8 所示。

（6）光功率预算。

1）富余度 M_c：传输距离≤10km 时，光功率预算富余度不少于 2❶dB。

2）传输距离＞10km 时，光功率预算富余度不少于 3❶dB。

表 4-8   光分路器插入损耗参考值

均匀分光			
光分路器规格	插入损耗最大值（dB）	光分路器规格	插入损耗典型值（dB）
1：2	3.6	1：32	17.7
1：4	7.3	2：8	10.7
1：8	10.7	2：16	14.0
1：16	14.0	2：32	17.7
非均匀分光			
光分路器规格	插入损耗（dB）主干/支路	光分路器规格	插入损耗（dB）主干/支路
95：5	0.45/15.2	90：10	0.6/11.3
80：20	1.2/7.9	70：30	1.9/6.0
60：40	2.7/4.7	50：50	3.6/3.6

表 4-8 中的数据来源于工程设计经验。

4.3.5 光反射衰减要求

不包含 CATV 业务时，R/S 和 S/R 参考点之间的光纤线路总反射衰减应大于 32dB；包含 CATV 业务时，R/S 和 S/R 参考点之间的线路总反射衰减应大于 55dB。该数据来源于 YD/T 1636—2007《光纤到户（FTTH）体系结构和总体要求》。

4.3.6 组网覆盖

EPON 系统覆盖范围受限于光纤传输距离的限制。PON 系统的传输距离应采用最坏值计算法，分别计算 OLT 的 PON 口至 ONU 之间上行和下行的允许传输距离，取两者中较小值为 PON 口至 ONU 之间的最大传输距离。

PON 系统的传输距离 L（OLT 至 ONU 的传输距离）可按式（4-2）进行测算。

---

❶ 数据来源于工程设计经验。

$$L \leqslant \frac{P - IL - A_c \times n - A_{\text{WDM}} \times m - M_c - \beta}{A_f} \qquad (4-2)$$

式中 P——OLT 和 ONU 的 R/S-S/R 点之间允许最大通道插入损耗，dB，规划设计时应根据当时的设备实际技术水平情况取值；

IL——不含连接器损耗的光分路器的插入损耗，dB；

M_c——线路维护余量，dB，参照表 4-9 取值；

A_c——单个活接头的损耗 dB，参照表 4-10 取值；

A_{WDM}——不含连接器损耗的 WDM 模块（合波器/分波器）的插入损耗，dB；

n——OLT 的 PON 口和 ONU 之间活接头的数量，个；

m——WDM 模块（合波器/分波器）的数量，个，内置于 ONU 的 WDM 分波器不纳入计算；

A_f——表示光纤线路衰减系数（含固定接头损耗），dB/km，参考表 4-11 取值；

β——光纤接续采用冷接方式时或 G.657B 光纤与其他类型光纤连接时引入的附加衰减 dB。

表 4-9　　　　　　　　　　**线路维护余量取值要求**

传输距离（km）	线路维护余量取值（dB）
$L \leqslant 5$	$\geqslant 1.5$
$5 < L \leqslant 10$	$\geqslant 2$
> 10	$\geqslant 3$

表 4-10　　　　　　　　　　**连 接 点 损 耗**

连接类型	损耗
连接器	0.3
热熔接	0.1
机械接续	0.2

表 4-11　　　　　　　　　　**光纤线路衰减系数（含固定接头损耗）**

波长窗口（nm）	光纤线路衰减系数（dB/km）
1310	0.35
1490	0.25
1550	0.22

表 4-9～表 4-11 中数据来源于工程设计经验。

4.3.7　光分路器部署方式

光分路器主要分为两大类：①传统光无源器件厂家利用传统的拉锥耦合器工艺生产的熔融拉锥式光分路器；②是基于光学集成技术生产的平面光波导分

路器。熔融拉锥型分路器和平面光波导分路器的比较如表 4-12 所示。

表 4-12 熔融拉锥型分路器和平面光波导分路器的比较

项目	熔融拉锥型分路器	平面光波导分路器
制造工艺	传统的拉锥耦合器工艺，工艺简单	半导体工艺，工艺复杂
工作波长	1310（1550）±40nm	1260～1650nm
波长敏感度	插损对波长敏感	插损对波长不敏感
功率分配比例	均分、不等分	均分
插损均匀一致性	较差	较好
温度相关损耗（TDL）	插入损耗随温度变化量大	插入损耗随温度变化量小
外形体积	多通道分路器体积大	结构紧凑，体积小
价格	低分路价格低，高分路价格高	低分路价格高，分路数越多成本优势越明显

光分路器宜选用平面光波导型器件，在低分路比（1×4 及以下）情况下可以考虑选用熔融拉锥型器件。

低温工作环境下推荐使用平面波导型光分路器，不推荐使用熔融拉锥型光分路器。

当由于 ONU 传输距离不同而对光功率分配有特殊需求时，ODN 中可采用非均分光的光分路器，此时应选用熔融拉锥型光分路器。

在 ODN 中，通常采用均匀分光的分光器，其性能指标应满足表 4-13 的要求。

表 4-13 $1:N(N>2)$ 分光器光学特性

性能参数	指标要求	
工作波长（nm）	1310 和 1550	
工作带宽（nm）	±40	
附加损耗（dB）	0.3	
插入损耗（dB）	$\leqslant0.6+3.6\log2n$	注 2、注 3
均匀性（dB）	$\leqslant1.5+0.7\log2n$	注 2
方向性（dB）	$\geqslant55$	注 2
偏振相关损耗（dB）	$\leqslant0.1(1+\log2n)$	注 2
回波损耗（dB）	>40	
最大承载功率（mW）	300	
工作温度（℃）	$-40\sim85$	

注 1：表中技术指标来源于 YD/T 2000.1—2014《平面光波导集成光路器件 第 1 部分：基于平面光波导（PLC）的光功率分路器》。

注 2：不包括连接器损耗。

注 3：针对均匀性器件。

根据应用场景、用户分布、光缆网络拓扑和分光方式的不同，光分路器的部署位置有多种选择，应根据现场情况灵活考虑。

光分路器部署位置可归纳为表 4-14 中的几种情况。

表 4-14   光 分 路 器 部 署 位 置

适用场景	光分路器部署位置	分光方式
小区内有多层或小高层公寓建筑群	室内或室外，室内安装位置包括电信交接间、小区中心机房等位置	原则上单级分光，楼间和楼内光缆有限时可采用二级分光
单栋楼宇，楼宇规模较大且用户密度较高而集中，如高层住宅或商务楼等	大楼地下室、楼内弱电井等位置	单级分光
用户较分散区域	室外，一级光交接箱、二级光交接箱或光分纤箱内	单级分光
用户驻地有条件设置光分路器、并有足够管道资源的小区，例如高档别墅区等	室内或室外，室内安装位置包括电信交接间、小区中心机房等位置	单级分光
农村地区	室外光交接箱	主要采用单级分光，在主干光缆不足时可采用多级分光，在多级分光方式下，当用户分散、光缆线路距离相差悬殊时，可考虑不均匀分光方式

4.3.8 系统容量测算

EPON 系统中配用电业务系统总容量应不大于该 PON 口可用带宽，同时考虑带宽冗余系数，建议 PON 系统内冗余系数取 90%。

4.3.9 节点设备选型

4.3.9.1 OLT 上联接口

OLT 设备的上联接口必须提供 GE 接口，也可根据应用要求选择提供 10/100BASE-T 接口、10/100BASE-F 接口、10GBASE-X 接口。当 OLT 设备支持多个 PON 接口时，应提供至少 2 个 GE 上联接口。对于提供 TDM 数据专线业务的多业务 OLT 设备，网络侧可选支持 STM-1 接口。

4.3.9.2 ONU 下联接口

ONU 设备的下联接口必须支持 FE 接口，还可根据应用要求选择提供 RS232/RS485 串行接口、GE、E1 接口等。GE 接口可以是 1000BASE-LX、1000BASE-SX、1000BASE-CX 和 1000BASE-T 接口中的一种或多种。为了便于灵活使用，ONU 上的 GE 口宜支持光电模块混插，GE 电接口宜支持千/百兆速率自适应，具体接口形态根据实际用户端设备进行选择。

4.3.9.3　QoS

EPON 系统应提供必要的 QoS 机制，以保障在上行和下行方向均能根据 SLA 协议提供各种优先级业务的 QoS。

EPON 系统应支持基于 ITU-T Y.1291 的 QoS 机制，包括业务流分类（traffic classification）、优先级标记（marking）、排队及调度（queuing and scheduling）、流量整形（traffic shaping）和流量管制（traffic policing）、拥塞避免（congestion avoidance）、缓存管理（buffer management）等。

电力光纤到户网络中，对来自不同 ONU 端口的数据包，依据其端口接入设备与电网运行管理的关联重要程度的不同而划分为不同优先级/重要等级程度。

4.3.9.4　VLAN 划分

在电力光纤到户网络中，采用 VLAN 方式来划分业务类型、区分业务等级，对不同的业务类型通过分配不同的 VLAN 实现优先等级，OLT 和 ONU 设备应支持通过物理端口实现 VLAN 划分。

4.3.9.5　安全性

EPON 系统采用标准的以太网帧结构，恶意用户很容易截获系统开销信息和其他用户的信息，存在安全隐患，应对用户信息进行加密。一般要求 EPON 下行方向开启加密功能，上行方向则可根据需求选择是否开启加密功能。EPON 系统做为一个通信网络平台，不同业务的安全防护要求不同，为了确保业务系统的安全，通常将不同安全级别的业务进行逻辑隔离，确保业务系统更加安全稳定。

1. PON 接口数据安全

EPON 系统中采用搅动方案来实现信息安全保证。通过对下行数据的搅动和解搅动，保证用户信息的隔离，下行数据只有目的 ONU 可以接收；通过对上行 MAC 控制帧和 OAM 帧的搅动和解搅动，防止用户通过数据通道伪造 MAC 控制帧或 OAM 帧，来更改系统配置或捣毁系统。

搅动过程包括 OLT 和 ONU 间密钥的同步和更新，分上行搅动和下行搅动两种方案。通过定义新的 OAM 帧来实现 OLT 与 ONU 之间密钥的握手动态交互，包括新密钥请求帧，新密钥确认帧，搅动失步通知帧。

2. MAC 地址数量限制

OLT 应支持基于 LLID 的 MAC 地址数量限制功能，限制的 MAC 地址数量应可灵活配置。

ONU 可选支持基于端口的用户 MAC 地址数量限制的功能，限制的 MAC 地址数量应可灵活配置。

当 MAC 地址数量超过 OLT 或 ONU 的 MAC 地址数量限制时，OLT 或 ONU 应支持忽略新 MAC 地址直到有 MAC 地址老化。

3. 过滤和抑制

系统应支持对非法帧的过滤和非法组播源（例如用户端组播数据流）的过滤。

系统应支持对带有未知的源 MAC 地址的以太网帧进行丢弃处理，以防止 MAC 地址欺骗。

4. ONU 认证功能

EPON 系统可支持三种 ONU 认证方式：

（1）基于物理标识的认证：采用 ONU 的物理标识（在 EPON 系统中，物理标识为 ONU 的 MAC 地址）作为认证标识的认证方法。（必选）

（2）基于逻辑标识的认证：采用 ONU 的逻辑标识作为认证标识的认证方法，逻辑标识采用 ONU_ID＋Password。（可选）

（3）混合模式：这种模式下可以实现基于物理地址进行认证的 ONU 和基于逻辑标识的 ONU 认证方式的兼容，OLT 针对不同的 ONU 采用上述两种认证方式中的一种。这种模式下，OLT 先基于 ONU 的 MAC 地址进行认证，在认证不通过时，OLT 会发起对该 ONU 的基于逻辑标识的认证。（可选）

5. 业务隔离技术

OLT 建议支持 MPLS VPN（广域连接）、多实例 CE 等业务隔离技术，实现不同业务的逻辑隔离，确保各项业务系统安全稳定的运行。

6. 其他安全功能

OLT 支持如下安全功能：

（1）ONU 与 OLT 的 PON 接口之间的绑定功能。

（2）IP/MAC 防欺骗。

（3）防拒绝服务（denial of service，DOS）攻击。

（4）防 ARP 攻击。

（5）防 Internet 控制报文协议（internet control message protocol，ICMP）攻击。

（6）防桥协议数据单元（bridge protocol data unit，BPDU）攻击。

（7）IP/MAC 地址绑定。

（8）支持安全协议 V1.5/V2。

4.3.10 光纤接续方式

光纤固定接续有两种方式：熔接接续方式和机械式接续方式。光纤接头应达到尽可能低的接头损耗及尽可能高的连接强度。

熔接接续方式是通过光纤熔接机完成光纤和光缆的接续，接续损耗较小。

机械式接续方式是通过冷接子完成光纤和光缆的接续，便于操作，适合在室内光缆维护、抢修，或施工环境较差（如电源引接困难、操作空间太小等）时采用，其施工方便，接续快速。机械式接续插入损耗和反射指标较熔接差，接续质量的离散性较大，且可靠性尚未经过长时间检验，因此不宜大量使用。

光纤的接续方法按照使用的光缆类型确定，在馈线段和配线段使用常规光缆时宜采用热熔接方式，在使用皮线光缆，特别对于单个用户安装时，考虑到施工的方便快捷和易操作，可以采用冷接子机械接续方式。

光缆接续部位应符合以下的要求：

（1）光缆接续部位应有良好的水密、气密性能。

（2）光缆接头装置与光缆外护套连接部位既要密封良好，又要保持足够的机械强度，且光缆不发生变形。

（3）光缆连接部位应避免光纤受力。

（4）光缆接续部位经过固定接续后衰减应满足如下要求：①采用熔接接续时单芯光纤双向平均衰减平均值应不大于 0.08dB/芯。②采用机械接续时单芯光纤双向平均衰减值应不大于 0.15dB/芯。

4.4　本　章　小　结

网络设计是工程建设的指引，网络设计方案的优劣对工程实施质量以及后期网络运营质量起着决定性的作用。在网络工程建设的过程中，如何有效地运用网络设计成为工程建设的重要研究内容。电力光纤到户网络采用光电同缆方式进行建设，网络中光电多次分离的特性对强电网络和光纤通信网络设计提出了新的要求。本章汇总了强电网络和光通信网络设计中机房选址、网络覆盖、线缆敷设、网络设备选型、网络参数配置等多方面的实际经验，在电力光纤到户网络设计工作中，需从实际出发，在充分评估计算的基础上，综合考虑各方需求，因地制宜地选择采用适宜的策略和技术。

5 电力光纤到户施工

　　电力光纤到户依托电力天然管道资源，光缆随电缆同步敷设，无须建设独立通信管道，而且同步施工，无须二次布线，提高施工效率，大幅度降低光纤到户工程建设投资。电力光纤到户工程施工质量也同步影响着供电安全和光通信质量，因此规范电力光纤到户施工标准具有重要意义。

　　为有效推进电力光纤到户建设，规范工程管理，统一建设标准，本章从电力光纤到户施工规范、施工流程、施工准备、施工步骤、施工方法和施工交付等方面全面阐述了电力光纤到户施工与验收事宜。

5.1 施 工 规 范

5.1.1 一般性要求

5.1.1.1 通信设备安装环境要求

　　在安装工程开始以前，需根据现场环境设计施工图，并对通信设备环境条件进行检查，具备下列条件方可开工：

　　（1）现场所提供的电源应满足相应设备能正常运行的工作电压、电流需要。

　　（2）室内的温度、湿度、防尘、大气压力应符合相应设备正常运行的环境要求。

　　（3）照明度应满足设备正常运行和维护的要求。

　　（4）施工现场必须配备有效的消防器材。

　　（5）具有独立空气开关的电源应有明显标志。

　　（6）严禁存放易燃、易爆等危险物品。

　　（7）防雷、接地、雷电过电压保护应符合 DL/T 548《电力系统　通信站过电压防护规定》及 YD 5098《通信局（站）防雷与接地工程设计规范》的要求。

5.1.1.2 器材检验要求

　　施工前，施工单位对运输到工地的器材应进行清点和外观检查。如发现器材包装损坏和外观有问题，应对其损坏程度做详细检验。

5.1.2 箱体、设备安装

5.1.2.1 安装前设备检查

安装前对箱体、设备进行检查，应符合下列要求：

（1）设备和线缆铭牌、型号、规格及相关指标，应与设计相符。

（2）设备外壳、漆层、手柄，应无损伤或变形。

（3）设备指示灯、外部接口，应无裂纹或伤痕。

（4）线缆外护套应完整无损，并且线缆无断裂现象。

（5）箱体内各种元器件应安装牢固、导线排列整齐、压按牢固，并有产品合格证。

（6）附件应齐全、完好。

5.1.2.2 电表箱、分户箱安装

1. 电表箱的安装要求

电表箱到各分户箱均采用暗配管及暗埋分线盒的方式，因此到生产厂家订货时就要在电表箱到各分户箱的出线处预留相应高度的空位置现场开孔，用金属软管出线，且各电表箱要编号对应。

2. 分户箱安装要求

要求排列整齐，进出线要绑扎成束。进出线应留存适当余量，以便于检修，开关的进出线线芯露出部分为 1.5mm，多股线应烫锡后再压接，不得伤及线芯及减少多股线的股数，最后上盖板时要保证分户箱盖紧贴墙面，平整，不翘角。

5.1.2.3 光线路终端设备安装

1. 安装方式

（1）光线路终端应安装于专用机柜中。

（2）设备位置应安装正确，台列安装整齐，设备边缘应成一直线，相邻设备紧密靠拢，台面相互保持水平，衔接处无明显高低不平现象。

（3）终端设备应配备完整，安装就位。

（4）通信设备的安装应符合 YD 5059《电信设备安装抗震设计规范》的要求。

2. 供电

光线路终端设备电源从机房内电源柜取电，中间连接部分不允许接入其他设备或电源。

3. 接地

（1）设备应做保护接地，保护接地应从接地汇集排上引入。

（2）所有接地电阻、线径等均须满足 GB 50169《电气装置安装工程接地装

置施工及验收规范》的要求。

（3）接地施工应在机箱送电前完成。

5.1.2.4　敷设电源线

（1）机房电源线的安装路由、路数及布放位置应符合施工图的规定。

（2）电源线的规格应符合设计要求。

（3）电源线必须采用整段线料，中间无接头。

（4）系统用的交流电源线必须有接地保护线。

（5）直流电源线的成端接续连接牢靠，接触良好，电压降指标及对地电位符合设计要求。

5.1.2.5　光网络单元设备安装

1. 安装方式

光网络单元型号、安装位置和安装方式应符合设计文件要求。在采用壁挂式、嵌入式方式安装时，安装高度及进、出线方式应符合设计文件要求，安装工艺应符合壁挂式、嵌入式设备安装工艺要求。

2. 供电

光网络单元设备采用就近接电，所提供的电源需满足设备用电要求。

3. 接地

所有接地电阻、线径等均须满足 GB 50169《电气装置安装工程接地装置施工及验收规范》的要求。接地施工应在设备送电前完成。

5.1.2.6　光分路器设备安装

光分路器设备安装应符合下列要求：

（1）光分路器的容量、型号、安装位置应符合设计文件要求。

（2）光分路器的安装应工整、美观，其所有尾纤均有一定富余量，方便维护时取出和还原。

（3）当采用壁挂安装方式时，光分路器的安装工艺应符合壁挂设备安装要求，不得有悬垂现象。

（4）当采用上架式安装方式时，光分路器应采用托盘加翻盖结构，箱体内置光分路器、光纤适配器和走纤装置，便于扩容和维护。

5.1.2.7　光纤配线架设备安装

1. 光纤配线架安装空间要求

为保证光纤配线架（optical distribution frame，ODF）设备正常工作和延长使用寿命，安装场所应该满足下列环境要求：

（1）空间要求。机柜离墙壁 0.8~1.0m。

（2）空间建议。机柜顶部离楼层顶面 0.8~1.0m。

2. 安装方式

应符合下列要求：

（1）ODF 内一体化模块可根据工程实际情况要求做熔纤盘或配线盘。

（2）ODF 的排列应充分考虑电缆和光纤上下出入走线的需要，避免在配线架顶部相互交叉挤压。

（3）ODF 的光缆接地系统应接防雷地线，防雷地线应单独引入，并可靠地与 ODF 架绝缘。

（4）ODF 上的光纤连接器位置应准确，安装应牢固，方向一致，盘纤区的光纤盘储容量应满足光纤配线架满配安装时的容量要求。

（5）ODF 上的路由标识系统及各种标识标签（例如接地标签等）应符合设计要求，ODF 架上无源光器件的安装应牢固，不影响 ODF 架的操作性能。

（6）ODF 提供全程走线保护：走线装置弧形设计，且保护附件齐全，可确保光纤全程的曲率半径不小于 30mm。

（7）当机房内采用防静电地板时，还需要为光纤配线架配备合适的底座。

5.1.2.8　光纤分纤箱安装

室内外光纤分纤箱的安装必须符合 YD 5121《通信线路工程验收规范》的要求。

1. 室内光纤分纤箱的安装

（1）在墙壁安装，需选用合适的支撑和横担，使其稳固，支撑不得松动。

（2）按施工图纸指定位置安装，保持楼体的整体美观，设备排列整齐，线缆走向横平竖直。

（3）箱体外壳要与墙壁紧贴，尽量缩短悬空线缆长度，防止松动、缩芯。

（4）箱体接地线要用支撑于横担的螺母拧紧，保证接地良好。

2. 室外光纤分纤箱的安装

（1）室外光纤分纤箱应安装在水泥底座上，箱体与底座应用地脚螺丝连接牢固，缝隙用水泥抹八字。

（2）基座与人（手）孔之间应用管道连接，不得做成通道式。

（3）室外光纤分纤箱应严格防潮，穿放光缆的管孔缝隙和空管孔的上、下管口应封堵严密，室外光纤分纤箱的底板进出光缆口缝隙也应封堵。

（4）室外光纤分纤箱底座应用防腐、防酸材料制作的装饰块状物（瓷砖）进行表面装饰。

（5）室外光纤分纤箱应有接地装置。接地装置符合 DL/T 5344《电力光纤通信工程验收规范》、DL 548《电力系统通信站过电压防护规程》的要求。

5.1.3 线缆敷设

5.1.3.1 一般规定

线缆敷设应符合 GB 50168《电气装置安装工程电缆线路施工及验收规范》要求，敷设前应制订完整有效的线缆施工技术文件，并应按下列要求对线缆检查：

（1）线缆型号、电压、规格、走向、路由应符合设计文件的要求。

（2）线缆外观应无损伤。

（3）线缆放线架应放置稳妥，缆盘应有可靠的制动措施。

（4）敷设前应按设计和实际路径计算每根线缆的长度，合理安排每盘线缆，线缆无接头。

（5）光缆敷设前需对光缆进行盘测，敷设后需再对光缆进行全程测试。

5.1.3.2 敷设电缆施工规范要求

1. 敷设电缆的一般原则

敷设电缆的原则是先敷设工程急需的电缆，后敷设其余电缆；先敷设集中的，后敷设分散的；先敷设电力电缆，后敷设控制电缆；先敷设长电缆，后敷设短电缆。

2. 人工敷设电缆

人工敷设是用专用的起架工具将电缆盘架起，离地面 100mm 左右。电缆从电缆盘的上部引出，注意电缆不能在地面或支架上拖放，严禁将电缆盘平放在地面上甩放电缆，以免电缆扭转造成损伤。敷设电缆时，应专人指挥，用鸣哨和扬旗进行统一指挥。路线较长时分段指挥，全线协调行动。如果人力不足，可分段敷设。敷设中遇转弯或穿管来不及时，可将电缆甩出一定长度的大弯作为过渡，以后再往前拉。电缆进入沟道、隧道、竖井、建筑物、屏柜以及穿入电缆管时，出入口应封闭。封闭方法可根据情况选择，目前多采用防火封堵材料进行全封闭。

3. 电缆敷设与整理

电缆敷设时常用铁丝临时绑扎固定。敷设完毕后，应及时整理电缆，将电缆理直排列放置，按要求用卡子，绑扎带固定，绑挂电缆标志牌。在上屏的部位留出适量的弯头裕量。

4. 机械牵引敷设电缆

（1）牵引强度应符合规定。

（2）各转弯处、沟道隧道入出口，竖井进出口等部位应设有专人看管，如发现电缆卡住、扭曲、严重摩擦等现象，应立即停车处理。

（3）严格执行安全操作规程，注意人身安全。牵引过程中严密监视牵引设备是否固定牢靠，有无位移现象。如发现异常应立即停车处理，防止牵引设备滑脱伤人及损坏设备。

5. 电缆穿保护套的敷设

（1）保护管提前清理干净，保证畅通，管口光滑，无毛刺。

（2）电缆穿保护管前先将电缆在支架或桥架上排列整齐，固定牢靠后，再穿过保护管。避免穿管后电缆排列混乱，难以修正。

（3）三相交流单芯电缆应穿同一根保护套，严禁分相穿管。

（4）不同电压等级的电缆，分开穿在不同的保护管中。

（5）保护管的端口用防火封堵材料封堵，保证管口有防雨、防水性能。

6. 电缆的直埋敷设

直埋电缆适用于电缆数量少，路径很长的电缆敷设，其特点是：施工简便，造价低，电缆散热较好，但缺点是更换电缆时土方量大，冬季地冻挖土困难，且容易受外来机械损伤及土壤中酸碱物质的腐蚀。电力电缆和控制电缆同沟直埋时相互之间用砖隔开。

除上述规定外，直埋电缆还应遵循以下几点：

（1）直埋电缆的埋深一般不小于0.7m，穿越农田时，不小于1m。

（2）与铁路、公路等交叉时，敷设于坚固的保护管或隧道内。电缆管两端伸出道路路基各2m，伸出排水沟0.5m。

（3）直埋电缆在直线段每隔50～100m处及接头、转弯、与其他设施交叉、进入建筑物等处设置明显的方位标志或标桩。

7. 电缆的防火封堵

（1）电缆全部敷设完毕，经检查无遗漏后，对于电缆进入屏、柜的孔洞，穿越竖井、墙壁、楼板、电缆保护管的管口处，应使用防火堵料封堵。

（2）对电缆隧道内的阻火墙及防火门按要求进行防火封堵措施。对阻火墙两侧的电缆用防火阻燃包带半叠包绕或涂刷防火涂料2～3m。

（3）对电力电缆中间接头两边及相邻电缆的平行部位各2～3m长的一段，按设计采取涂刷防火涂料或包绕阻燃包带的措施。

（4）电缆防火封堵的施工方法。对比较大的孔洞，先用土建材料将洞填小，再在缩小的孔洞处做一个兜状骨架，再用封堵材料封堵严实可靠。封堵后不能有明显的裂缝及可见的间隙，孔眼。

5.1.3.3　电缆沟、隧道、排管规范

电缆沟、电缆隧道、排管、交叉跨越管道及直埋电缆沟深度、宽度、弯曲半径等符合设计和规程要求，通道畅通，排水良好，金属部分的防腐层完整，隧道内照明、通风符合设计要求。具体应符合以下要求：

（1）槽道、桥架、吊挂的安装位置、高度应符合设计和规范要求，偏差不得超过 50mm。

（2）沿墙水平槽道应与地面平行，沿墙垂直槽道应与地面垂直。

（3）吊装安装应牢固、整齐，保持垂直，吊挂构件与槽道漆色一致。

（4）敷设暗管宜采用钢管或阻燃硬质 PVC 管，垂直部分管径不宜小于 50mm，水平部分管径不宜小于 16mm，当长度超过 10m 或有拐弯处时宜安装过路盒。

（5）直线管的管径利用率不超过 60％，弯管的管径利用率不超过 50％。

5.1.3.4 敷设路由规范

敷设路由应按设计要求进行。敷设应顺直，无明显扭绞和交叉，出线位置准确、预留弧长一致，并做适当的绑扎。当设计无规定时，水平敷设的缆线间距应不大于 800mm，垂直敷设的间距应不大于 1000mm。缆线的弯曲半径应符合下列要求：

（1）OPLC 允许的最小静态弯曲半径为 OPLC 外径的 15 倍，动态弯曲半径为 OPLC 外径的 20 倍。

（2）普通光缆参照 GB/T 7424.1《光缆总规范 第 1 部分：总则》要求。

（3）皮线光缆参照 GB/T 7424.1《光缆总规范 第 1 部分：总则》、YD/T 1258.1《室内光缆 第 1 部分：总则》要求。

5.1.3.5 机械应力

敷设过程中，应对展放的缆线进行全过程外观检查。缆线应从盘的上端引出，不应使缆线在支架上及地面摩擦拖拉。缆线不得有铠装压扁、扭绞、护层开裂等损伤。用机械敷设的速度不宜超过 15m/min，且应在牵引头或钢丝网套与牵引钢缆之间装设防捻器。敷设时的最大牵引强度宜符合表 5-1 的规定。

表 5-1 电缆允许的牵引强度

牵引方式	允许的牵引强度（N/mm²）		
	牵引头		钢丝网套
受力部位	铜芯	铝芯	塑料护套
允许牵引强度	70	40	7

在使用机械敷设大截面缆线时，应在施工措施中确定敷设方法、线盘架设位置、牵引方向，校核牵引力和侧压力，配备敷设人员和机具。缆线敷设时滑动侧压力允许值为 3kN/m，滚动侧压力允许值为每只滚轮 1kN。

敷设缆线时，缆线允许敷设最低温度，在敷设前 24h 内的平均温度以及敷设现场的温度不应低于 0℃。缆线敷设时应排列整齐，加以固定，不宜交叉，并及时装设标志牌。在下列地方应将缆线加以固定：

（1）垂直敷设或超过 45°倾斜敷设的缆线在每个支架上。

（2）水平敷设的缆线，在缆线首末两端及转弯、接头的两端处；当对缆线间距有要求时，每隔 5～10m 处。

敷设过程中应防止护套和其他部件损伤。当出现缆芯擦伤、光纤明显附加衰减、外护套严重破损时，应进行更换处理。

5.1.3.6　电缆标识

线缆标识应清晰、正确，应选用不宜损坏的材料，标志牌的装设应符合下列要求：

（1）在变电站内应在光纤终端头、光纤接头处装设标志牌；

（2）标志牌上应注明线路编号。当无编号时，应写明光纤型号、规格及起讫地点。标志牌的字迹应清晰不易脱落。

（3）标志牌规格宜统一，标志牌应能防腐，挂装应牢固。

（4）强电侧的标志牌由强电侧按照强电施工验收规范负责实施。

5.1.4　光纤复合低压电缆敷设

5.1.4.1　直埋敷设

（1）光纤复合低压电缆埋置表面距地面的距离不应小于 0.7m。穿越车行道下敷设时不应小于 1m；在引入建筑物、与地下建筑物交叉及绕过地下建筑物处，可浅埋，但应采取保护措施。

（2）光纤复合低压电缆之间，电缆与管道、道路、建筑物等之间平行和交叉时的最小净距，应符合表 5-2 的规定。

表 5-2　光纤复合低压电缆之间，电缆与管道、道路、建筑物之间平行和交叉时的最小净距

项目	最小净距（m）	
	平行	交叉
电缆间及其与控制电缆间	0.10	0.50
热管道（管沟）及热力设备	2.00	0.50
油管道（管沟）	1.00	0.50
可燃气体及易燃液体管道（沟）	1.00	0.50
其他管道（管沟）	0.50	0.50
城市街道路面	1.00	0.70
杆基础（边线）	1.00	—
建筑物基础（边线）	0.60	—

续表

项目	最小净距（m）	
	平行	交叉
排水沟	1.00	0.50

注 1. 当光纤复合低压电缆穿管或者其他管道有保温层等防护设施时表中净距应从管壁或防护设施的外壁算起。
　　2. 光纤复合低压电缆穿管敷设时与杆塔基础、建筑物基础、排水沟等的平行最小间距可按表中数据减半。

（3）特殊情况应按下列规定执行：

1）光纤复合低压电缆间及其与控制电缆间或不同使用部门的电缆间，当电缆穿管或用隔板隔开时，平行净距可降低为 0.1m。

2）光纤复合低压电缆间、控制电缆间以及它们相互之间，不同使用部门的电缆间在交叉点前后 1m 范围内，当电缆穿入管中或用隔板隔开时，其交叉净距可降低为 0.25m。

3）光纤复合低压电缆与热管道（沟）、油管道（沟）、可燃气体及易燃液体管道（沟）、热力设备或其他管道（沟）之间，虽净距能满足要求，但检修管路可能伤及光纤复合低压电缆时，在交叉点前后 1m 范围内，应采取保护措施；当交叉净距不能满足要求时，应将光纤复合低压电缆穿入管中，其净距可降低为 0.25m。

（4）光纤复合低压电缆与热管道（沟）及热力设备平行、交叉时，应采取隔热措施，使光纤复合低压电缆周围土壤的温升不超过 10℃。

（5）直埋光纤复合低压电缆的上、下部应铺以不小于 100mm 厚的软土砂层，并加盖保护板，其覆盖宽度应超过电缆两侧各 50mm，保护板可采用混凝土盖板或砖块。软土或砂子中不应有石块或其他硬质杂物。

（6）直埋光纤复合低压电缆在直线段每隔 50~100m 处、光纤复合低压电缆接头处、转弯处、进入建筑物等处，应设置明显的方位标志或标桩。

（7）直埋光纤复合低压电缆填土前应对光纤复合低压电缆进行检测，以判定光纤复合低压电缆敷设对电气以及光纤性能无有害影响，如果不合格则需要调换光纤复合低压电缆。

（8）直埋光纤复合低压电缆回填土前，应经隐蔽工程验收合格，并分层夯实。

5.1.4.2　导管内的敷设

（1）光纤复合低压电缆穿管口应具备一定的喇叭口，以保护电缆。

（2）管道内部应无积水，且无杂物堵塞。穿光纤复合低压电缆时，不得损伤护层，可采用无腐蚀性的润滑剂（粉）。

（3）牵引应采用光纤复合低压电缆网套或牵引头连接，必须在连接处加装一个防捻器，以防止扭伤电缆。

（4）电缆排管在敷设光纤复合低压电缆前，应进行疏通，清除杂物。

（5）在下列地点，光纤复合低压电缆应有一定机械强度的保护管或加装保护罩：

1）光纤复合低压电缆进入建筑物、隧道，穿过楼板及墙壁处。

2）从沟道引至电杆、设备、墙外表面或屋内行人容易接近处，距地面高度2m 以下的一段。

3）有载重设备移经光纤复合低压电缆敷设路面的区段。

4）其他可能受到机械损伤的地方。

（6）穿入管中光纤复合低压电缆的数量应符合设计要求。

（7）光纤复合低压电缆穿出管口应预留足够的长度，以用于光纤复合低压电缆中绝缘线芯以及光纤的接续。

5.1.4.3　构筑物中的敷设

（1）并列敷设的光纤复合低压电缆，其相互间的净距应符合设计要求。

（2）铝芯光纤复合低压电缆的敷设应符合设计要求。

（3）光纤复合低压电缆的排列，应符合下列要求：

1）光纤复合低压电缆和控制电缆不宜配置在同一层支架上。

2）光纤复合低压电缆与弱电控制电缆应按顺序分层配置，一般情况宜由上而下配置。

（4）光纤复合低压电缆在普通支吊架上不宜超过一层；桥架上不宜超过两层。

（5）光纤复合低压电缆与热力管道、热力设备之间的净距，平行时应不小于 1m，交叉时应不小于 0.5m；当受条件限制时，应采取隔热保护措施。光纤复合低压电缆不宜平行敷设于热力设备和热力管道的上部。

（6）明敷在室内及电缆沟、隧道、竖井内带有麻护层的光纤复合低压电缆，应剥除麻护层，并对其铠装加以防腐。

（7）光纤复合低压电缆敷设完毕后，应及时清除杂物，盖好盖板。必要时，应将盖板缝隙密封。

（8）光纤复合低压电缆敷设经过建筑物的伸缩缝时，应有保护装置。

（9）穿管光纤复合低压电缆的总截面应不超过管内的总截面的 40%。

5.1.4.4　光纤复合低压电缆光-电分离

光纤复合低压电缆光-电分离应符合下列要求：

（1）应保证光单元弯曲半径符合要求，光单元应根据施工实际需要预留，并与带电部分保持适当距离。

（2）光-电分离前后不应对光单元施加超过 40N 的拉力，以免损坏光纤。

（3）光-电分离处，分离出的电缆线芯和光缆应做好相应的绝缘保护和固定。

（4）光-电分离处，当分离出来的光缆无法马上做成端（或熔接）时应采取密封防潮、机械保护等措施。

（5）OPLC 的强电接头应采取加强绝缘、密封防潮、机械保护等措施。

（6）OPLC 的强电接头应遵循低压电缆的安装工艺施工。

（7）OPLC 线芯连接时，压接模具与金具应配合恰当；压缩比应符合压缩工艺的要求。压接后应将端子或连接管上的凸痕修理光滑，不应残留毛刺。

5.1.5　光纤复合低压电缆终端及附件安装

（1）制作光纤复合低压电缆终端接头，从剥切光纤复合低压电缆开始应连续操作直至完成，缩短绝缘暴露时间。剥切光纤复合低压电缆时不应损伤线芯和保留的绝缘层。

（2）光纤复合低压电缆终端接头应采取加强绝缘、密封防潮、机械保护等措施。

（3）跨接线的截面不应小于电缆终端接地线截面的规定。直埋电缆接头的金属外壳应做防腐处理。小截面电缆的绝缘端头可采用热塑套型，也可采用塑料带、自粘带包扎，但需要绝缘可靠。

（4）制作光纤复合低压电缆终端和接头前，应熟悉安装工艺资料，做好检查，并符合下列要求：

1）电缆绝缘状况良好，无受潮，塑料电缆内不得进水，光纤衰减连续、均匀。

2）附件规格应与电缆一致，零部件应齐全无损伤，绝缘材料不得受潮，光纤熔接材料、密封材料应符合相应规范要求。

3）施工用机具齐全，便于操作，状况清洁，消耗材料齐备，清洁塑料绝缘表面和光缆单元的溶剂宜遵循工艺导则准备。

4）必要时应进行试装配。

（5）光纤复合低压电缆的强电终端应遵循低压电缆的安装工艺施工，光纤部分应遵循光缆终端的安装工艺施工。

5.1.6　入户光缆敷设

5.1.6.1　入户光缆敷设要求

（1）入户光缆不宜与电力电缆交越，若无法满足时，必须采取相应的保护措施。

（2）入户光缆布放应顺直，无明显扭绞和交叉，不应受到外力的挤压和操作损伤。

（3）入户光缆转弯处应均匀圆滑，其曲度半径应大于 30mm。

（4）入户光缆室内走线应尽量安装在暗管、桥架或线槽内。

（5）入户光缆敷设应严格做到防火、防鼠、防挤压要求。

（6）楼道内垂直部分入户光缆的布放应每隔 1.5m 以内进行捆绑固定，以防下坠力对纤芯带来的伤害。

（7）入户光缆在管孔、转弯以及熔接、成端等处的预留应符合设计要求。

5.1.6.2　光纤跳线敷设要求

（1）光纤跳线两端的余留长度应统一并且符合工艺要求。

（2）光纤跳线布放时，应尽量减少转弯，在走线架上敷设应加套管或者线槽保护。无套管保护部分宜用活扣扎带绑扎，扎带不宜过紧。光纤跳线应保持自然顺直，无扭绞现象，并绑扎至横铁上。尾纤在 ODF 和设备侧的预留应分别不超过 500mm。

（3）光纤跳线布放时不得受压，不得把光纤折成直角；需拐弯时，应弯成圆弧，圆弧直径不得小于 60mm，光纤应理顺绑扎。

（4）光纤跳线与设备及 ODF 架的连接应紧密，并且应有统一、清楚的标识。

5.1.6.3　光缆、光纤连接要求

（1）光缆、光纤的连接，可以采用活动连接和固定连接两种方式。活动连接即通过活动连接器，完成光纤与光纤的连接。固定连接可以采用熔接和冷接两种技术。熔接即通过光纤熔接机完成光纤、光缆的接续；冷接则是通过冷接子完成光缆的机械接续。光纤的连接方式应符合设计要求。

（2）当采用熔接方式时，单芯光纤双向熔接点衰减平均值应不大于 0.08dB/（芯·点）；当采用冷接方式时，单芯光纤双向连接点衰减平均值应不大于 0.15dB/（芯·点）。

（3）光纤接续时应有防尘、防风、防潮等措施，雨天、大风、沙尘或空气湿度过大时不宜进行接续作业。

（4）经热可缩保护管加强的光纤应按序放置在终端盒内的光纤收容盘中，保护管应固定。盘纤时，要满足光纤最小弯曲半径，防止光纤出现死弯或扭曲。光纤回盘完成后应对接续损耗进行复测，发现不正常变化应查明原因及时处理。

5.1.6.4　其他线缆接续要求

（1）对填充型光缆，接续时应采用专用清洁剂去除填充物，严禁用汽油清洁。

（2）光缆加强芯在接头盒内应固定牢固，金属构件在接头处应为电气断开状态。

（3）光缆加强芯的连接应根据设计要求和接头盒的结构夹紧、夹牢。

（4）光纤及尾纤在接头盒内应有足够的盘绕半径，且稳固、不松动。

（5）其他线缆接续要求应符合 GB 50847《住宅区和住宅建筑内光纤到户通信设施工程施工及验收规范》的规定。

5.1.6.5 线缆成端要求

（1）蝶形引入光缆进入用户家居配线箱，采用冷接子机械接续终端时，在接续完毕后，多余的尾纤和蝶形引入光缆应严格按照用户信息箱规定的走向布放，要求排列整齐，不缠绕。

（2）普通光缆应在 ODF 或单设的光缆终端盒内作终端，并在 ODF 内绑扎固定；光缆内的金属构件应与 ODF 保护接地装置接触良好，接地装置至机房防雷接地排的接地线的规格、型号应符合设计要求；接地线布放时应尽量短、直，多余的线缆应截断，严禁盘缠。

（3）光缆成端应按纤序规定与尾纤熔接，预留在 ODF 盘纤盒中的光纤及尾纤应有足够的盘绕半径，并稳固、不松动。

（4）光纤成端后，纤号应有明显的标志。

（5）尾纤在机架内的盘绕应大于规定的曲率半径要求。

（6）暂时不插入光配线架的连接器应盖上防尘帽。

（7）OPLC 的强电终端应遵循低压电缆的安装工艺施工。

（8）其他线缆成端要求应符合 GB 50847《住宅区和住宅建筑内光纤到户通信设施工程施工及验收规范》的规定。

5.1.7 标识牌装设规范

（1）变电站内应在 OPLC 终端头、OPLC 接头处装设标志牌。

（2）配电网 OPLC 线路应在下列部位装设标志牌：

1）OPLC 终端处。

2）缆管两端，入孔及工作井处。

3）缆隧道内转弯处、OPLC 分支处、直线段每隔 50～100m。

（3）标志牌上应注明线路编号。当无编号时，应写明 OPLC 型号、规格及起讫地点；并联使用的 OPLC 应有顺序号。标志牌的字迹应清晰、不易脱落。

（4）标志牌规格宜统一，标志牌应能防腐，挂装应牢固。

5.2 施 工 流 程

5.2.1 总体施工流程

电力光纤到户组网逻辑图如图 5-1 所示，总体施工流程可以按照拓扑分为五方面的工作：①开闭站至变电站的电缆施工；②通信机房至变电站的通信光缆施工；③变电站-环控柜-电表箱-分户箱之间的低压复合光缆敷设；④低压馈线柜、环控柜、电表箱、分户箱、多媒体箱箱体安装；⑤分光器、ONU、OLT、交换机等设备的上架安装。

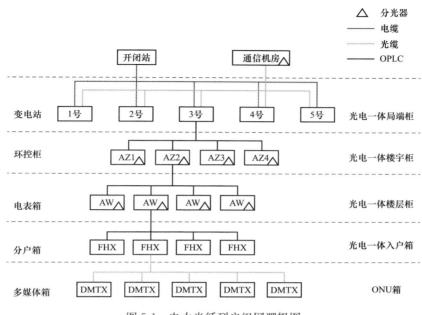

图 5-1　电力光纤到户组网逻辑图

5.2.2　电缆敷设流程

电缆敷设流程如图 5-2 所示。

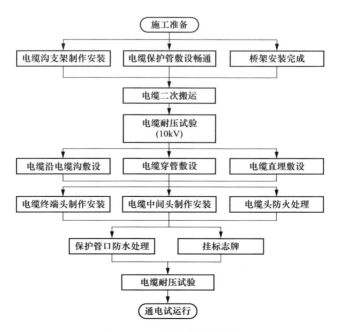

图 5-2　电缆敷设流程图

5.2.3 通信光缆敷设流程

光缆敷设流程如图 5-3 所示。

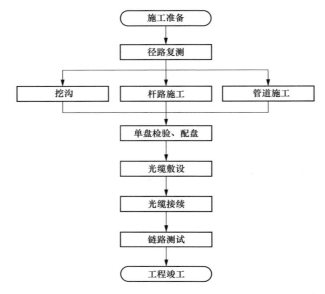

图 5-3 光缆敷设流程图

5.2.4 箱体安装流程

箱体安装流程如图 5-4 所示。

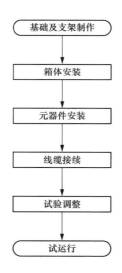

图 5-4 箱体安装流程图

5.2.5　设备安装流程

设备安装流程如图 5-5 所示。

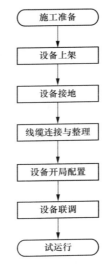

图 5-5　设备安装流程图

5.3　施　工　准　备

5.3.1　一般检查

（1）产品的技术文件应齐全，无产品合格证、出厂检验证明材料、质量文件或与设计要求不符的器材不应在工程中使用。

（2）工程所用器材的程式、规格、数量、质量应符合设计及订货合同要求。

（3）器材外包装应完整，并应无破损、无凹陷、无受潮等现象。

（4）如相关设备不立即安装，储存应符合 GB 50168《电气装置安装工程电缆线路施工及验收规范》的规定。

5.3.2　线缆敷设前准备

线缆标记牌的制作，放电缆时应给线缆做标记，防止线缆敷设过程中出现混乱错放现象。标记牌上应注明回路编号、电缆编号、规格、型号及电压等级、接线端子等相关信息。

施工前应对线缆进行详细检查，规格、型号、截面、电压等级均须符合要求，外观无扭曲、无坏损等现象，并进行绝缘测试。电力光纤到户工程主要采用 1kV 以下电缆，用 1kV 绝缘电阻表测量线间及对地的绝缘电阻不低于 $10M\Omega$。

测量完毕，应将芯线对地放电。

制作线缆支架。对于一些大的电缆盘需采用特殊的钢管作为横杠，其厚度一般在 8mm 以上。因为大型电缆盘本身就比较重，再加上在支架上滚动，横杆所承受的重量就更加沉重。电缆架设时，应注意电缆轴的转动方向，电缆引出端应在电缆轴的上方。

线缆敷设机具的配备。采用机械牵引敷设电缆时，应将机械牵引装置安装在适当位置，并将钢丝绳和滑轮安装好。人力放电缆时，应将滚轮提前安装好。

临时联络指挥系统的设置。线路较短或室外的线缆敷设，可用无线电对讲机联络，手持扩音喇叭指挥。高层建筑内电缆敷设，可用无线电对讲机作为定向联络，简易电话作为全线联络，手持扩音喇叭指挥。

人员安排，建议采用倒金字塔式人员配置，即从电缆敷设处往后人员安排密度逐步减小，因为离电缆敷设点越近劳动强度越大且劳动连续性强，离敷设点越远劳动强度越小且劳动连续性差，这样可以使人员更好地发挥作用；在拐弯处应适当地多安排人员，防止电缆交叉，使电缆一层一层排放整体平整；在不同工作日进行不同位置人员的调换，使劳动力得到均衡使用，也可以按劳动能力的大小进行人员安排，将劳动能力强、工作热情高的人员安排在重要岗位。

做好技术交底和安全教育，宣贯线缆施工方案，明确每个线路回路的敷设方向，掌握每个线缆回路的敷设方向，线缆施工方案已进行质量技术交底。

敷设线缆前应确定敷设路线，确保敷设路径完全畅通，如有必要，应到现场实际确认，因为对线缆安装的相关配套设施（如桥架安装等）可能不是由单独一家施工单位进行施工，施工中可能存在漏项和尾项，线缆敷设前必须做好确认。

5.3.3　设备安装环境检验

在安装工程开始以前，需根据现场环境的设计施工图，对通信设备环境条件进行检查。

（1）设备安装的位置、面积、高度、承重等应符合设计要求。

（2）安装环境的温度、湿度、防火、大气压力等应符合设计要求，并应采取防尘措施。

（3）照明度应满足设备正常运行和维护的要求。

（4）施工现场应配备有效的消防器材。

（5）配置独立空气开关的电源应有明显标志。

（6）严禁存放易燃、易爆等危险物品。

（7）现场所提供的电源应符合设计要求。

（8）配电间和电信间引入管道的空置管道、穿墙及楼板孔洞处，应采取封堵措施，线缆入口处应采取防渗水、防雨水倒灌措施。

5.3.4 器材检验

工程施工前应进行器材检验，并记录器材检验的结果。

地下电力管道和人（手）孔所使用器材的检查，应符合 DL/T 5190.5《电力建设施工技术规范　第 5 部分：管道及系统》的规定。

通信线缆、光纤连接器等器材的检查，应符合 GB/T 50847《住宅区和住宅建筑内光纤到户通信设施工程施工及验收规范》的规定。

配线设备、光缆交接箱等设施的检查，应符合 YD 5121《通信线路工程验收规范》的规定。

工程中所使用的其他型材、管材与金属件的检查，应符合 GB/T 50312《综合布线系统工程验收规范》的规定。

组织预制构件、非标准件加工，设备零部件配置，新产品的试制和鉴定。

5.3.5 施工现场环境准备

（1）进行建设区域工程测量、放线定位、设置坐标网。

（2）清除现场障碍和平整场地。

（3）接通施工用水用电、交通道路和排水渠道。

（4）建设生产和生活临时建筑。

（5）组织材料、设备、机具进场，进行安装、检验和试运等。

5.3.6 技术准备

（1）技术文件、图纸资料检查、熟悉施工图纸。

1）了解地下管线情况，做好维护工作。

2）开工前认真做好各分项工程的技术交底工作。

3）认真编制好临时工程设计、临时材料供应计划和外委构件加工计划。

4）做好施工初期实验配合比和整个施工过程中的试化验工作。

5）检测计量设备，提前做好仪器检测鉴定，经有关部门鉴定检测后方可使用。

（2）项目部施工员熟悉施工图纸、安装技术文件，编制施工相对应的专项作业方案、作业指导书、技术交底、安全交底、计划交底、施工工艺卡。

（3）督促业主组织监理、生产厂家代表及施工单位做好设计交底和图纸会审。

5.3.7 劳动力资源准备

（1）集结施工力量，调整、健全和充实施工组织结构。

（2）进行特殊工种和缺门工种的培训。

（3）对职工进行计划、技术、安全的交底。

（4）施工班组做好作业条件的施工准备。

5.3.8 施工机具准备

（1）电动机具、敷设电缆用支架及轴、电缆滚轮、转向导轮、吊链、滑轮、钢丝绳、大麻绳、千斤顶、绝缘电阻表、皮尺、钢锯、手锤、扳手、电气焊工具、电工工具。

（2）无线电对讲机（或简易电话）、手持扩音喇叭（或多功能扩大机）等现场调度指挥工具。

5.3.9 制订进度计划、质量目标和成本控制计划

编制各个阶段的进度计划。为了确保总工期目标，必须实行分段控制，根据总进度计划制订月计划、旬计划（周计划），用旬计划保月计划，用月计划保总计划，制订计划时一定要留有余地。实施动态控制，在项目实施过程中，要依据变化后的情况，在不影响总进度计划的前提下，对进度计划及时进行修正、调整。

明确工程质量目标，制订相应的质量验收标准，严把材料质量关，确保工程主体质量结构。

组织编制施工预算，确定项目的计划目标成本，并应将目标成本按工程部位和成本项目进行分解，编制目标成本控制措施表，将各分部分项工程成本控制目标和要求、各成本要素的控制目标和要求，落实到成本控制的责任者，并应对确定的成本控制措施、方法和时间进行检查和改善。

5.4 施 工 步 骤

5.4.1 电力桥架安装

（1）核校桥架部件图、吊架布置图、吊件组装图和桥架组装图。核校的项目及要求主要有：图纸中尺寸、标高、层数等是否正确；施工图与机务管道布置图间的配合尺寸，图中所示的桥架及管道在现场实际布置是否会相碰，间距能否满足要求；实测设计图，标清楚部件实际尺寸，画出结合现场实际的施工图，并经设计单位或主管工程师审批后执行。

（2）备好安装桥架的所需的材料和工、机具。

（3）技术人员根据图纸，生产厂家技术资料以及施工验收规范、验评标准等，编制施工作业指导书，进行技术交底，使施工人员明确施工程序，方法和质量标准。

（4）桥架安装。桥架安装按以下步骤进行：

1）定位及支吊架的安装。定位时，先确定始、末、转角诸点的位置，再弹粉线确定中间各点。安装时．先装两端及转角处，并找正、调整好标高。然后在已装支架间拉两条水平线，以便安装和校正中间备点。两条水平线要与钢梁或楼板平行。支吊架可用焊接方法固定在钢梁或预埋在混凝土里的铁件上，亦可用螺栓固定在预埋铁件上。焊接时先点焊，待整排找正后再满焊。

2）主桥架及附件安装。主桥架安装，一般先装三通、转弯和斜坡处的桥架，再以这部分为基准向两侧扩展。每两块桥架之间用连接片、螺栓连接。由于连接片型号不同，使用时按设计要求选用，并且要求连接螺栓的螺母在外侧，弹簧垫片和平垫片应齐全。在施工中，因实际情况变化，桥架需要加长或截短时，切割或焊接处应进行防腐处理。

3）调整。安装就位后，对桥架的高度、各层水平度及线性度进行调整，符合要求后，才能固定。

4）接地。将桥架的每一段梯架可靠地连接在一起后接到接地干线上。

（5）电缆支架和桥架的检验。

电缆支架和桥架安装调整后，需经检查验收才可转入下一道工序。

5.4.2　线缆敷设

1. 核对图纸

电缆敷设前应认真细致地结合电缆清册及施工图路径，核对应敷设的电缆型号、规格数量、长度等是否准确。

2. 编制施工措施

安排施工进度、人员组织和确定电缆敷设程序。

3. 施工现场准备

（1）复查电缆的敷设路径是否畅通，照明是否充足，支架、桥架有无漏装或错装，电缆保护管口是否打磨光滑无毛刺，管内有无异物。

（2）核对电缆型号、电压等级、规格、长度等是否符合设计要求。检查电缆外观是否完好无损，对有怀疑的电缆需经电气试验，合格后方能敷设。

（3）工器具的准备和布置。除常用工具外，如果采用机械牵引，还应有以下设备：各种滚轮、牵引钢丝网套、防扭牵引头、牵引机械、电缆牵引机、电缆卡子、绑扎带、标志牌、滑石粉等材料。

4. 敷设电缆

（1）工作流程：①准备工作；②沿支架、桥架敷设；③挂标示牌；④电缆头制作安装；⑤线路检查及绝缘摇测。

（2）人员到位后由班长发令开始，在所放电缆起端1m处贴上标签，内容如表5-3所示。

表 5-3   电缆标签示意表

电缆编号	
电缆型号	
电缆起端	
电缆终端	

（3）电缆埋管至接线盒间采用软管，其两端采用管接头固定。

（4）敷设电缆时应留出一定余量，以便检修及补偿温度变化产生的长度变化。

（5）电缆敷设完毕后，应在电缆两端、竖井两端及电缆转弯处，挂上电缆标志牌，不同用途的电缆应用不同的标志牌区分。

（6）有麻护层的电缆引入室内或敷设在沟道内时，应将麻护层剥去，钢带外面涂一层防腐漆。

（7）电缆敷设时，电缆应从盘的上端引出，不应使电缆在支架上及地面摩擦拖位。电缆上不得有铠装压扁、电缆绞拧和护层折裂等未消除的机械损伤。

（8）机械敷设电缆时，应在牵引头或钢丝套与牵引钢缆之间装设防捻器。

（9）电缆敷设时，应排列整齐，不宜交叉。

（10）电缆的最小弯曲半径应符合表 5-4 的规定。

表 5-4   OPLC 最小弯曲半径

OPLC 缆型式	静态最小弯曲半径	动态最小弯曲半径
无铠装	$15D$	$20D$
有铠装	$15D$	$20D$

注 表中 D 为电缆外径。

（11）电缆进入电缆沟、隧道、竖井、建筑物、盘柜以及穿入子管时，出入口应封闭，管口应密封。

（12）沟道内电缆的排列，电力电缆与控制电缆不应配置在同一层支架上，高低压电力电缆，强电、弱电控制电缆应按顺序分层配置，一般情况宜由上而下配置。

（13）控制电缆在普通支架上，不宜超过 1 层，桥架上不宜超过 3 层；交流三芯电力电缆，在普通支吊架上不宜超过 1 层，桥架上不宜超过 2 层；交流单芯电力电缆，应布置在同侧支架上，当按紧贴的正三角形排列时，应每隔 1m 用绑带扎牢。

（14）电缆与热力管道、热力设备之间的净距，平行时不应小于 1m，交叉时不应小于 0.5m。当条件限制时，应采用隔热保护措施。

5. 电缆应在下列位置用夹具加以固定：

（1）引入配电盘、控制屏的电缆，应在屏（盘）下适当地方加以固定，以免屏上端子承受较大的拉力而使设备端子和电缆接线的连接容易松动。

（2）水平敷设时，在电缆首末端、接头两端以及转弯处作固定。

（3）垂直敷设时，每隔 2m 作固定。

（4）明敷电缆在直线段中一般每隔 10m 左右装设定位夹具。

（5）不得用铁丝直接捆扎电缆，宜采用尼龙扎带。

6. 挂标示牌

（1）标示牌规格一致，挂装应牢固。

（2）标示牌应注明电缆编号、规格、型号及电压等级。

（3）在电缆两端、拐弯处和交叉处应挂标示牌。

7. 电缆头制作安装、测量电缆绝缘

（1）选用 1kV 绝缘电阻表对电缆进行测量，绝缘电阻应 ≥10MΩ。

（2）电缆测量完毕后，应将芯线分别对地放电。

（3）剥去电缆统包绝缘层，根据不同的相位，使用黄、绿、红、淡蓝四色塑料带分别包缠电缆各芯线。

（4）塑料电缆宜采用自黏带、黏胶带、胶黏剂（热熔胶）等方式密封，塑料护套表面应打毛，黏接表面应用溶剂除去油污，黏接应良好。

（5）电缆终端上应有明显的相色标志，且应与系统的相位一致。

（6）钢鼻子压接时应对表面的氧化物进行处理，安装时要注意安全距离。

8. 二次线部分接线

（1）二次线部分接线：首先挂好电缆牌，对多芯电缆按图纸进行校线，然后套上线号，方法是：被校线两端各有一名施工人员，调试好对讲频率，音量合适，约定其一根线芯为校线用的公共线，分别对剩余线进行校核并套上线号。

（2）在进行二次线接线时，要认真核对号码，不能搞错，以免损坏设备。

（3）接线时应留足余量，以备检修时用。

（4）拧紧端子排螺丝后要用手拉一下线，确认已连接可靠。

（5）接完一面盘柜后要对电缆进行整理绑扎，做到整齐美观。

（6）套上电缆终端头套，采用喷灯均匀加热至头套紧缩为止，注意温度不要过热，以免损伤电缆。

9. 压电缆芯线接线端子

（1）从芯线端头量出的长度为线鼻子的深度，另加 5mm，剥去电缆芯线绝缘，并在芯线上涂上导电膏。

（2）将芯线插入接线端子内，用压线钳压紧接线端子，压接应在两道以上，后进行涮锡处理。

（3）根据不同的相位，使用黄、绿、红、淡蓝四色塑料带分别包缠电缆各芯线至接线鼻子的压线部位，其中 PE 线采用黄、绿双色包缠。

（4）将做好终端头的电缆固定在预先做好的电缆头支架上，并将芯线分开。

（5）根据接线端子的型号选用螺栓，将电缆接线端子压接设备上，注意使螺栓由上向下或从内向外穿，平垫和弹垫应齐全。

10. 线路检查及绝缘摇测

（1）敷设、包、压接电缆全部完成后进行自检、互检，不符合施工验收规范及质量验评标准的应立即纠正，通过后方可进行绝缘摇测。

（2）导线绝缘测量选用 1kV 绝缘电阻表。绝缘电阻应不小于 10MΩ。

5.4.3 低压配电柜安装

5.4.3.1 基础制作安装

基础型钢安装完毕后还应与接地网做可靠明显的连接，基础型钢顶部宜高出抹平地面 10mm；基础型钢接地方法是在型钢两端各焊一段扁钢与接地网相连，型钢露出地面部分应涂一层防锈漆。

5.4.3.2 接地装置制作安装

（1）接地网的制作安装应严格按照 GB 50169《电气装置安装工程接地装置施工及验收规范》进行。

（2）接地体埋设深度应符合设计规定。当无规定时，不应小于 0.6m。角钢、钢管、铜管等接地体应垂直敷设。除接地体外，接地体引出线的垂直部分和接地装置连接部位外侧 10cm 范围内应做防腐处理，并且要除去锈和焊药残留体。在接地线可能遭受机械损伤的地方，应用钢管或角铁加以保护。

（3）接地线通过建筑物的伸缩缝时，如采用焊接固定，应将地线通过伸缩缝的一段做成弧形。

（4）接地体之间应确保焊接牢固，接地线之间或接地线与电气装置之间在搭焊时，除应在其接触两侧进行焊接外，还应在钢管（或角钢）处焊上由钢带弯成的弧形（或直角形）。钢带距钢管（或角钢）顶部应有 100mm 的距离。

（5）搭接焊的长度应符合规定：扁钢与扁钢的搭接为扁钢宽度的 2 倍，不少于三面施焊；圆钢与圆钢的搭接为圆钢直径的 6 倍，双面施焊；圆钢与扁钢的搭接为圆钢直径的 6 倍，双面施焊；扁钢与钢管，扁钢与角钢焊接，紧贴角钢外侧两面，或紧贴钢管外表面，上下两侧施焊。

（6）接地装置施工完毕，应进行接地电阻测试，阻值大小要满足设计要求。

5.4.3.3 设备安装

（1）低压柜安装：低压柜安装施工时应严格按照 GB 50147《电气装置安装工程高压电器施工及验收规范》、GB 50149《电气装置安装工程母线装置施工及验收规范》、GB 50171《电气装置安装工程盘柜及一次回路结线施工及验收规范》的规定进行。

（2）工艺流程：设备开箱检查→设备搬运→柜体安装→试验调整→验收送电运行。

（3）安装时先按照施工图纸的布置，按顺序将柜放在基础型钢上，单个柜应校正柜面和侧面的垂直度；成列柜各柜就位后，先找正两端的柜，在柜下方离地面$\frac{2}{3}$高的位置绷上小线，逐台找正，找正时采用 0.5mm 铁片进行调整，每处垫片最多不能超过 3 片；然后按柜的固定螺栓孔尺寸，在基础型钢架上用手电钻钻孔，无特殊要求时，低压柜钻 $\phi12.2$mm 孔，高压柜钻 $\phi16.2$mm 孔，分别用 M12、M16 镀锌螺丝弹簧垫圈固定。

（4）柜体的垂直及水平度应符合施工规范的要求，柜体与侧板均应采用镀锌螺丝连接固定，并有可靠的接地；每台柜从后面左下部的基础型钢侧面焊上铜端子，用不小于 6mm² 铜线与柜上的接地端子连接牢固。

（5）柜顶母线应严格按照规范的要求配制，铜母线的连接应采用机械连接，搭焊处应烫锡，母线间距应均匀一致，最大允许误差不得大于 5mm，母线调直应采用木质工具。切断母线时，严禁用电、气焊切割，应将所有接口涂上导电胶。

（6）按原理图逐件检查柜上电器是否与图相符，其额定电压和控制操作电源电压必须一致。

（7）安装完毕后应进行试验和调整，试验标准应符合国家规范和供电部门的规定及产品技术资料要求，然后进行模拟试验，做好送电前的准备工作。

（8）低压柜吊装。

1）根据低压柜基础设计图对低压柜基进行验收，经验收合格并达到安装条件后确定低压柜进场时间，设备到场后要进行外观及开箱检查。

2）低压柜吊装前要确定好施工方案和备用方案，人力、物力要组织充分，责任分工到每个人头。

3）吊装应注意事项：设备的运输由起重作业工、电工配合。根据设备的重量、距离长短可采用汽车、吊车配合运输，人力推车运输或卷扬机滚杠运输。设备运输、吊装前应注意事先计划好设备运输的通道，并清理道路，保证畅通。设备吊运时应在恰当的吊点处吊设备，吊索应穿在吊环内，无吊环的应挂在四角主要承力结构处，不得将吊索吊在设备部件上。吊索的绳长应一致，以防柜体变形或损坏。

4）低压柜就位后将低压柜与基础槽钢焊死，焊接长度要符合规范要求。

5）施工完毕在通电前按规定进行电气设备交接试验，合格方可投入运行。

5.4.4 分户箱的安装

5.4.4.1 分户箱安装

分户箱安装应保证位置正确，部件齐全，箱体开孔合适，切口整齐，钢管进入箱体内有锁紧螺母，PVC管进入箱内有杯梳，暗式配电箱箱盖紧贴墙面，零线经汇流排（零线端子）连接，无铰接现象；有PE排，PE排安装明显牢固，油漆完整，盘内外清洁，箱盖、开关灵活，回路编号齐全，接线整齐，二次接线准确，每个端子螺丝口接线"一孔一线"。

5.4.4.2 接线安装

（1）电缆应用专用国标接线端子接线，要压接紧固。

（2）电线的接线要顺着拧紧的方向弯圈，严禁接成反圈。

（3）接地线要全，严禁漏接，特别是箱体要接地，不允许串接，箱柜的基础支架也要可靠地接地。

（4）进出线排列整齐，固定牢固。

（5）接线前要对各进出线回路进行绝缘电阻测试，均应大于 0.5 MΩ，电缆大于 10MΩ。

（6）各回路要编号，电缆头处要挂电缆标志牌；电线处要编号，特别是分户配电箱和电表箱的各分路均要用标签纸或碳素笔标明回路编号、回路名称，各配电箱的出线开关也要注明其所控制的设备名称。

5.4.4.3 试验调整

（1）安装完毕后应对所有电箱进行详细检查：接线是否正确、特别是检查控制线的接线是否准确、接线是否紧密、各元器件是否完好无损、线路走向是否合理、标注是否正确、色标是否准确、接地是否良好齐全、箱内是否干净、各元器件间是否还有金属等残留物。

（2）绝缘测量，对各进出线路在送电前进行绝缘测量，电线要大于 0.5MΩ，电缆要求大于 10MΩ。对箱内电器仪表严禁测量绝缘，以免损坏电器仪表，并要做好绝缘测试记录，提交甲方、监理签字验收。

5.4.4.4 送电试运行

经过详细的检查及试验准确无误后，按试运行程序逐一送电至用电设备，如实记录情况，发现问题及时解决，经试运行无误后办理竣工验收并填写，送配电调试记录提交甲方、监理签字验收。

5.4.5 设备上架安装

5.4.5.1 一般性要求

设备开箱应由生产厂家、施工单位、建设单位共同进行，做详细记录并符合下列要求：

（1）设备无损伤。

（2）设备附件及技术资料齐全。

（3）安装位置应符合施工图的设计要求。

（4）所有紧固件必须拧紧，同一类螺丝露出螺帽的长度宜一致。

（5）尾纤、电源线布放应有序，层次分明，合理使用有效空间。

（6）对于较粗线缆绑扎成矩形；对于较细线缆可以绑扎成圆形。

（7）对于槽道内的线缆为节省空间可以不用绑扎，但一定要按横平竖直的原则布放，从而保障设备安装和其他线缆布放安装顺利，并方便操作工具或人手的进出和操作。

（8）电缆布放必须考虑维护操作的方便性。线缆布放余量不足、布放紊乱等都直接影响设备线缆的维护。如果不留有合适余量，线缆插头损伤、断裂时将影响维修进度与难度。如果不留有合适空间，维护时将难以触及维护点或操作过程中容易造成对其他设备线缆的损伤。线缆布放有序、节约空间、合适的余量是线缆维护的基本保障。

（9）光纤具有传输信息量大但又极易损坏的特点，因此需要对光纤进行重点保护。光纤的保护主要在防压、防拉、防小半径弯曲以及防割等方面。光纤布放应采用单独的路由空间或将光纤布放在最外层（或无压力层），同时设备外布放应加波纹管或缠绕管。光纤布放必须有余量（可保证光纤在稍微拉动时不会拉伤），光纤拐弯时半径应大于 4cm（半径小于 4cm 时光衰太大会影响光信号传送质量）。光纤与其他物品接触时应设有防割保护，在套管切口处应做防割处理。光纤绑扎时力度应适中，光纤可在扎扣或缠绕布中滑动。

5.4.5.2 箱体内线缆弯曲半径要求

线缆布放需要多处弯曲，线缆拐弯时应保障一定的弯曲弧度。各种线缆弯曲半径较小时对线缆内传输的信号会造成衰减，从而影响通信质量，同时弯曲半径过小也容易导致线缆被拉伤、压伤，造成事故。所以通信工程中所有线缆拐弯时不得直角弯折，应做适当的弯曲。特别对于寒冷地区的电源线、馈线等较粗线缆，在布放时一定要留有较大的弯曲半径，因为这些线缆在温度较低时易脆，容易断裂，而且过小的半径会增加阻抗或信号传输损耗。

5.4.5.3 箱体内线缆标签规范

标签是线缆的身份标识，是提高设备维护效率的重要保障。规范的标签内容应书写正确、字体清晰、容易辨认。标签应粘贴在容易查阅的地方或规定要求的地方，标签内容应朝向查阅人。大量标签粘贴时应整齐美观、标签应尽可能保持在同一条水平线上。不规范的标签可能会导致无法及时定位和排除故障，从而引起较大的经济损失。

5.4.5.4 箱体内接头紧固

线缆是传输信号的载体。设备与线缆、线缆与线缆之间通过接头连通。接头的紧固是保障线路通畅的基本要素。接触不良或不牢固都会引起通信断路、瞬断从而导致通信故障和经济损失。通信工程中要求对所有线缆进行线路导通测试和线缆接头紧固检查。

5.4.6 光纤熔接、测试

（1）光纤的熔接应由专业人员操作。

（2）光纤的连接可以采用两种方式：活动连接和固定连接。活动连接即通过活动连接器，完成光纤与光纤的连接。固定连接可以采用熔接和冷接进行连接。熔接即通过光纤熔接机完成光纤的接续；冷接则是通过冷接子完成光纤的机械接续。光纤的连接方式应符合设计文件的要求。

（3）在剥光缆时，应将光缆两端捋直，并检查其长度，截去受牵引损伤的光纤，保留接续操作的长度。

（4）光纤的熔接应符合下列要求：

1）剥离光纤的外层套管时不得损伤光纤。

2）光纤熔接宜按标准纤芯色谱顺序进行。

3）光纤熔接后应以熔接处外观和接续损耗值共同评价，不合格者应重接。

4）光纤熔接点应使用热可缩保护管等加强元件进行保护，每个熔接点用一支保护管。

5）光纤接续作业时应有防尘、防风、防潮等措施，雨天、大风、沙尘或空气湿度过大时不宜进行接续作业。

（5）光纤回盘。熔接好经热可缩保护管加强的光纤应按序放置在终端盒内的光纤收容盘中，保护管应固定。盘纤时，要满足光纤最小弯曲半径，防止光纤出现死弯或扭曲。光纤回盘完成后应对接续损耗进行复测，发现不正常变化应查明原因及时处理。

（6）应按要求装配终端盒，如有必要可再次复测接续损耗。

（7）接续测量。

1）用光时域反射仪在远端监测各接续点的接续损耗。当采用熔接方式时，单芯光纤双向熔接点衰减平均值应不大于0.08dB/（芯·点）或按设计要求；当采用冷接方式时，单芯光纤双向连接点衰减平均值应不大于0.15dB/（芯·点）或按设计要求。

2）应测量光纤衰减系数，观察光纤的后向散射信号曲线，并记录存储。

3）应测量出测量点至接续点的光程长度，该长度值宜在接续过程中测量，要求准确测量。

4) 对接续点的接续质量进行检测并记录。

5.4.7　通信链路整体测试

（1）通过线路的整体测试，可以验证通信设备对应的接口性能、指标及功能是否满足设计要求，能否满足运营的需要，并及时将暴露出来的问题与供应商、施工单位等相关单位进行协调处理。

（2）物理链路测试。

1) 依据测试方案，完成整个链路中间设备及分光器跳线连接。

2) 安排人员，在机房与终端通过光时域反射仪的测试线路的以下方面：①测试光纤的长度；②测试光纤的衰减系数；③测试光纤的接头损耗；④测试光纤的衰减均匀性；⑤测试光纤可能有的异常情况（如有台阶，曲线异常等）；⑥测试光纤的回波损耗；⑦测试光纤的背向散射。

（3）设备性能测试。参考实际运营的环境，搭建测试的环境，对设备的可靠性、线路的业务承载能力、VLAN功能和防DOS攻击性能等各方面进行测试。

（4）整理相关测试的文档，出具测试报告。

5.5　施　工　方　法

5.5.1　电缆敷设

5.5.1.1　水平敷设

敷设方法可用人力或机械牵引。电缆沿桥架或线槽敷设时，应单层敷设，排列整齐，不得有交叉。拐弯处应以最大截面电缆允许弯曲半径为准。严禁电缆绞拧、护层断裂和表面严重划伤。不同等级电压的电缆应分层敷设，截面积大的电缆放在下层，电缆跨越建筑物变形缝处，应留有伸缩余量。电缆转弯和分支应有序叠放，排列整齐。

5.5.1.2　垂直敷设

垂直敷设，有条件时最好自上而下敷设。土建拆吊车前，将电缆吊至楼层顶部。敷设时，同截面电缆应先敷设底层，后敷设高层，应特别注意在电缆轴附近和部分楼层应采取防滑措施。自下而上敷设时，低层、小截面电缆可用滑轮大绳人力牵引敷设。高层、大截面电缆宜用机械牵引敷设。沿桥架或线槽敷设时，每层至少加装两道卡固支架。敷设时，应放一根立即卡固一根。电缆穿过楼板时，应装套管，敷设完后应将套管与楼板之间缝隙用防火材料堵死。

5.5.2　光纤测试方法

5.5.2.1　不使用发射与接收光缆的验收测试

不使用发射与接收光缆的验收测试可以测试被测光缆，但是由于被测光缆的前、后端没有连接发射光缆，前、后的连接器不能被测试。在这种情况下，不能提供一个参考的后向散信号。因此，不能确定端点连接器点的损耗。

为了解决这一问题，在光时域反射仪的发射位置（前端）及被测光纤的接收位置（远端）上加上一段光缆。

5.5.2.2　使用发射与接收光缆的验收测试

使用发射与接收光缆的验收测试可以测试被测光缆的整条链路，以及所有的连接点。发射光缆的长度：多模测试通常在 300～500m；单模测试通常在 1000～2000m。非常重要的一点是发射与接收光缆应该与被测光缆相匹配（类型，芯径等）。

5.5.2.3　使用发射与接收光缆的环回测试

使用发射与接收光缆的环回测试可以测试被测光缆的整条链路，以及所有的连接点。

由于采用环回测量方法，技术人员仅需要一台光时域反射仪用于双向测量。在光纤的一端（近端）执行光时域反射仪数据读取。一次可以同时测试两根光缆，所有数据读取时间减半。

测试人员需要两人，一人在近端光时域反射仪位置，另一人位于光缆另一端，采用跳线或者发射光缆将测试的两根光缆链路进行连接。对光纤接续进行监测时由于增加了环回点，所以能在光时域反射仪上测出接续衰耗的双向值。这种方法的优点是能准确评估接头的好坏。

由于测试原理和光纤结构上的原因，用光时域反射仪单向检测会出现虚假增益的现象，相应地也会出现虚假大衰耗现象。对一个光纤接头来说，两个方向衰减值的数学平均数才能准确反映其真实的衰耗值。比如一个接头从 A 到 B 测衰耗为 0.16dB，从 B 到 A 测为 −0.12dB，实际上此头的衰耗为 [0.16＋(−0.12)]/2＝0.02dB。

5.6　施　工　交　付

5.6.1　一般性要求

工程验收参照 DL/T 5344《电力光纤通信工程验收规范》要求，工程交接验收时，应符合下列要求：

（1）光线路终端、光网络单元、光纤分配架、光分路器、线缆的型号、规格符合设计要求。

（2）设备、附件及线缆外观检查完好，绝缘器件无裂纹；安装方式符合设计及产品技术文件的要求。

（3）设备安装牢固、平正，符合设计及产品技术文件的要求。

（4）连接线排列整齐、美观。

（5）标志齐全完好、字迹清晰。

5.6.2　光纤复合低压电缆敷设验收交付

5.6.2.1　工程验收交付

在工程验收时，应按下列要求进行检查：

（1）OPLC 型号、规格应符合设计规定，排列整齐，无机械损伤，标志牌应装设齐全、正确、清晰。

（2）电缆的固定、弯曲半径、有关距离应符合相关行业标准的规定。

（3）电缆终端接头及光纤终端接头应固定牢靠；电缆接线端子与所接设备端子应连接良好；光纤衰减符合设计要求。

（4）电缆线路所有应接地的接点应与接地极连接良好，接地电阻值应符合设计要求。

（5）电缆终端接头绝缘良好。

（6）电缆沟内应无杂物、无积水、盖板齐全；隧道内应无杂物，照明、通风、排水等设施应符合设计要求。

（7）直埋电缆路径标志应与实际路径相符，标志清晰、牢固。

（8）阻燃及防火措施应符合设计，且施工质量合格。

（9）隐蔽工程应在施工过程中进行中间验收，并做好签证。

5.6.2.2　OPLC 光缆敷设验收资料交付

在 OPLC 线路工程验收时，应提交但不限于以下竣工技术资料：

（1）OPLC 线路路径的协议文件。

（2）设计变更的证明文件和竣工图资料。

（3）直埋缆线路的敷设位置图比例宜为 1∶500。地下管线密集的地段不应小于 1∶100，在管线稀少、地形简单的地段可为 1∶1000。平行敷设的 OPLC 线路宜合用一张图纸，图上必须标明各线路的相对位置，并有标明地下管线的剖面图。

（4）生产厂家提供的产品说明书、试验记录、合格证件及安装图纸等技术文件。

（5）OPLC 线路的原始记录包括：

1）到货验收记录。

2）OPLC 的型号、规格及其实际敷设总长度及分段长度，电缆终端接头安装日期。

3）OPLC 中光纤路由、长度、衰减记录。

（6）OPLC 线路的施工记录包括

1）隐蔽工程隐蔽前检查记录或签证。

2）OPLC 敷设记录。

3）质量检验及评定记录。

4）光纤接续及测试记录。

5）光纤分配架配线记录。

6）施工质量事故记录及处理记录。

（7）试验记录由相关人员填写完整并签字确认。

5.6.3 箱体安装交付

在箱体安装交付验收时，应对下列内容进行检查：

（1）基础型钢是否平直，油漆是否均匀，是否有锈蚀现象。

（2）箱体安装是否平直、垂直。首先要保证基础型钢的平直度，再用吊线和尺子找准柜体的垂直度，并调整到允许偏差范围。

（3）箱体内布线是否横平竖直，是否交叉重叠或不整齐。

（4）接线端子排的接线孔是否太小、太少。这要求在订货时要仔细根据线径大小和进出线的回路数来要求生产厂家制作符合实际的接线端子排。

（5）连接是否牢固紧密，是否不伤线芯，是否有平垫和弹簧垫圈。

（6）接地线连接是否紧密、牢固。

5.6.4 上电测试前检查

设备通电前，应对下列内容进行检查：

（1）各种电路板数量、规格及安装位置与施工文件相符。

（2）设备标志齐全正确。

（3）设备的各种选择开关应置于指定位置。

（4）设备的各级熔丝规格符合要求。

（5）各设备节点接地良好。

5.6.5 上电运行检查

在确认安装工艺符合要求后，可上电运行检查，应符合下列要求：

(1) 设备器件应无异常响声。

(2) 设备工作电源指示灯正常。

(3) 设备在供电电源电压范围内应能正常工作。

(4) 设备在环境温度、相对湿度范围内应能正常工作。

(5) 在设计规定允许的电磁场干扰条件下，设备应不出现故障和性能下降。

5.6.6 验收资料及文件

验收时，应提交下列资料和文件：

(1) 系统设计书及变更设计的证明文件。

(2) 生产厂家提供的产品说明书、合格证件。

(3) 安装技术记录及竣工图纸。

(4) 根据合同提供的备品、备件清单。

(5) 随工质量检查记录。

(6) 系统测试记录。

5.6.7 系统测试

系统测试项目包括设备测试、网管测试和 ODN 测试，施工时可根据实际情况进行选择性测试。

(1) 设备测试。设备测试项目包括 SNI 接口测试、PON 接口测试、UNI 接口测试、以太网功能测试、PON 功能测试、设备功能测试、以太网性能测试、串口业务测试（采集用 ONU）、CATV 性能测试（具备"三网融合"功能的 ONU）、电话功能测试（具备"三网融合"功能的 ONU）、业务支持能力测试和系统可靠性测试等。

(2) 网管测试。网管测试包括基本要求测试、配置管理测试、故障管理测试、性能管理测试和安全管理测试。

(3) ODN 测试。ODN 测试包括插入损耗测试、反射特性测试、插入损耗的均匀一致性测试和全程光衰耗测试。

5.7 本 章 小 结

电力光纤到户工程施工是否标准规范，直接影响工程质量和安全生产，也影响后续的日常运行维护工作。本章从电力光纤到户施工规范、施工流程、施工准备、施工步骤、施工方法和施工交付等方面，全方位、全流程地梳理了电力光纤到户施工各关键节点，明确了电力光纤到户各环节光单元和电单元施工步骤、方法、交付标准等事宜，指导电力光纤到户工程施工和验收交付工作。

6　电力光纤到户监测与运维技术

光纤到户建设是智慧城市建设必不可少的一部分，是解决城市数字化建设中"最后一公里"的优良方案。OPLC 技术依托电力天然管道资源，是实现电网和通信网基础设施深度融合的重要手段。然而，基于 OPLC 的电力光纤到户仍面临诸多挑战，诸如电缆短暂高温对 OPLC 光纤衰减影响机理不明晰，电力光纤到户施工与运维支撑技术不完善等。实时温度监测是电网设备运维的重要途径，对运行安全状态的评估、隐患发现与故障定位等有重要意义。对 OPLC 缆的温度、负荷电流和光功率技术参数的多状态监测和安全运行状态的评估，对实现电力光纤到户和光接入网"最后一公里"有极其重要的作用。

在此背景下，开展了 OPLC 多级状态监测及安全运行状态评估等监测和运维技术研究，把电缆的温度、负荷电流和光缆的光功率集中在一个装置上实现，从而实现 OPLC 安全运行评价和运维检修简化、易行。在现场测量过程中，只需要检修人员将待测的光纤接入 OPLC 状态检测仪中，按照系统提示进行操作即可。通过这种简单易行的办法，就可以得到温度、负荷电流和光功率等技术参数，然后系统可以自动进行 OPLC 的状态监测和安全运行情况的评估。这个系统在很大程度上减轻了检修运维工作人员的工作量，也可以实现准确测量。

6.1　电力光纤到户监测技术

电力电缆线路常规的预防性试验一般以年为周期，虽然都按规定、按时做了常规预防性试验，但事故仍然时有发生，造成了不同程度的经济损失。寻找事故发生的原因，不难发现现有的实验项目和方法很难再现运行时的一些潜在隐患，所以无法确保在下个周期内隐患不会演变为故障。

由于绝大多数故障事前都有先兆，若能在故障前监测到先兆，就能够采取措施避免事故的发生。电力电缆线路的状态监测是指在运行状态下不脱离电网，测量电力电缆线路性能，即在工作电压下进行测量。随着电气设备容量的扩大和社会对电力需求的日益增长，要尽可能减少停电次数，特别是要避免突发性停电事故。因此，维护从最早的事故后维修、预防性维修，发展到预测维修。这就要求在工作电压下按照监测对象的故障特性持续性监测电力电缆线路的运行状态，以便预测性地得出电力电缆及相关设备是否需要维修的结论。

监测技术包含采样技术、测试技术、数据分析技术，通过持续性测量和数据分析，实现对特定目标状况的掌握。电力电缆线路状态监测是一种在运行电压工作状态下，对高压设备和电力电缆线路绝缘状况进行试验或监测，结合其他相关参数做出推论的方法。电力电缆线路的状态监测可以大大提高试验的真实性与灵敏度，及时发现电力电缆及高压设备绝缘缺陷。电力电缆线路监测技术可以积累大量的数据，将当前的试验数据和以往的监测数据相结合，用各种数值分析方法进行及时、全面地综合分析判断，可以捕捉早期缺陷，确保电力线路和高压设备安全运行，从而减少由于预防性试验间隔时间过长所带来的误差。采用适当的监测技术还可以合理地及时调整电缆线路的运行载流量，使电缆线路的使用寿命得到保证。

基于上述电缆预测检修理论，开展 OPLC 电缆的监测技术研究，利用电缆在发生故障时其温度特性发生变化的特点开展新型监测技术研制，发现 OPLC 电缆的故障，预先将电缆造成的故障事故杜绝掉，保障 OPLC 的光纤传输通道通畅，提高电力光纤到户网络模式的用户体验。

OPLC 光纤复合低压电缆不同于普通的光缆，普通光缆主要性能指标是光纤传输性能——光损耗，在合理的使用条件下光缆使用寿命为 30～40 年的时间。在复合了电力导线形成新型的复合缆后，OPLC 缆的安全运行状态和使用寿命便取决于光纤和导线绝缘性能的综合因素了，光纤光损耗的程度和导线保护层绝缘状态是判断 OPLC 缆性能安全状况的主要指标。

6.1.1　光功率测量

光功率测量是光的最基本测量技术之一，广泛应用于光通信设备、光电武器装备的测试和光器件的生产中。目前，测量光功率的方法有热学法和光学法。

热学法，利用黑体吸收光功率后温度的升高来计算光功率的大小，基于该原理的光功率计的优点是光谱响应曲线平坦、准确度高；缺点是成本高，响应时间长。因此，一般被用来作为标准光功率计，如日本安腾公司生产的 AQ-1112B 型，它的传感器采用热电堆，测量精度高，可达 $\pm 2\%$ 以内，但灵敏度较低，只能测量 $10\mu W$ 以上的光功率。

光学法，也叫半导体光电检测方式，利用半导体 PN 结的光电效应来计算光功率的大小，目前，适合于光纤通信系统应用的光检测器有 PIN 光电二极管和雪崩光电二极管（avalanche photo diode，APD）。APD 具有雪崩放大作用、响应度高，但附加噪声大、偏置电压高、温度稳定性差、结构复杂且价格高。因此作为光功率检测的仪器一般采用 PIN 光电二极管作为光电转换器件，所以通用光功率计一般是采用 PIN 光电二极管作为光探测器件的。光学法测量光功率大小有较快的响应速度，良好的线性特性，且灵敏度高、测量范围大，但其波长特性和测量精度方面不如热学法。

光功率计是用于测量绝对光功率或通过一段光纤的光功率相对损耗。通过测量发射机的绝对功率，一台功率型光功率计就能够评价光端设备的性能。将光功率计与稳定功率型光源组合使用，则能够测量连接损耗、检验连续性并帮助评估光纤链路传输质量。

光功率计的基本工作原理是被测光投射到 PIN 光探测器上变为电流，再经 I/V 变换电路和程控放大电路得到电压信号。这个信号送到程控低通滤波器及响应度补偿放大电路，得到与功率值相对应的直流电压，经 A/D 转换得到表示功率大小的数字量，控制处理部分进行数据处理和判断后，送显示器进行功率显示或给出超量程或欠量程指示并发出量程转换命令进行量程的自动控制。基本原理框图如图 6-1 所示。

图 6-1　光功率计测量原理框图

光电转换部分采用光敏电阻转换，光敏电阻是一种基于内光电效应的半导体元件，其独特的光电导特性使其在各个控制领域有着极为广泛的应用。光敏电阻的半导体结构以及光敏感性，使其具有很特殊的温度特性与光特性。研究它在不同温度条件下的参数特性变化能更好地利用其自身的特点，达到最有效的应用。

（1）光敏电阻工作原理。

光敏电阻受光照时其电导率会发生变化，该现象称为内光电效应。当内光电效应发生时，光敏电阻吸收的能量使部分价带中的电子跃迁至导带，从而产生自由电子和自由空穴，使得其导电性增加，电阻值下降。光照停止后，自由电子和自由空穴逐渐复合，电阻值又迅速上升。无光照时，半导体样品的（暗）电导率为

$$\sigma_0 = q(n_0 \times \mu_n + p_0 \times \mu_p) \qquad (6\text{-}1)$$

式中：q 为电子电量；n_0、p_0 为平衡载流子的浓度；μ_n 和 μ_p 分别为电子和空穴的迁移率。设光注入的非平衡载流子浓度分别为 Δn 及 Δp，在光照条件下样品的电导率变为

$$\sigma = q(n \times \mu_n + p \times \mu_p) \qquad (6\text{-}2)$$

式中：$n = n_0 + \Delta n$；$p = p_0 + \Delta p$。附加光电导率（或简称光电导）$\Delta\sigma$ 可写为

$$\Delta\sigma = q(\Delta n \times \mu_n + \Delta p \times \mu_p) \qquad (6\text{-}3)$$

从式（6-3）可知，要制成（相对）光电导高的光敏电阻，应使 n_0 和 p_0 数值较小。因此，光敏电阻一般是由高电阻材料制成或者在低温下使用。

光敏电阻没有极性，使用时在电阻两端加直流或交流偏压。光敏电阻不受

光照射时的电阻称为暗电阻，此时流过的电流称为暗电流。受光照射时的电阻称为亮电阻，对应的电流称为亮电流。亮电流与暗电流之差称光电流。光电流越大，灵敏度越高。

（2）光敏电阻光照特性。

光电流随着光照度的变化而改变的规律称为光照特性。不同类型的光敏电阻的光照特性不同。由实验可知，光电流随着照射强度一起增大或减小。当入射光很强或很弱时，光敏电阻的光电流与光照之间会呈现非线性关系。其他照度区域近似呈线性关系。不同类型的光敏电阻的光照特性不同，但大多数光敏电阻的光照特性是非线性的，其光照特性曲线如图6-2所示。

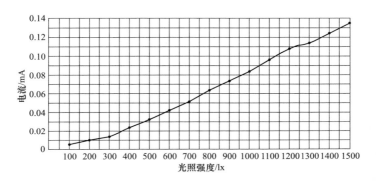

图 6-2　光照特性曲线

由图6-2可知，光敏电阻在光照低于100lx时没有光电流，在100lx以上光照与光电流大致呈线性关系，所以在一定的光照下，光功率与光电流呈线性关系，因此，一般在进行光功率测量时，只需要测出光电流的大小就可以换算出光功率的大小。

（3）光敏电阻伏安特性。

在照度一定时，电压增大，光电流也增大，灵敏度也随之增大，而且没有饱和现象。但是光敏电阻两端的电压也不能无限制地提高，因为光敏电阻都有最大额定功率，超过最高工作电压和最大额定电流，就可能导致光敏电阻的永久性损坏。

在内光电效应中，材料中载流子个数增加，使材料导电率增加，电导率变化量如式（6-4）所示。

$$\Delta\sigma = \Delta p \times e \times \mu_p + \Delta n \times e \times \mu_n \tag{6-4}$$

式中：e 为电荷电量；Δp 为空穴浓度的改变量；Δn 为电子浓度的改变量；μ_p 为空穴的迁移率；μ_n 为电子的迁移率。

当加上电压 U 后，如式（6-5）所示，光电流为：

$$I_{ph} = A/d \times \Delta\sigma \times U \tag{6-5}$$

式中：A 为与光电流垂直的截面积；d 为电极间的距离。

光敏电阻伏安特性曲线如图 6-3 所示。

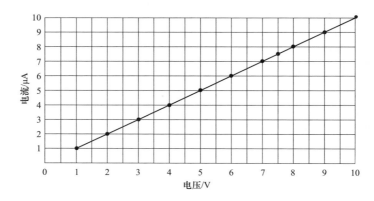

图 6-3　光敏电阻伏安特性曲线

由图 6-3 可知，在照度一定时，电压增大，光电流也增大，灵敏度也随之增大，而且没有饱和现象，且光敏电阻两端的电压也不能无限制地提高，亮电阻值保持一定。通过测量测量电阻两端的电压就可以测量出光电流的数值，进而计算出光强的数值。

6.1.2　光时域散射测温技术

光在介质中传播时，发生的非弹性碰撞会导致介质分子发射出与入射光不同波长的辐射，其中一种辐射即为拉曼散射。在拉曼散射光中，根据散射光的波长大于或小于入射光又可分为斯托克斯光和反斯托克斯光，其中反斯托克斯光产生于从激发态向基态的辐射跃迁过程，处于激发态上的粒子数的密度和温度密切相关，所以拉曼散射中实际上的携温光信号是反斯托克斯光，如图 6-4 所示。当入射激光功率低于一个阈值泵浦功率时，产生自发拉曼散射；反之产生受激拉曼散射，受激拉曼散射目前没有可应用的技术实现分布式光纤测温。

图 6-4　拉曼散射温度敏感的反斯托克斯光

分布式光纤温度传感是基于光纤拉曼散射现象和光时域反射的实时、在线、连续温度测量技术，其工作原理示意图如图 6-5 所示。

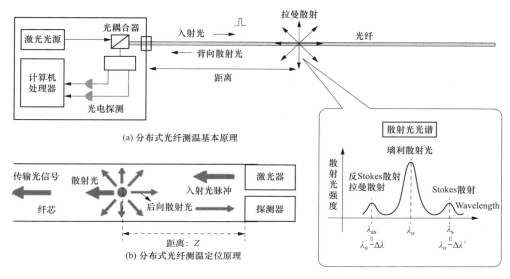

图 6-5 分布式光纤测温技术工作原理示意图

激光器发出的激光通过光耦合器调制后射入感温光纤中；光脉冲与光纤分子相互作用发生散射，其中拉曼散射对温度敏感；反射回的拉曼散射光通过光谱分离模块分解成与温度弱相关的 Stokes 散射光和与温度强相关 Antistokes 散射光；通过对两束光信号进行处理和对比计算得出温度沿光纤的连续分布。

基于光时域反射原理，通过使用高速信号采集技术测量入射光和拉曼散射光之间的时间间隔，可以得到拉曼散射光发生的位置，即实现对所有温度点的定位。

分布式光纤测温系统中包含测温距离、空间分辨率、响应时间、测量精度等关键技术指标。

1. 测量距离

测量距离是指系统能够正常测温情况下所对应的光纤最大长度。增加测量极限距离的受限因素主要有入射光功率、传感光纤性能、探测器接收灵敏度以及入射光脉冲频率四个参数：①要尽可能地提高入射光功率，这取决于脉冲激光器的输出光功率大小；②传感光纤的损耗系数越小，越有利于远距离传输，而光纤的散射系数则决定了背向散射光的强度，光纤的损耗系数和散射系数要综合考虑；③探测器接收灵敏度高的探测器有利于提高系统的测量距离；④测量距离和光脉冲的间隔时间有关系，只有当前一个光脉冲引起的背向散射光从光纤末端传到接收端后，下一个光脉冲再发出，才能保证光纤沿线的背向散射光不会重叠。

2. 距离分辨率

距离分辨率是指系统能够保证温度测量精度的最小空间长度。距离分辨率主要由光脉冲宽度、探测器的响应速度和数据处理时间三个因素所决定。距离分辨率有两种方法测试：①测量温度从小到大变化直至稳定时的感温光纤长度，温度测量准确的长度为距离分辨率（此参数也可称为最小感温距离）；②把较长长度的感温光纤（如 15m）放入温度控制区，得到温度变化曲线平顶波形后，波形从 10% 变化到 90% 对应的距离。

3. 空间定位精度

空间定位精度体现的是系统的测量位置与光纤中实际位置之间的偏差程度。空间测量误差来源于两个原因：光纤折射率误差和时间误差。比如光纤的材质纯度不同或含有杂质，杂质就会导致光在光纤中传输的速率变化，且不同生产厂家生产的光纤在材质上也会有少许差别，在光器件的连接上也会带来一定误差。现今的光纤制备工艺已经非常成熟，同种规格的光纤在制备上的差异十分微小，由光纤折射率引入的误差可以忽略不计。造成空间定位误差的主要原因是时间同步上的误差，比如激光器发送光脉冲的时间与采集卡进行采集的时间同步得不好，就会带来数据遗漏，进而影响空间定位精度。

向光纤发射一束脉冲，该脉冲会以略低于真空中光速的速度向前传播，同时向四周发射散射光。散射光中的一部分会沿着光纤返回到入射端，测量反射光和入射光之间的时间差 $T/2$，则如公式 6-6 所示，发射散射光的位置距入射端的距离 L 为：

$$L = VT/2 \qquad\qquad (6\text{-}6)$$

式中：V 为光纤中的光速，$V = V_0/n$；V_0 为真空中光速；n 为光纤的折射率。

4. 测温精度

测温精度是指为产生大小与总噪声电流的均方根值相同的信号光电流变化所需的温度变化量。测温精度也可以理解为系统信噪比为 1 时所对应的温度变化量。由温度分辨率的定义可以知道，提高测温精度的最直接方法就是提高系统的信噪比。

6.1.3 大电流测量技术

目前，用于大电流测量的传感理论与方法就其工作原理而言，主要分为两大类：①直接法，即根据被测电流在已知电阻上的电压降来确定被测电流的大小，如电阻分流器，它的特点是结构简单，准确可靠；②间接法，以被测电流所建立的磁场为工作基础，其特点是将电流的测量问题转变为磁场的测量问题，通过其他手段测量其磁通密度、磁通或磁势等方法来间接完成大电流的测量任务，间接法是现代测量大电流时，普遍采用的方法，其种类较多，测量原理各不相同。

对于大电流的交流电流测量，目前应用最多的两种互感器为：①传统的电磁式电流互感器；②电子式电流互感器。

1. 电磁式电流互感器

传统的电磁式电流互感器由铁芯、一次绕组和二次绕组构成。根据电磁感应定律可知，当一次侧激磁电流在铁芯中引起磁通时，二次绕组获得感应电势从而产生二次侧电流，其输出信号为电流信号（其额定值通常为 1A 或 5A）。电流互感器是电力系统中重要的高压设备，广泛应用于继电保护、电流测量中。电磁式电流互感器具有性能稳定、维护方便等优点，适合长期运行。但是，电磁式电流互感器存在一个严重的弊端，即铁芯饱和问题。随着继电保护以及电气设备的自动化程度要求越来越高，铁芯饱和的技术缺陷制约了其在电网中的深入应用。

2. 电子式电流互感器

随着激光和集成电路的出现及低损耗光纤的试制成功，美国、英国、日本等发达国家都把精力集中到高压电流互感器的研究与开发上，目前，对传感设备的小型化、模块化、多功能化、数字化和智能化的需求日渐增加，这都使得电子式电流互感器的发展与实用化成为现实。

（1）基于磁光效应和安培环路定律的无源电流互感器，其测量原理为：根据法拉第磁光效应和安培环路定律可知，线偏振光旋转的角度与载流导体中流过的电流成正比，利用检偏器将角度的变化转换为输出光强的变化，经光电变换及相应的信号处理便可求得被测电流。从原理上讲，它不仅可以测量高压强直流，还可以测量高压交流、暂态和脉冲大电流。

（2）有源电流互感器的测量原理为：通常采用骨架为非磁性材料的罗氏线圈作为感应被测电流的传感头，感应线圈中产生的感应电势经过采样电阻采集之后，再经过积分变换以及 A/D 转换，由 LED 进行电光转换为数字光信号输出，控制室的 PIN 及信号处理电路对其进行光电变换及相应的信号处理，便可输出供微机保护和计量用的电信号。

与传统的电磁式电流互感器相比，电子式电流互感器集激光技术、光纤传感技术和先进的光电信号处理等先进技术于一身，它的输出信号可直接与微机化计量及保护设备接口，不需要外加保护措施，适应了电力保护和计量的数字化、自动化及光通信的发展需要，因此，它是目前和将来高压稳态大电流传感方法中备受关注的焦点，有望取代传统电流互感器。

3. 电绝缘性能劣化与故障监测技术

长期以来，国内对电气设备绝缘诊断主要采用定期试验维修的方法，这种离线试验方法在过去为电力行业做出了重要的贡献，但也时常碰到经过试验维修合格的设备投入运行后，不久就出现事故的情况。电缆作为一种特殊的设备，在试验时使用耐压试验等方法，本身就会对其造成损伤，加快了电缆的老化，影响电缆的绝缘特性，虽然耐压试验仍然是一种有效的发现故障的方法，但相关专家一直在不停地寻求新的试验方法。

在线监测技术的发展，为电缆的检测提供了新的思路。近二十年来，为了保障电力电缆的安全运行，电力电缆绝缘在线监测技术得到了长足的发展。目前，XLPE 电力电缆的在线监测技术主要有直流分量法、直流叠加法、局部放电法及低频（0.1Hz）叠加法等。国外，特别是在欧美和日本等发达国家，这些方法已经得到较广泛的应用，积累了丰富的经验，在监测方法和技术上处于领先地位，其研究开发的绝缘监测及检测装置已有较好的应用效果。更重要的是，长期的在线运行提供了大量的监测结果，丰富了对电缆缺陷和老化的判据。值得一提的是，日本在交联电缆的在线监测技术和方法上投入了大量人力和物力，开发了一些诊断设备，并提出了电缆老化程度的判据。国内，在线监测技术目前尚处于起步阶段，已有部分城市及公司高校开展了该方面的工作，某供电局在 2010年也与上海电缆研究所合作开展了高压电缆绝缘及老化的试验研究项目。

国内外在状态检修方面的研究虽然得到了不同程度的发展，但目前电力电缆状态检修的研究工作仍处于起步阶段，大多仅限于故障诊断和在线监测技术方面，状态评价工作也受到了一定的关注，但研究中普遍很少考虑到电力电缆运行工况对运行状态的影响，而在实际运行中大量的电力电缆缺陷都是由于运行环境恶劣造成的。此外，由于数据不完善、技术不成熟、缺乏系统支撑等各种原因，大部分研究工作只局限于某种在线监测技术或使用单一的监测手段对电力电缆的状态进行评价，没有形成包含评价的指标体系、模型方法以及检修策略在内的完整的状态检修体系。可以参考的文献和成果较少，研究有一定的难度，同时也充分说明了在现阶段开展电力电缆的状态检修策略研究工作的迫切性和必要性，它不仅具有重要的经济和社会效益，同时具有重要的工程实用价值和理论研究意义。

OPLC 监测技术运用便携式、一体化多参量、快速测量等设计理念，提出一种新型的监测工具，辅助运维人员提高电力到户光缆检修效率，用新的方式消除对传统光缆线路维护模式的依赖，减少人力、物力的大量投入，协调设备管理与业务管理，提高光纤线路资源管理分配效率，准确高效地进行线路故障排查，多层面、多维度提高提高光网络运维能力。

利用 OPLC 状况监测设备监测 OPLC 光缆参量指标，对光纤传输网络中存在的隐患能够及时给出预警信号，避免通信线路故障的发生，使对线路的维护更加自动化、科学化、合理化以及及时发现和定位潜在的温度异常点，实现电力电缆故障早期预警和报警，避免事故发生，为电力调度部门提供短期电网优化调度所需的安全指导信息。

6.2　电力光纤到户监测系统设计

OPLC 监测技术集成 OPLC 运行电流监测技术、光纤测温技术、光功率测量技术实现物理运行状态的采集，在监测装置用户界面上展示 OPLC 缆的运行情况。在对采集数据深入分析基础上，实现 OPLC 运行健康状况的评估、预警故障及定位故障位置。OPLC 状态监测装置设计上也充分考虑到便携式装置的重量、尺寸要求，在充分利用装置空间的同时，考虑合理的测量习惯、使用方法等因素，提高装置使用习惯性和便捷性。

6.2.1 系统功能

OPLC 状态监测装置通过集成 OPLC 运行电流监测模块、光纤测温模块、光功率测量模块实现 OPLC 状态数据的采集，在用户界面上展示 OPLC 缆的运行状态数据。在对采集数据充分分析的基础上，实现 OPLC 运行健康状况的评估、预警故障及定位故障位置。

6.2.2 装置硬件结构

在考虑到便携性、移动性、设备体积、重量的大致数量范围后，根据分布式光纤传感电路模块的特殊结构，制订 OPLC 状态监测装置的物理外形和技术指标，OPLC 状态监测仪的外形设计如图 6-6 所示，状态监测仪的技术指标如表 6-1 所示。

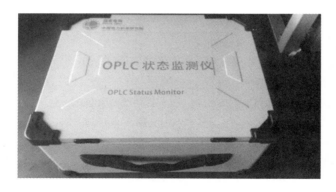

图 6-6 OPLC 状态监测仪的外形设计

表 6-1 状态监测仪的技术指标

装置尺寸、重量	装置尺寸不大于 370×290×180mm，重量不大于 5kg
显示器、外设	优先应采用 LCD 显示屏，不小于 15inch。显示器、键盘、键盘等外采用嵌入设备方式
工作温度、湿度要求	温度 0~50℃，湿度<95%RH
工作电压	220V±10%，50Hz
设备功率	<70W
设备接口	具备 RJ45、RS232、USB 口等外部通信接口，光纤测温、工频电流、光功率接口等测量端口

1. 系统硬件设计结构

图 6-7 是按照模块化设计、总线互联、结构清晰、优化空间原则设计的系统

硬件架构示意图。一体化 OPLC 监控装置主要由分布式光纤测温子系统，光功率、电流测量子系统，电源系统，通信总线，数据处理显示子系统及接口组成。系统结构采用便携式、紧凑化设计，各模块单元需要综合考虑电源、通信、热力学以及电磁兼容等要素。

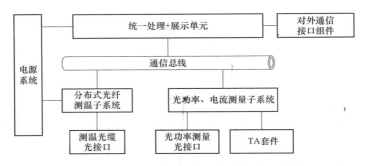

图 6-7   OPLC 状态监测装置硬件架构示意图

OPLC 状态监测系统底层是光纤测温模块、光功率测试模块、电流采集模块。通过串行通信总线与系统处理单元连接起来，配置共同的存储、处理和显示单元。通过一体化设计，实现统一输入、统一输出、同屏操作的效果。

2. 电源子系统

系统计划采用 DC24V 电源，通过 AC220V 转 DC4V 适配器提供总电源。电源系统需要将 DC24V 转化成各子系统需要的电压，另外需要按照一定的顺序上电，确保各子系统模块正常启动。电源系统前端还需要增加 EMC 滤波器，主要由放电管、压敏电阻、共模滤波器、瞬态抑制二极管和差模滤波器等组成。

3. 通信单元

通信单元用于实现显示子系统与分布式光纤测温子系统和光功率、电流测量子系统的通信和交互。

分布式光纤测温子系统由于数据量比较大，采用以太网通信方式。

光功率、电流测量子系统采用 RS485 通信方式。

4. 分布式光纤测温单元

分布式光纤测温子系统主要由光纤大功率窄脉冲光源、无源光器件、低噪声高带宽高灵敏度光纤探测器、高速采集模块及嵌入式处理模块组成，其结构示意图如图 6-8 所示。

5. 光纤大功率窄脉冲光源选择

光纤大功率窄脉冲光源是基于光纤放大技术实现的一种光纤光源，其光源采用普通的分布反馈激光器，通过泵浦激光器和掺铒光纤将分布反馈输出光进行放大，从而产生符合实际要求的脉冲可调、功率可调的脉冲激光输出。光源设计参数如表 6-2 所示。

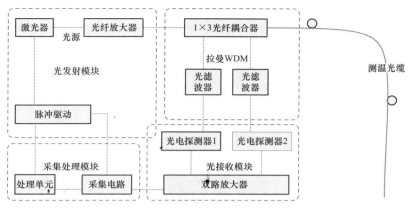

图 6-8　分布式光纤测温系统结构示意图

表 6-2　　　　　　　　　　　光 源 设 计 参 数

项目	指标	说明
中心波长	(1550±1) nm	
脉宽	5~100ns 可调	
重复频率	1~50kHz 可调	

6. 光纤拉曼 WDM 器件的设计

分布式光纤测温子系统是一种基于拉曼散射技术的光纤传感系统,当激光在光纤中传输时会向各个方向产生拉曼散射光,其中后向散射中的斯托克斯光和反斯托克斯光是需要的光信号,光纤拉曼 WDM 是一种可以将输入激光脉冲导入传感光纤,并接受传感光纤传回的后向拉曼散射光,将其分离成斯托克斯光和反斯托克斯光,再分别传输至光接收模块。WDM 结构图设计如图 6-9 所示。

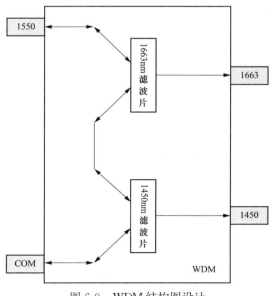

图 6-9　WDM 结构图设计

7. 低噪声高带宽高灵敏度光纤接收单元设计

根据输入光脉冲的不同，后向拉曼散射信号强度会有所不同，但一般在 $\mu\omega$ 量级，光接收电路需要较高的灵敏度，因此采用具备高灵敏度的雪崩光电二极管接收方案，并辅助 APD 高压温度补偿系统提高 APD 在不同环境温度下的性能，接收电路结构如图 6-10 所示。

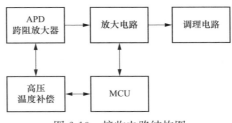

图 6-10 接收电路结构图

6.2.3 软件结构设计

OPLC 状态监测系统实现用户数据展示、运行参数采集、数据分析与评估、数据存储与查询等功能。通过系统软件的合理设计实现 OPLC 复合缆的运行电流状态采集、光纤测温状态采集、光缆光功率状态的采集等数据获取，通过用户展示平台实现数值多形态展示，展现电缆故障信息、设备基本信息、通道运行情况。对监测对象的状态测试结果实现集中展示、分析、报警的一体化应用，系统软件结构如图 6-11 所示。

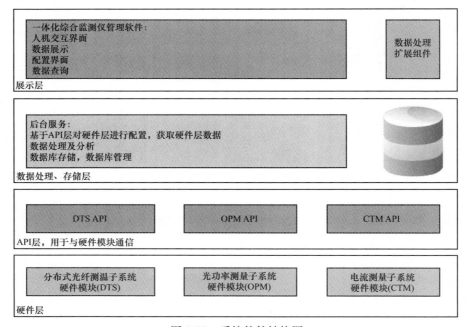

图 6-11 系统软件结构图

结合 OPLC 状态监测装置实现功能，提出系统软件实现功能列表，如表 6-3 所示。

表 6-3　　　　　　　　软 件 功 能 列 表

序号	功能	描述
1	系统登录、用户管理	实现用户管理、角色管理、权限管理等
2	实时数据展示	电流、光功率采用控件、列表及曲线等展示方式；温度采用曲线、基本统计信息等展示方式
3	历史数据查询	电流、光功率采用控件、列表及曲线等展示方式；温度采用曲线、定点曲线、基本统计信息等展示方式
4	报警功能	电流、光功率具备阈值、变化率报警功能；温度具备高温、温升报警功能
5	配置功能	配置参数界面
6	数据库管理功能	提供数据库配置界面
7	数据导出、备份功能	导出数据用于分析、备份，如 Excel
8	设备校准功能	提供各子系统测量校准界面
9	数据综合处理扩展功能	能够根据业务需求扩展、加载处理模块用以各模块数据分析处理
10	系统日志功能	系统运行日志、操作日志记录、管理、查询

用户界面显示测试网络结构清晰、节点明确、可操作性强，按照这个原则设计出如图 6-12 的显示界面。

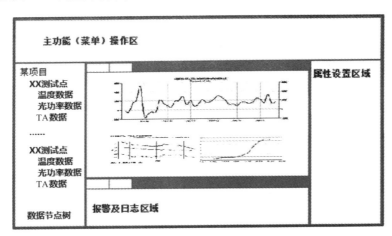

图 6-12　软件界面

6.3　电力光纤到户监测方法与运维技术

电力光纤到户运维人员围绕着 OLT 信息室、OPLC 光缆、派接间、楼层分光箱等位置，开展光纤传输光缆和设备的巡检，查看光缆和设备的运行情况，对常见性能指标进行测试。OPLC 状态监测装置作为运维人员的常规工具，为实现对 OPLC 光缆运行情况的了解，首先要建立装置使用方法、测量数据管理方法，以及就如何体现出 OPLC 网络故障预测和故障定位的功能应用方面，提出完整的应用规范，才能推广使用。

6.3.1 电力光纤到户网络监测与测试方法

在大规模、多用户单元背景下，有效维护光纤到户网络是需要重视的问题。在光纤到户网络运维上，通过日常例行测试及维护过程中涉及的各类专项测试，确保驻地网设施的正常运行。

运维阶段测试要点及要求：当 PON 网络在工作时，处理某一用户的故障应不影响其他用户的正常使用。维护用 OTDR 需要具有 1650nm 波长的滤波器，可对正在运行的 PON 网络进行在线测试，同时对其他用户的正常服务不产生影响；要求判断和定位故障时不中断其他用户的业务或不中断正常工作业务。

光纤到户网络测试包括物理线路测试和系统连通性测试两个方面。物理线路测试包括线路连通性测试、端到端衰减测试、双向光回损测试；系统连通性测试是指 OLT 和 ONT 线路传输光接口的特性测试、网络侧和用户侧接口测试，例如 OLT 设备 SNI 口光接口平均发送光功率、OLT 设备 PON 口下行平均发送光功率、OLT 设备 PON 口接收灵敏度、ONT 设备 PON 口上行平均发送光功率、ONT 设备 PON 口接收灵敏度等。

（1）电力光纤到户网络端到端链路衰减测试方法。

依据行标 YD/T 3116《光纤到户用户接入点到家居配线箱光纤线路衰减测试方法》，电力光纤到户网络测试（用户接入点至家居配线箱之间的光纤链路）采用插入损耗法进行端到端的全程衰减测试，具体连接方式如图 6-13 所示。

图 6-13　光纤到户网络端到端全程衰减测试连接方式

为准确验证 PON 技术的单芯光纤、双向、波分复用的传输特性，工程检测中应对上述光链路的下行方向和上行方向分别采用 1490nm 和 1310nm 波长进行衰减测试，应逐纤全部检测，衰减指标值应符合设计要求，即用户接入点用户侧配线设备至家居配线箱光纤链路长度不大于 300m，光纤链路全程衰减不应超过 0.4dB。

由于 GB 50846《住宅区和住宅建筑内光纤到户通信设施工程设计规范》中提出的插入损耗指标是不包含链路两端光纤适配器引入的损耗值，所以应注意仪表的校准方式以及测量的连接方式，实际测试时应将被测链路的光纤接头直接与仪表接口相连，而不是通过适配器连接，否则会因适配器带来 0.5dB 的附加损耗而造成测试结果超标。

（2）ODN 链路全程衰减测试方法。

ODN 端到端全程衰减测试连接方式如图 6-14 所示，使用光功率计依次测量 ODN 各分路的全程光衰耗值，上行测试 1310nm 波长的衰减，下行测试 1490nm 和 1550nm 波长的衰减，不提供 CATV 时，可以不对 1550nm 进行测试；测量仪表无 1490nm 波长测量功能时，可使用 1550nm 波长测量结果替代。

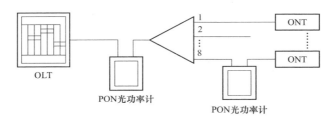

图 6-14　ODN 端到端全程衰减测试连接方式

（3）OLT 设备 SNI 光接口平均发送光功率测试方法。

如图 6-15 所示，OLT 设备 SNI 光接口平均发送光功率测试中，将光功率计接收波长设置为被测光波的波长。等待 OLT 设备光接口输出功率稳定，从光功率计读出平均发送光功率。

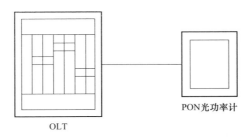

图 6-15　OLT 设备 SNI 口光接口平均发送光功率测试连接方式

（4）OLT 设备 SNI 光接口接收灵敏度测试方法。

OLT 设备 SNI 光接口接收灵敏度测试连接方式如图 6-16 所示，OLT 设备 SNI 光接口接收灵敏度测试中，将光功率计接收波长设置为被测光波的波长。调整光衰减器使损耗增大，直到 OLT 设备光接口不能正常工作，用光功率计测试 OLT 光接口接收光功率。

（5）OLT 设备 PON 口下行平均发送功率测试方法。

OLT 设备 PON 口下行平均发送功率测试连接方式如图 6-17 所示，OLT 设备 PON 口下行平均发送功率测试中，将光功率计接收波长设置为 1490nm 光波长。等待 OLT 设备光接口输出功率稳定后，从光功率计读出平均发送光功率。

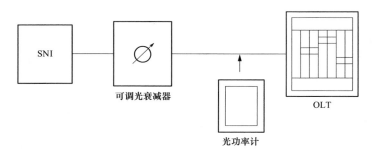

图 6-16　OLT 设备 SNI 光接口接收灵敏度测试连接方式

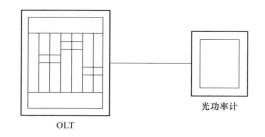

图 6-17　OLT 设备 PON 口下行平均发送功率测试连接方式

（6）OLT 设备 PON 口接收灵敏度测试方法。

OLT 设备 PON 口接收灵敏度测试连接方式如图 6-18 所示。连接设备和仪表，调节光衰减器，逐渐加大上行方向的光衰减值，使网络分析仪检测到的比特差错率尽量接近但不超过 10^{-12}，此时从光功率计读出并记录该点的接收光功率。

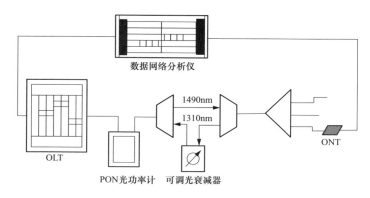

图 6-18　OLT 设备 PON 口接收灵敏度测试连接方式

（7）ONT 设备 PON 口上行平均发送光功率测试方法。

OLT 设备 PON 口上行平均发送光功率测试连接方式如图 6-19 所示。将 PON 光功率计连接到被测 ONT 的 PON-R 点上，待输出功率稳定，从光功率计读出 1310nm 波长光功率。

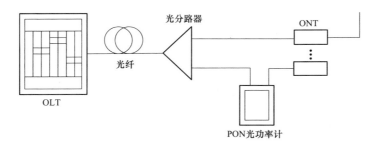

图 6-19 OLT 设备 PON 口上行平均发送光功率测试连接方式

（8）ONT 设备 PON 口接收灵敏度测试方法。

ONT 设备 PON 口接收灵敏度测试连接方式如图 6-20 所示。连接相应设备和仪表，调整光衰减器，逐渐加大衰减值，使网络分析仪检测到的比特差错率尽量接近但不超过 10^{-12}，从光功率计读出并记录该点的接收光功率；上述步骤难实现时，可按照流量 100M（128Byte）测试 60s，如果没有出现丢包，调整光衰减器，增大衰减值，再进行 60s 测试，直至出现 N 个少量丢包（$N<5$），记录此时光功率作为 OLT 设备 OPN 口接收灵敏度。

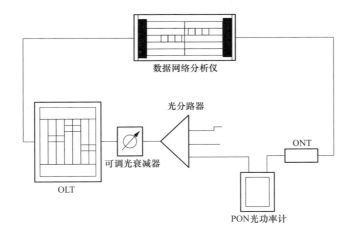

图 6-20 ONT 设备 PON 口接收灵敏度测试连接方式

6.3.2 电力光纤到户 OPLC 电缆故障类型与检测方法

6.3.2.1 OPLC 电缆故障因素分析

OPLC 是一种复合有通信光纤的特殊的电缆，OPLC 的施工与电缆有很多相似的要求。电缆直埋敷设时，电缆埋设位置不合适，周边地质结构会导致电缆产生位移问题，电缆附件受力变形；排管敷设时，横向约束的问题导致电缆容易出现弯曲变形，进而导致电缆金属护套产生疲劳应变；地沟敷设时，安装不到位，刚性固定不够，斜面敷设出现滑落现象；竖井敷设时，井位跨度不合理，电缆自重及热机械力等因素，这些都会导致电缆使用寿命缩短。

电缆敷设不当或受外力影响，最容易出现的故障就是机械损伤。电缆敷设之后，道路建设、园林绿化、建筑施工等大量的机械施工生产活动，加上电缆标示出现丢失、位移，在工程施工中很容易对电缆造成外力破坏。除了后期施工不当原因的破坏，电缆敷设前期的运输环节，选取的型号问题，以及在设计和制作阶段的工艺不良、材料缺陷等隐患问题，也是造成电缆故障发生的因素。

6.3.2.2　故障检测及运行维护

1. 加强日常运行维护工作

对于在线运行的 OPLC 电缆，要加强电缆日常的运行维护工作，包括电力电缆运行中的监视和巡查。监视和巡查是电缆运行维护工作的根本，加强监视和巡查可以及早发现问题，把电缆事故扼杀在萌芽状态中。即使出现了故障，也能尽快地找到故障根源，早日恢复供电。

加强监视和巡查工作，具体内容有：定期检查并记录电缆的表面温度及周围的温度，包括电缆、土壤、电缆接头、大气温度等；要避免电缆长时间过载问题，用配电盘式电流表、记录电流表或钳形电流表，定期测量电缆线路的负荷；定期测量电缆铅包对地电阻；定期巡查敷设在土壤中的电缆；及时记录反馈巡查结果，根据检查的线路隐患制定检修计划。

2. 故障检测技术

线路故障的检测需要故障测距与故障定位检测相结合。根据故障类型，检修人员可以选择适当的故障测距与故障定位方法来进行检测。

电缆故障有高阻故障、低阻故障；有闪络性故障、封闭性故障；有接地故障、短路故障、断线故障或者三者混合的故障；有单相故障、双相故障、三相故障等。

常见的故障测距的方法有：电桥法、低压脉冲法、脉冲电流法、二次脉冲法、路径探测法、脉冲磁场法等。故障测距的方法各有各的特点，比较常用的测距方法是包含电阻电桥法和电容电桥法的惠斯顿电桥法。

电桥法的优点是简单、方便、精确度高。但是在高阻与闪络性故障应用中，电桥测距法有其局限性。近几年来，随着电力电子技术的发展，测距方法展现了多样化与灵活法的特点。最近几年出现的电缆故障测距的新方法包括：用于描述故障元件、继电器、开关之间内在的动作关系的因果网测距法、基于整个输电网 GPS 行波故障法等。

故障定位检测方法主要有声测法、音频法、声磁同步法、跨步电压法等。目前常用的电力电缆定位检测的方法是声磁同步法。这种方法使用高压设备使电缆故障点击穿放电，利用接收器记录放电声音，并用磁场信号对其进行同步，通过分析声音波形及测试人员通过耳机听声进行故障定位，是目前最理想的精确定位方法。它的缺点是只能获得距离故障点附近 2m～3m 距离的声音信号，且对现场操作人员的技术素质要求较高。现在故障定位检测时有新方法的出现，如高频感应法、红外热像技术检测法等。高频感应法与传统音频感应法相比，可以减少定位探测装置的体积和重量，推动设备的小型化和便携性。高频信号的频谱抗干扰性能较强，在不停电情况下还可用耦合式接线来实施在线故障探测。红外热像技术检测法，不需接触设备，不要求设备停运，操作简便，检测速度快，工作效率高，在未来的电缆故障检测中将发挥更大的作用。

3. 加强线路的管理监督

加强电力电缆线路的运行维护需要建立有效的管理制度。责任到位、压力到位、操作到位、监督到位，作为在电缆线路运行维护管理工作中的基本要求。除此之外，加大科技上投入，增强防护的基础实施，采取积极有效的措施，建立健全基础资料，保障电缆维护、电缆故障测寻、电缆事故抢修等工作切实有效开展。

6.3.3　电力光纤到户网络运维与技术应用

目前电力光纤到户网络运维项目分类如表 6-4 所示。

表 6-4　　电力光纤到户网络运维项目分类

项目	内　容
基础维护	驻地网设施及其配套设备的日常巡查、维护、检测及故障处理
例行测试	日常例行测试及维护过程中涉及的各类专项测试
设备调整	配合开展设施的调整、搬迁、改造等工作
文档资料	建立维护档案资料，包括竣工资料、拓扑图、关联企业设施资产标识、日常维护记录及分析报告等

OPLC 状态监测装置在 OPLC 光网络设施运维中实现应用，是通过对 OPLC 复合缆的温度、负荷电流、光功率参量的测量，在经过数据对比分析之后，给出 OPLC 运行状态的评估建议，为运维人员了解 OPLC 复合缆的状况、制订检修计划、对故障位置进行定位提供指导。开展 OPLC 状态监测装置使用，需要了解 OPLC 光网络的现场实际情况，根据基础设施工程特点，提出可行性监测装置的测试方案。

1. 运维作业环境

电力光纤到户网络中各个节点位置环境条件差别很大，通信网络运维与配电网络运维有明确的划分，因此要考虑通信网络人员在运维中避开强电部分的重叠操作区域，保障人员安全。FTTH 网络节点典型位置是 OLT 信息室、配电室、派接间、楼层分户间等空间位置。

典型的光纤复合低压电缆布线示意图如图 6-21 所示。

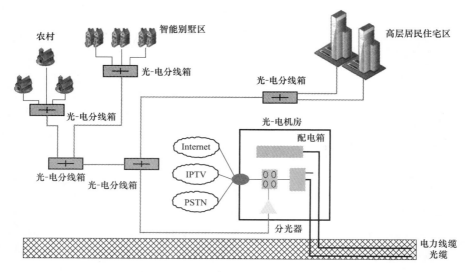

图 6-21　光纤复合低压电缆布线示意图

　　针对高层住户的光纤入户方案如图 6-22 所示，在光-电分线箱分相引出配网用光纤复合低压电缆至楼层分线盒后，再由分线盒引出入户用光纤复合低压电缆至每个家庭。

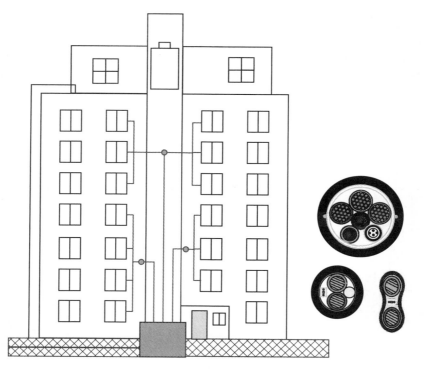

图 6-22　高层建筑电力光纤到户用户侧光网络布线示意图

图 6-23 为典型的电力光纤到户局端部署的信息室环境。

图 6-23　电力光纤到户局端部署的信息室环境

（1）OLT 信息室。信息室是 OLT 的上联汇聚点和 PON 光纤网接口处，用于放置 OLT 设备、交换机、内务和平台服务器，是"三网融合"的入口，环境较好，且配备了市电插座。

在信息室中，放置着承载数据和视频业务传输的 OLT 设备，数据/电话网络连接的交换机设备，以及多媒体接入业务的服务器，为用户提供多媒体服务。电力业务应用比如抄表，配置了 OLT 设备。其他设备还有 ODF、机架等。

（2）配电室。配电室是 OPLC 复合缆的分离合并点，配电室中有变压器、开关柜等设施。光电分离点在开关柜位置。OPLC 缆是定制的，为三相四线制形式，内嵌有光缆，光缆比电缆长。电力光纤到户配电室空间如图 6-24 所示。

在配电室空间中，来自信息室的光网络与 OPLC 光网络完成物理接续，实现了光电网络的物理线路的融合。

（3）派接间。派接间是 OPLC 光缆进行光电分离的第一个位置，也是楼宇的低压电缆分配间，安装有空气开关等单元。在派接间，分离出来的 OPLC 光缆，在 ODF 机架上进行跳线、网络配置，连接进入楼宇的光纤连接端口。传统的电力光纤到户建设工程，派接间就是 OPLC 电缆的终点，后面的光纤采用普通光缆接续连接至用户家里。

如图 6-25 所示，在派接间中，可以看到从配电室开始敷设安装过来的 OPLC 缆，电缆含了 3 根导线、1 根地线、1 根光单元。光单元从电缆中分离出后接入到 ODF 机架中去，在如图 6-26 所示的 ODF 光配中完成光纤的接续。

派接间是光电分离的节点，既含有供电的导线单元，也含有传输光信号的光纤部分，同时派接间安装有照明用的市电接口，是进行 OPLC 复合缆状态监测工作的理想位置。在派接间利用 OPLC 监测装置监测线路运行状态，上端可以监测至配电室部分的 OPLC 复合缆情况，下端可以监测至楼层分光单元的 OPLC 复合缆的运行情况。

图 6-24　电力光纤到户　　　　图 6-25　电力光纤到户 OPLC
　　配电室空间　　　　　　网络首个光电分离位置环境

图 6-26　ODF 上实现测量接入

图 6-27　电力光纤到户的
分接间的位置环境

（4）楼层分接间。

楼层分接间是 OPLC 光电分离的第二个位置，来自派接间的 OPLC 复合缆和去往用户的 OPLC 复合缆在此实现接续，电力光纤到户的分接间的位置环境如图 6-27 所示。

2. 监测装置应用

在电力光纤到户网络中，根据统计结果，配电室至派接间、派接间至楼层分接间、分接间至用户单元整个链路使用的 OPLC。配电室至派接间、派接间至楼层分接间的 OPLC 进行温度监测的需求最为突出。

OPLC 状态监测装置设计有分布式温度、电流和光功率三个物理量的测量单元，通过装置的连接接口连接测温光纤、导线和通信光纤实现 OPLC 运行参量的实时测量。在电力光纤到户网络中，派接间是利用 OPLC 状态监测装置开展 OPLC 运行参量测量的理想位置。OPLC 装置应用测试示意图如图 6-28 所示。

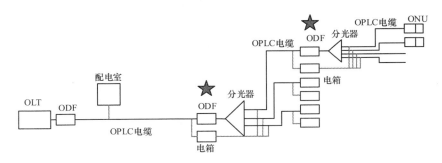

图 6-28　OPLC 装置应用测试示意图

OPLC 状况监测装置运维工作应该由专业人员去执行相关操作和应用。先将该 OPLC 监测装置安装于派接间的位置，并与监测中心保持远程通信，全天候 24 小时实时检测网络状况，获取 OPLC 运行的实时测量参数。OPLC 的光单元中通过测温光缆光接口接入 DTS 分布式光纤测温模块，对整根 OPLC 的径向分布式温度分布进行实时监测，同时在 OPLC 的每相电缆线增加一个对应电流互感器，监测该相电缆线运行电流，在缆的周围安置一个温湿度监控模块，监测 OPLC 的工作环境温度，这样系统就能够实时采集光电复合缆 OPLC 纤芯温度、电缆运行电流和敷设环境温度。此外，还可以通过光功率测量光接口将光功率测量子系统接入 OPLC 光单元接口，获取光纤光功率传输特性。然后，这些采集到的信息通过通信线传输到信息处理及显示模块，对采集的 OPLC 纤芯温度、电缆运行电流和敷设环境温度以及光功率等数据进行分析，得到电缆的线芯温度和光单元的光功率。最后，通过线芯温度计算出通过线芯的载流量，并统计出电缆对应分区的最高温度、电缆的运行温度和电流负荷，从而获得 OPLC 的电流、故障点定位和温度数据之间的对应关系。在远程监测中心，通过对光纤分布式温度数据与对应电缆的运行电流、敷设环境温度进行对比，为线芯运行状态的分析建立一个参照对比系统。

对于 OPLC 缆运行状况参数的监测应用操作如下：

首先，专业人员根据需要登入监测装置系统界面，进行用户管理，开启监测功能，获取 OPLC 实时运行参数，可按监测需求对在配置参数界面对所需要监测的项目进行配置。监测装置具备一定的自动识别和智能化功能，如果监测装置自动监测到异常状况，OPLC 运行电流、温度和光功率衰减超过阈值，则会发生报警。然后，工作人员可以进入实时数据展示界面查看实时数据，其中，电流、光功率采用控件、列表及曲线等展示方式；温度采用曲线、定点曲线、基本统计信息等展示方式，便于运维工作人员分析。最后，对于获得的数据，利用数据综合处理扩展功能，根据业务需求扩展，加载处理模块用以各模块数据分析处理。至此，整个监测装置的应用操作基本完成，运维人员根据获取的有用信息，可以有根据地、有目的地进行实地勘测、维修和设备加强等工作。如果需要，运维人员还可以将数据导出、进行备份，并进行系统日志管理和设备校准等操作。

6.4　本　章　小　结

本章首先分析了 OPLC 监测技术，OPLC 不同于普通的光缆，在复合了电力导线形成新型的复合缆后，OPLC 的安全运行状态和使用寿命便取决于光纤和导线绝缘性能的综合因素了，光纤光损耗的程度和导线保护层绝缘状态是 OPLC 的性能安全状况的主要指标。其次，对实现 OPLC 监测应用的工频电流测量技术、光纤测温技术、光功率测量技术分别进行了研究。研制的 OPLC 状态监测装置能够一体化采集温度、负荷电流和光功率三个物理量，在监测装置用户界面上同屏展示 OPLC 的运行情况。在对采集数据深入分析基础上，实现 OPLC 运行健康状况的评估、预警故障及定位故障位置。最后，对 OPLC 状态监测装置的运维技术及应用情况进行了研究。OPLC 状态监测装置作为运维人员的常规工具，实现对 OPLC 运行情况的了解，首要就是建立装置使用方法、测量数据管理方法，以及如何使用 OPLC 网络故障预测和故障定位功能等应用，形成明确应用规范，有助推广使用。运维人员围绕着 OLT 信息室、OPLC 电缆、派接间、楼层分线箱等位置，开展光纤传输光缆和设备的巡检，查看光缆和设备的运行情况，对常见性能指标进行测试。

在 OPLC 监测技术上考虑到设备便携性、一体化、多参量、快速测量等设计理念，研制了一种新型的监测工具。通过利用这个工具，辅助运维人员提高电力到户光缆检修效率，用新的方式消除对传统光缆线路维护模式的依赖，减少人力、物力的大量投入，协调设备管理与业务管理，提高光纤线路资源管理分配效率，准确高效进行线路故障排查，多层面、多维度提高提高光网络运维能力。

6.5　参　考　文　献

［1］　邓桂平，陈俊. 智能用电小区及其关键技术［J］. 湖北电力，2010（S1）：73-75.

［2］　张保会，刘海涛，陈长德. 电话、电脑、电视和电力网"四网合一"的概念与关键技术［J］. 中国电机工程学报，2001（2）：61-66.

［3］　钱建林，鲍继聪，赖华聪. OPLC 助力智能电网规模商用［J］. 通信世界，2010（S1），45：35.

［4］　丁佳，孙继成. 智能用电小区中通信平台建设研究［J］. 供用电，2010（6）：8-12.

［5］ 余贻鑫，栾文鹏. 智能电网［J］. 电网与清洁能源，2009，25（1）：7-11.

［6］ 张林山，杨晴，崔玉峰，王骏. 面向"三网融合"的低压配网通信技术综述［J］. 云南电力技术，2011（1）：28-30.

［7］ 陈浩；王世颖；胡国华；光纤复合低压电缆（OPLC）的开发［A］. 中国通信学会2011年光缆电缆学术年会论文集［C］. 2011.

［8］ 李希，杨建华，齐小伟等. 光纤复合电缆的应用分析与探讨［J］. 电力系统通信，2011（7）：24-27.

［9］ 陆春校，徐眉，魏学志. 光纤复合低压电缆前景展望与工艺结构［J］. 电线电缆，2012，（2）：14-16.

［10］ 黄俊华. 电力架空光缆［J］. 电力系统通信，2002，23（3）：10-13.

［11］ 刘世春. 对OTDR测试光纤链路某些问题的分析［J］. 电信工程技术与标准化，2005（12）：70-77.

［12］ 胡先志，刘泽恒等. 光纤光缆工程测试［M］. 北京：人民邮电出版社，2001.

［13］ 胡汉平，程文龙. 热物理学概论［M］. 中国科学技术大学出版社，2009.

［14］ 郭文元，雷颖等，高压电气设备中导电连接处温度状态检测［J］. 高电压技术，1996，22（3）：33-35

［15］ 周健健. 电缆故障检测中温度传感的研究［D］. 南京邮电大学，2012.

［16］ 李志强，张俊华. 光电复合缆在接入网中的应用［J］. 光通信专题，2012（3）：22-26.

7 电力光纤到户应用

电力光纤到户实现了能源和信息基础设施的共享和融合，大幅度降低了运营维护成本，是构建节约型社会的重要技术手段。目前，我国已经开展了一些试点示范工程，探索基于电力光纤到户的智能小区和智能园区建设。在电力光纤到户的基础上，采用无源光网络技术，承载"三网融合"、智能供用电信息交互以及综合能源信息采集与传输等业务，能够极大地丰富和改善人们的生产生活方式，是能源互联网和智能电网的重要发展方向，具有广阔的应用前景。本章从"三网融合"、智能配电网和智能用电以及能源互联网和综合能源系统三个方面全面地阐述了电力光纤到户在各个新技术领域的应用。

7.1 电力光纤到户在"三网融合"中的应用

"三网融合"是指电信网、广播电视网、互联网在向宽带通信网、数字电视网、下一代互联网演进过程中，三大网络通过技术改造，其技术功能趋于一致，业务范围趋于相同，网络互联互通、资源共享，能为用户提供语音、数据和广播电视等多种服务。"三网融合"从提出的那天起就受到了世界各国的广泛关注。在我国，"三网融合"一开始就作为国家战略被提出。经过十多年的发展，"三网融合"已经到了全面双向进入阶段，但仍存在着较大的发展空间。在此背景下，电力光纤到户的强势介入，能够打造开放的新型公共服务基础平台，承载电信网、广播电视网和互联网信号，服务"三网融合"，实现资源合理利用，进一步推动"三网融合"的快速发展。

7.1.1 我国"三网融合"的发展与存在的问题

"三网融合"有利于网络资源实现最大程度的共享，其最终目标是一张网上能提供语音、视频和数据三种业务捆绑。"三网融合"是近几十年来现代信息通信技术不断发展和创新的结果，是数字化技术发展在信息通信领域带来的融合趋势的体现，在信息革命的发展史上具有里程碑的意义：①"三网融合"可以打破国家广播电视总局在内容输送、电信在宽带运营领域的长期垄断地位，令他们不断改善自身服务，增强自身实力，从而获得更多消费者的支持；②"三网融合"能够极大地减少基础建设投入，通过简化网络管理，降低维护成本，原本独立的专业网络也逐渐转变为综合性网络，提升网络性能，提高资源利用率；③在业务方面，"三网融合"使信息服务从单一转向了多媒体综合业务，在继承话音、数据和视频业务的基础上，通过整合网络，衍生了图文电视、VoIP、视频邮件和网络游戏等增值业务，扩大了业务范围。

近年来，我国政府一直致力于大力推动"三网融合"的发展。2001年3月通过的"十五"计划纲要，第一次明确提出"三网融合"："促进电信、电视、互联网"三网融合""。2006年3月通过的"十一五"规划纲要，再度提出"三网融合"："积极推进"三网融合""。2008年以来，国务院先后批转的关于数字电视产业发展、深化经济体制改革等一系列文件中都将"三网融合"列为重要举措。2010年10月，"三网融合"12个试点城市名单和试点方案正式公布，"三网融合"进入实质性推进阶段。2015年8月，国务院出台了《"三网融合"推广方案》国办发〔2015〕65号，这是继2010年推出"三网融合"方案以来又出台的新方案，明确了新时期的工作目标、主要任务及其主体责任。

经过多年的发展和推动，一方面，"三网融合"已经取得了一些阶段性的成果。目前，互联网和电信网已经基本实现融合，电信网、互联网与广电网的融合也已进入了快速发展阶段。但另一方面，在国家战略层面的大力支持下，经过长达10多年的不断推动，仍然没有实现完全的"三网融合"，可见我国"三网融合"的发展可谓困难重重、道路曲折。

制约"三网融合"快速发展的因素主要有以下几个方面：

（1）多头管理，政出多门。整个"三网融合"产业由于行业划分的不同，分别处在不同的部门监管之下。工信部是电信行业的管理机构，负责电信运营商的牌照发放和电信企业互联互通等经营性事务的管理，同时还负责频率资源的管理分发，以及电信服务质量的管理，却不拥有独立的市场准入、价格监管权。广电部门则同时受国家广播电视总局（简称广电总局）、中共中央宣传部（简称中宣部）等部门的管理，这也是由广电部门作为党和政府喉舌和"条块结合、以块为主，分级管理"的实际情况决定的。互联网的管理部门就更加复杂：中华人民共和国工业和信息化部（简称工信部）负责管理ISP和ICP业务，同时广电总局、国务院新闻办、文化部、公安部、国家保密局等都对网络内容进行管理。多头管理的一个重要弊端就是政出多门，缺少统一的指挥，各部门各自为政。由于各部门本身的局限性，在制定政策法规时都站在本部门的利益上，因此部门之间协调性差，造成了资源的浪费和效率的缺失。

（2）三网主体的复杂性。互联网与电信网都具有完整的经济属性和产业属性，其运营主体都是企业；广电有线网在台网分开改革中被定性为产业属性，各级运营商都实行企业体制，但是广电总局曾明确指示和强调，广电业的节目（内容）制作、播出、传输等各环节都有导向性。因此，广电与电信、互联网双向进入开展对方业务并不完全对等，仅限于产业方面，"三网融合"过程中在属性和职能方面也不可避免地存在一些冲突，而广电网的公共属性实为广电部门与电信部门争夺内容集成播控主导权的决定性筹码。

（3）三网发展的不均衡也给融合带来了更多的问题。近年来，电信进入了4G时代，互联网进入了移动和智能化时代，而电视传媒业还在传统业务及行业内缓慢"进化"，与电信业与互联网业的差距也在急剧拉大。在这种背景下，一方面，三网技术发展的不平衡给各自网络平台的融合带来了一定的技术障碍；另一方面，我国电信运营企业经过多轮改革重组，已基本形成了有效竞争的市场格局。与电信企业相比，广电运营商的实力差距还很大，不仅尚未形成全国统一的广电运营企业，也没有实现完全的市场化，盈利能力很弱。比如，IPTV的出现已经给传统的广电有线电视业务带来了严重的冲击。这种情况导致了"三网融合"更可能是电信和互联网业对广电业务的渗透，而广电网向电信和互联网的发展竞争能力十分有限，导致了行业利益难以平衡，这也在一定程度上阻碍了"三网融合"的快速发展。

7.1.2 电力光纤到户促进"三网融合"的战略意义

从上述分析可知，我国"三网融合"一直推行缓慢，与电信、广电与网络运营商之间相互形成了利益壁垒有关，各方各自拥有着自己的优势资源或垄断区域，互不相让，不肯拱手将自己掌握在手上的优势资源与别人共享。此外，广电运营商仍有事业单位属性，没有完全市场化，电信则与互联网运营商则基本或完全市场化，各方仍然缺乏融合的内在动力与共识。

在此背景下，国家电网公司在"三网融合"的基础上，基于电力光纤到户技术，提出了四网融合的概念，并进行了试点。四网融合即广播电视网、互联网、电信网和智能电网四网融合。尽管最终没能进入"三网融合"方案，但是，国家电网公司将电力光纤入户的发展战略修改为"在实施智能电网的同时服务'三网融合'、降低'三网融合'实施成本的战略"。

图 7-1 给出了电力光纤到户在促进"三网融合"中发挥的重要作用。目前，三网的业务出现大量交叉，但是三网之间只是开始互相进入，并没有实质性地

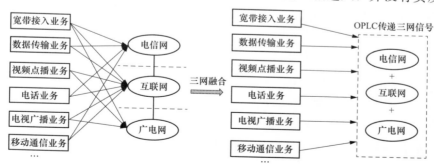

图 7-1 电力光纤到户促进"三网融合"中发挥的重要作用

进行融合。随着电力光纤到户 OPLC 的不断推广和建设，将在用户接入网中真正地实现三网数据使用相同的载体进行传输，所有用户业务都通过电力光纤进行传输，避免了重复建设和资源的浪费。

从本质上来说，电力光纤入户与"三网融合"并没有直接关系。电力光纤到户属于接入网技术，应用于骨干网络到用户终端之间，其长度一般为几百米到几公里，因而被形象地称为"最后一公里"。实质上，"三网融合"的核心并非用户接入，而是广播电视网、电信网、互联网管理体制、内容制造与传播、各方准入等问题的协调和解决。因此，有人认为现在电话线、网线、有线电视电缆都已完成入户，在目前的内容质量下，其带宽足以承载，并不需要使用电力系统的电力光纤，电力光纤可能导致资源被大量浪费。但是，需要注意的是，电力光纤到户一旦正式推广应用，电力光纤在新建小区必将具有天然的优势。所以，对未来的"三网融合"来说，电力光纤入户所起到的将是支撑作用，其产生的实际影响将远远大于各界预期。

电力光纤到户在促进"三网融合"发展方面具有广阔的市场前景和重要的实际意义：

（1）OPLC 将光纤组合在电力电缆的结构层中，使其同时具有电力传输和光纤通信功能。与光纤复合架空地线一样，光纤复合电力电缆集上述两方面功能于一体，因而降低了工程建设投资和运行维护总费用，具有明显的技术经济意义。OPLC 的广泛应用将会为我国的基础设施建设节约近万亿元的直接成本，而且每个家庭的"四网"入户的总投入将降低到原来的 20% 左右。

（2）光纤复合电缆 OPLC 可以节约大量的钢材、塑料等物资资源。我国未来可持续发展面临人口、资源、环境等重大问题，节约资源、综合开发及综合利用资源是我国重要的发展战略之一。

（3）OPLC 的广泛应用将基本消除各类传输网络因明线架设而造成的黑色污染（视觉污染），不再需要各种线路敷设时各自到处破路挖沟埋缆、穿墙凿洞，只要随着电力线在建筑物内布线，OPLC 网络能够铺设在建筑物的每一个角落。这样的公共传输网建成后，展现给人们的是一个绿色、环保的通信网络，它也将最大限度的削减电磁辐射源，净化人们生活的电磁环境。

（4）OPLC 一旦进入商业化阶段，将会给中国电信市场改革和互联网带来极大的发展空间，还将对线缆行业的精细制造技术提出了新工艺、新结构要求。OPLC 是自主知识产权技术，它不仅具有很好的国内市场，还有广阔的国际市场。预计随着该网络技术的不断发展和成熟，它将会形成世界范围内的具有自主知识产权的公共传输网络系列标准体系，这一系列的知识产权也将成为我国巨大的物质财富。

总之，电力光纤到户技术的提出和发展，符合国家发展战略需求，推动了信息和能源基础设施的融合，将那些与人们密不可分的应用网络连在了一起，并实现优势最大化。在科学技术迅速发展的今天，电力光纤接入技术不断走向成熟、走进千家万户是必然的发展趋势。电力光纤到户实现了三网在接入网部分的实质物理融合，对"三网融合"具有重要的支撑和促进作用，在新建小区中推广电力光纤到户具有重要的战略意义。

7.1.3　电力光纤到户服务"三网融合"

国家电网公司在"三网融合"的基础上，基于电力光纤到户技术，提出了四网融合的概念，并进行了试点。国家电网公司将电力光纤入户的发展战略修改为"在实施智能电网的同时服务'三网融合'、降低'三网融合'实施成本的战略"。

国网信息通信有限公司是国家电网公司负责推广电力光纤到户，促进电网与电信网、广电网、互联网融合的执行方。国家电网公司和国网信息通信有限公司将电力光纤到户定位为"为'三网融合'提供支撑"。此外，电力光纤到户也可以为传感网、物联网、泛在网服务，目标是为每一个用户提供300M的带宽。

通过重新定位，国家电网公司明确了电力光纤到户的发展方向，其对"三网融合"的服务主要体现在以下几点：

（1）打破僵局，为新建住宅小区提供了一条完全不同的物理接入方案。在现有的住宅小区中，电信网、互联网和广电网所需的电话线、网线和有线电视电缆都已完成入户，各网络主体也都利用自己的优势资源或垄断区域，互不相让，形成了实质的行业壁垒，极大地限制了"三网融合"的进一步发展。

在这种背景下，在新建住宅小区中推广电力光纤到户将为"三网融合"另辟蹊径。首先，在新建住宅小区推广电力光纤到户具有明显的成本优势，是一个十分具有竞争力的接入方案。电力光纤到户能够节约线路建设投资成本，还能够节省敷设和维护成本，在国家电网公司的大力推动下，只要解决了维护主体责任划分，制订合理的线路租赁使用方案，就可以与电信和广电运营商开展合作，国家电网与三网的主体之间并不存在直接的竞争关系。事实上，国家电网与电信运营商已经开展了合作。紧随国务院公布第一批"三网融合"试点城市名单之后，国家电网公司和中国电信两大巨头高调宣布开展战略合作，意味着国家电网将会加入"三网融合"市场，同时也昭示着电信运营商希望加入智能电网中的通信和应用市场以及物联网市场。其次，采用电力光纤到户接入，接入网中数据物理承载平台的统一使三网的数据都在相同的光纤通道中传输，实现了形式上的融合，为三网业务上的进一步融合铺平了道路。只要三网在业务上的壁垒进一步放开，真正的"三网融合"即将实现。在各方谨守壁垒互不相让的背景下，电力光纤到户对三网的实质融合起到了推动和促进作用。

（2）强势第四方的介入，打破垄断壁垒，提高市场效率，促进"三网融合"。国家电网公司利用自有资源优势参与电信市场的竞争，这在国外早有成功的先例。在电力通信改革卓有成效的英国，1993 年正式组建并具有电信经营权的电通公司为英国国家电网公司所拥有的 ENERGIS 通信公司，在与当时英国两大电信运营公司的竞争中，以最新的技术、最可靠的网络、最高的性能赢得了英国广播电视公司 BBC 的一项为期 10 年的合同。因此，ENERGIS 公司跻身于英国最富竞争力的电信公司行列。2001 年年底，美国较大的 7 家电力公司联合组建美国光纤公司，该公司利用电力系统的资源在全美境内建设光纤网络，并出租光纤、电路带宽，经营网络等业务。2012 年 3 月 29 日，日本东京电力公司也开始在东京的三个区正式开展通信业务，其采用的技术为光纤到户，通信速度为 100Mbit/s 字节，并且接入费用低于日本 NTT 公司。事实上，日本东京电力公司已经成为 NTT 公司最大的挑战者。因此，国家电网公司一旦进入电信市场，就当前的技术条件和其他优势，将在该领域具有较强的竞争优势。从上述分析可知，在欧美等发达国家的开放市场中，都有电网公司进去电信行业并通过竞争有效提升服务、提高效率的成功先例。事实上，在智能电网建设背景下，电力行业与电信和广电行业也出现了双向进入，电力和信息基础设施的融合已初现端倪。2016 年，中国铁塔公司已经在北京、上海、深圳和江苏的个别地市开始尝试建设充电桩，标志着中国铁塔公司正式进入充电桩业务。

（3）电力光纤到户采用最先进的无源光网络技术，能够促进行业技术升级，促进光通信产业发展。电信行业的垄断性质导致了内在的技术更新动力不足，电力光纤到户在用户接入网部分采用了最新的无源光网络技术，能够引领行业技术进步，促进其他非电力光纤到户小区的技术更新和改造。通过引入更多的竞争主体，电力光纤到户将以更优质的服务和更低的价格造福广大用户。此外，电力光纤到户对新技术的投入也将促进光纤通信技术的发展，给我国相关产业带来一个重要的战略发展机遇。

（4）为能源、电力基础设施的智能化应用提供平台，创新服务模式。目前"三网融合"存在的主要问题是没有一个大家都能够接受的，实现行业利益平衡的融合方案，导致融合网络主体之间互不相让，形成了僵局。电力光纤到户的应用，能够为能源、电力基础设施的智能化应用提供新的公共平台，能够有效促进物联网，传感网等新一代互联网＋技术的发展。比如，电力光纤到户接入后产生的智能用电和智能家居业务，可以为网络运营商和电信运营商带来新的增值业务。随着网络带宽的增加和智能化应用的普及，将产生越来越多的增值业务。对"三网融合"来说，相当于为三网的运营主体提供了更广阔的业务发展空间，将"三网融合"行业蛋糕做大。电力光纤到户的引入，将有效促进新业务的出现，为突破三网业务之间的壁垒提供新的捷径。

（5）随着电力和信息基础设施的进一步融合，电力光纤到户将有效促进无线宽带网络覆盖的发展。依附在电力光纤接入网网络上的无线宽带接入网，具有小功率、低辐射、密布点、无空白覆盖等优点，是今后网络发展的主要方向之一。无线接入基站（点）的收发信设备可以根据不同的需要随意安装在通过精心设计的电力杆、路灯杆上，因为电力杆或路灯杆无处不在，通过精心巧妙的设计可以使基站模块、天线、电力杆、路灯杆等之间实现优美的工艺组合，同时省掉了造价不低且庞大的天线支架系统。这种以复合型电力公共传输网为主、支干线路，以小功率、低辐射、密布点、低价格为无线接入的组网方案也十分适应偏远地区和广大农村地区的通信需求。到那时人人都可享受到无线宽带的网络生活，这也是下一代网络发展的重点。

电力光纤入户小区采用 OPLC＋EPON 的用户网络接入方式，即以 OPLC 为传输载体，利用 EPON 技术构建电力高速数据网，构建覆盖小区的光通信网络平台，实现利用电力通道将电信网、有线电视网和互联网统一整合，提供数据、语音和视频业务的相互融合。

光缆网络作为基础的物理承载网络，是组网建设中的重中之重。在小区组网建设中，可根据小区建筑特点及用户数量选择光缆种类，确定光缆芯数及合理布局光缆交接位置等。根据小区所承载的"三网融合"和其他业务类型的需求，做到合理的位置布局，尽量减少光纤接续点，同时便于依据未来的业务需求对其进行扩展。"三网融合"OLT 设备上行多个 GE（光/电可选）接口，分别对接运营商数据网络、NGN 平台，实现用户数据和语音汇接。OLT 的 PON 口下行，分光后到达用户室内的 ONU。ONU 设备用户侧接口应配置 FE 接口，可依据实际需求选配 POTS、CATV 等接口。ONU 终端位置宜选在用户家中。

"三网融合"业务的分光方式可选择一级分光或二级分光模式。优先选用一级分光，且光分路器宜设置在小区/路边光分配点。在用户数比较分散，最大分光端口无法有效利用时，建议采用二级分光的模式。光分路器依据用户接入点的设置和容量进行配置，应尽量靠近用户，以节省配线光缆，方便布线施工。

7.2   电力光纤到户在智能配电网和智能用电中的应用

未来电网发展不完全是以一根铜线为介质传送电能。在智能电网中，信息通信不再仅仅是支撑电网发展的技术工具，而是实现了与电网的深度融合，支撑电网与客户的互动，这种互动引发了电网服务方式和能源利用方式的转变，同时也会促进电网从生产到供给整个环节发展方式的变革。电力光纤到户为智能配电网和智能用电技术的发展提供了理想的信息通信平台，能够有效促进智能配电网和智能用电技术的发展。

7.2.1   我国智能电网建设的提出与发展

智能电网是电网技术发展的必然趋势。

世界范围内对智能电网并没有统一的定义，各国对智能电网的理解也不尽相同。美国的智能电网突出可再生能源和新技术应用，并力求将分散的智能电网集结成全国性的先进电力网络，实现全国范围内的电力系统的优化运行和管理。欧洲智能电网发展的最根本出发点是推动欧洲的可持续发展，减少能源消耗及温室气体排放。围绕该出发点，欧洲的智能电网目标是支撑可再生能源以及分布式能源的灵活接入，以及向用户提供双向互动的信息交流等功能。欧盟计划在 2020 年实现清洁能源及可再生能源占其能源总消费 20％的目标，并完成欧洲电网互通整合等核心变革内容。

我国由国家电网公司于 2009 年 5 月公布的"坚强智能电网"是以坚强网架为基础，以通信信息平台为支撑，以智能控制为手段，包含电力系统的发电、输电、变电、配电、用电和调度各个环节，覆盖所有电压等级，实现"电力流、信息流、业务流"的高度一体化融合，是坚强可靠、经济高效、清洁环保、透明开放、友好互动的现代电网。

我国坚强智能电网的建设计划分为三个阶段：①第一阶段（2009～2010 年）注重制定发展规划和各种技术解决方案的标准；②第二阶段（2011～2015 年，第十二个五年计划期间）为全面建设阶段，覆盖输电、配电和用户各个环节；③第三阶段（2016～2020 年）是改进阶段，如今中国正处于第三阶段，此前完成的部分多为输电系统的建设，而现在的重点在配电系统上。

智能电网是将信息技术、通信技术、计算机技术、先进的电力电子技术、可再生能源发电技术和原有的输配电基础设施高度集成的新型电网，被世界各国视为推动经济发展和产业革命，实现可持续发展的新基础和新动力。目前，我国坚强智能电网建设已经纳入国家战略，国家有关部委、研究机构和企业正在开展对智能电网的研究和规划工作，这标志着在未来能源革命的蓝图中，智能电网将占据十分重要的地位。

7.2.2　智能配电网与智能用电

智能配电网是智能电网的重要组成部分，是智能电网研究的一个热点，也是智能电网研究和发展最为活跃的领域之一。配电网直接面向用户，控制、保障用户的供电质量。目前用户停电 95％是由配电系统引起，电网 50％的损耗发生在配电网中，但是现在配电网的自动化程度远低于输电网，因此，智能电网相对于传统电网产生的最大变革将体现在配电网，配电网智能化是建设智能电网的重要环节。

配电网智能化是同时服务于电网从业人员和用户的，体现在智能供电和智能用电领域，其技术实施的立足点主要是在用电侧引入能够直接与发电侧进行互动的机制，海量用户可通过该机制参与到电能的协调分配中。依托坚强智能电网和信息技术，智能配电网将构建智能供用电双向互动平台，实现电网与客户能量流、信息流、业务流实时互动，实现用电远程监控、自动节能的低碳生活，提高客户侧用电质量和智能化用电水平。

智能用电是智能配电网的重要环节，直接面向社会和用户，将供电端到客户端的重要设备，通过灵活的电力网络、高效设备和信息网络相连，形成高效完整的用电和信息服务网络，通过电网和用户的灵活双向互动实现电力资源的最佳配置。智能用电的用户可以通过各类终端设备及时地获知用电信息、电价、预付电费、剩余电费、告警信息以及电价政策等相关内容，可以随时随地支付相关费用，并通过可视化界面接受小区信息、社区服务等增值服务。

智能用电的发展一般以智能电能表的推广为起点，通过智能交互终端和户内交互平台的开发和建立，逐步实现全面的需求侧响应。近年来，我国智能用电技术取得了较大的发展，但也存在着一些不足，主要体现在以下几个方面：

（1）我国在智能电能表和高级量测研究领域有一些技术处于国际先进或国际领先水平，具备一定的技术优势，但在智能用电服务技术整体发展上和国外先进水平相比，还存在一定差距。

（2）我国在电力光纤到户、用电信息采集、电动汽车充电、智能用电小区、95598项目方面推进速度较快，但在双向互通方面仍处于起步阶段。

（3）在智能用电业务体系建设方面，各类系统与客户之间的互动功能尚不充分，系统功能需进一步开发和整合，还不能完全适应智能化用电服务的要求。

（4）在智能用电关键技术装备方面，原有的大客户负荷管理和低压集中抄表系统建设标准化程度较低，技术方案和功能实现存在较大差异，电能表及采集终端型式多样、智能化水平不高。面向客户侧的通信网络资源不足。海量信息传输技术和安全保障技术有待提高。

（5）在客户服务体系方面，缺乏对客户个性化、差异化服务需求的研究，服务内容的深度和广度有待进一步拓展，互动手段有待丰富。现有管理标准、业务标准和技术标准部分基于传统营销模式，难以适应智能化用电快速发展给用电服务模式带来的新变化。

（6）在需求响应方面，由于目前政府在电力需求侧管理方面的政策不完善，专项资金投入不足，影响了电力客户和电网企业的积极性。在用能系统能效评测、仿真技术和装备研发及系统建设应用方面，与国外还有一定的差距。目前我国光伏并网发电系统无序接入，并网技术规范及标准体系不完善，缺少相应的检测和评估手段。

（7）在智能家居方面，目前智能家居系统并没有真正的走向普通家庭，智能家居的推广更是缓慢。出现这一现象，显示了巨大市场前景面前行业基础薄弱：标准化工作滞后；行业割据严重；智能家居的概念停留在较浅的层面上，用户个性化的真实需求被掩盖。另外，智能系统产品链中的社会化服务滞后，也是造成目前状况的一个重要原因。

（8）目前电动汽车与电网双向能量转换模式还处于试验阶段，仍需研究技术可靠、成本低廉的满足商业化运行需求的双向变流及通信装备，同时还需要相应的电力市场环境支持，包括峰谷电价政策以及电动汽车接入电网提供调峰调频、负荷调整、需求响应等有偿服务的政策等。

（9）在客户资源开发与利用方面，由于目前还缺乏必要的政策支持，开展增值服务和利用宝贵的用户资源促进金融产业化发展还处于理论研究阶段。

7.2.3　电力光纤到户促进智能配电网建设和智能用电发展

一直以来，通信网络制约着配电网技术的发展，由于配电终端数量庞大、分布范围广，导致配电网通信系统建设投资大、维护成本高。另一方面，随着智能电网技术的发展，国家电网公司对配电网通信的可靠性、传输能力的要求也在不断提高。近年来，我国对于智能配电网的通信网络已开展了广泛的研究，但在实际建设中仍然存在着缺乏总体规划、通信接口不兼容、业务网络相互孤立、通信资源浪费等诸多问题。在此背景下，电力光纤到户给智能配电网建设和智能用电技术的发展带来了新的重要的支撑平台。

电力光纤到户对智能配电网建设和智能用电技术的发展具有重要的促进作用。图 7-2 给出了电力光纤到户在智能用电中的应用。从图 7-2 中可以看出，每种特定的业务都可以采用相对独立的 EPON 来实现，利用电力光纤可以方便地和供电公司实现无缝的通信连接，便于实现各种智能家居和智能用电业务。以目前快速发展的分布式新能源发电为例，利用电力光纤到户技术，不仅其发电数据可以实时地传递到配电网的调控中心，而且可以更深入地参与到电力系统优化运行中，通过实时电价、需求侧响应，既可以为电力系统的绿色、经济和安全稳定运行做出贡献，也能够为居民用户带来稳定的发电收益。

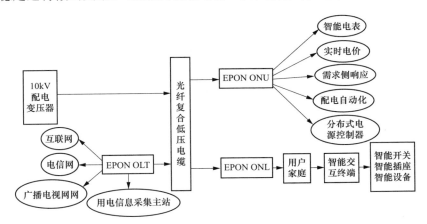

图 7-2　电力光纤到户在智能用电中的应用

以电力光纤到户为切入点，应用无线宽带、电力线通信等多种通信方式的综合解决方案，是满足我国电网配用电侧自动化需求的最佳技术方式。通过电力光纤到户建设，电网在提供电力供应的同时，还能开展基于光纤网络的智能电网配用电业务，比如实时电价、需求侧响应、智能电能表、配电网自动化、用电信息采集等，具体内容如下：

（1）实时电价也就是用电的实时定价。实时定价中，一种最简单的定价方式是峰谷定价，就是在用电高峰时段，用电价格较高，而在用电低谷阶段，用电价格较低，从而激励用户选择避开峰谷时期用电。在实时电价背景下，用户可以根据电价的涨落情况安排自己的生产，将用电从电价高的时段转移到电价低的时段，尽量使生产总成本达到最小，从而起到削峰填谷的作用。实时电价的应用是电力市场化发展的必然结果，高效、实时的通信网络是实时电价实现的物理基础。电力光纤到户解决了电网公司与用户高效、实时交互的技术瓶颈，为实时电价的实现解决了通信交互的瓶颈。电价作为重要的市场参数，需要保证通信的安全可靠，因此可以在OPLC中采用专用的数据通道进行传输。

（2）电力市场下的需求侧响应是通过价格信号和激励机制来保证系统安全可靠经济运行的重要措施。需求侧为传统的基于发电侧的电力运营提供了另一种解决方案。需求侧响应能够为电力运营商和用户提供更加灵活的电能分配方式，从而减少为满足峰值负荷的备用容量投资。同时，需求侧响应通过激励用户，引导用户智能用电，从而实现节能减排，且需求侧响应还能够提高电网安全性和稳定性，提高电能质量。需求侧响应的实现需要有专项信息交互技术保证信息流在供给侧和需求侧之间双向自由流动，而终端用户作为需求侧响应的主体，需要安全可靠的专用通信平台与供给侧连接，由电信网提供的公共网络平台难以满足应用需求。电力光纤到户使用的OPLC中预留有专用的电力需求侧响应通信通道，能够满足快速、安全、可靠的通信需求，在需求侧响应的应用中具有关键的支撑作用。

（3）智能电能表是智能电网的智能终端，它已经不是传统意义上的电能表，智能电能表除了具备传统电能表基本用电量的计量功能以外，为了适应智能电网和新能源的使用，它还具有双向多种费率计量功能、用户端控制功能、多种数据传输模式的双向数据通信功能、防窃电功能等智能化的功能，智能电能表代表着未来节能型智能电网用户智能化终端的发展方向。目前，为了与电网公司进行通信，很多智能电能表使用了全球移动通信系统（global system for mobile communication，GSM）等2G通信协议，这种协议具有众所周知的缺陷，譬如攻击者可以通过伪基站来实现与设备相连。在GSM通信协议中，设备需要接受基站的安全验证，但基站并不需要设备验证，因此黑客可以通过伪基站将自己的命令发送至设备。更糟糕的是，同一个公司的智能电能表往往会使用相同的硬件编码。此外，家庭内部同样由于过时的通信协议以及电能表安装不到位而产生安全隐患。目前，所有的智能电能表都通过ZigBee通信协议与家庭智能设备进行通信。该协议问世于 2003 年，是一个主流的家用自动化通信协议，可以控制从电灯到空调等各种设备。但是，这种协议有多达 15 个标准。设备供应商通常会根据自己的情况选择标准，进而产生安全问题。电力光纤到户实现了光纤和电缆的到表到户，为智能电能表的应用提供了高起点的通信平台，避免了额外的通信基础设施投资，能够满足智能电能表数据的传输需求。

（4）配电网自动化是对配电网中的各类设备的运行工况进行实时检测、监控的集成系统，进而实现配电网的检测计量、故障探测定位、自动控制、规划、数据统计管理一体化。建设配电网自动化必须具备相对完善的智能化配电网络、性能稳定的配网主站和可靠的配电通信系统，而其中通信系统是配电网自动化建设的关键部分，通信技术选择正确与否决定着整个配电自动化项目建设的成败。在建设和改造配电自动化通信系统时应充分考虑并满足配电自动化系统的需求，以覆盖全部配电终端为目的，为配电终端信息接入提供符合要求和标准的通信网络。配网自动化的关键在于寻找一种快速、高效、合理、经济的通信传输方式来传输数据。电力光纤到户为配电网自动化解决了终端的接入难题，随着电力光纤到户的推广应用，电力光纤将广泛覆盖用户小区的不同层次，电网公司只需要将配电网主干线路的专用通信网络与用户小区的电力专用光纤通道相连接，就可以实现整个配电网范围的高速通信连接，为配电网自动化提供安全可靠的通信基础设施。

（5）电力用户用电信息采集系统是对电力用户的用电信息进行采集、处理和实时监控的系统，实现用电信息的自动采集、计量异常监测、电能质量监测、用电分析和管理、相关信息发布、分布式能源监控、智能用电设备的信息交互等功能。通信技术是实现用电信息采集系统的基础。目前，应用于用电信息采集系统的通信技术主要有电力线载波通信、微功率无线通信、无线公网通信、无线专网 230MHz 通信和光纤通信，其中光纤通信具有抗干扰能力强、安全可靠、传输容量大等优点。电力光纤到户可为智能小区用户的用电信息采集提供高起点的光纤通信方案，有效降低用电信息采集成本。采用电力光纤进行用电信息采集，可实现电力和通信基础设施的共享和复用，克服传统光纤用电信息采集成本高、工程量大的难题。

综上所述，智能电网代表着未来电网发展、能源发展的方向，通信网络的支撑作用不可忽视，而电力光纤到户是通信网络支撑智能电网的重要部分。电力光纤到户实现了电力基础设施和通信基础设施的共享和融合，为智能配电网和智能用电提供了高起点的通信传输平台。电力光纤到户能够采用不同的传输通道同时满足电信网业务、互联网业务和电网智能化应用的需求，对智能配电网建设和智能用电技术的发展具有重要的推动作用。

在智能小区建立的电力光纤网络中，智能供用电系统和"三网融合"系统分别采用独立的 EPON 系统。以用电信息采集数据传输为例，用电信息采集

OLT 设备通过 FE、GE 和 10GE 接口上行，OLT 的 PON 口下行，分光后到达用户室内的 ONU。OLT 设备放置位置应根据小区实际情况规划。一般当小区覆盖面积很大，用户数量密集，而周边又没有合适中心机房时，需要选择小区机房作为 OLT 设计的放置点。OLT 设置在小区机房可使户外光缆段的施工量及户外光缆的用量大幅度下降，节省 ODN 费用。用户侧 ONU 用来连接智能电能表、配电自动化终端及分布式电源控制器等终端，接口应配置 RS485 和 FE 接口，其中单个 RS485 接口串接的电能表不应超过 32 块。ONU 设备位置应靠近业务终端，放置在网络接口单元附近或在用户家中。用电信息采集业务的分光方式通常采用一级集中分光。光分路器可放置在弱电井和楼道内，与用户接入点的位置相重合，离用户端越近越好，以减少入户线光缆段的皮线光缆的用量和施工量。

7.3　电力光纤到户在能源互联网和综合能源系统中的应用

"三网融合"关注信息通信领域基础设施的融合，而能源互联网和综合能源系统关注能源与信息通信基础设施的深度融合，在更高的层次上定义了未来的能源与信息网络。2015 年 7 月，发改运行〔2015〕1518 号《关于促进智能电网发展的指导意见》中明确指出："完善煤、电、油、气领域信息资源共享机制，支持水、气、电集采集抄，建设跨行业能源运行动态数据集成平台，鼓励能源与信息基础设施共享复用"。

7.3.1　能源互联网与综合能源系统

目前，国内外的供电、供气、供热或冷等各种供能系统都按自身需求进行单独设计和建设，会不可避免地造成设备利用率低下问题。据统计，美国电力系统的供电设备平均载荷率只有 43%，我国的供电设备平均载荷率不足 30%，载荷率在 95% 以上的时段不足 5%。同样，供气、供热或冷系统也都具有明显的峰谷交错现象。供能系统设备利用率低下造成了社会资源的巨大浪费。此外，单独设计和建设的供能系统彼此间缺乏协调和相互支撑，导致社会供能系统整体安全性和可靠性较差。另外，不同供能系统之间的时空耦合机制和互补替代性存在着巨大的开发利用潜力。冷热电联供（combined cooling, heating and power，CCHP）是一个典型的例子，它通过电、热、冷环节的有机协调，可以使能源利用效率从常规发电系统的 40% 左右提高到 80%～90%。通过各供用能系统间的有机协调与配合，实现一体化的综合能源利用是我国能源可持续发展的重要技术途径。

近年来，伴随着能源互联网和智能电网技术掀起的研究热潮，人们在深刻思考能源互联网发展形态与关键技术的同时，从更高、全新视角审视了多种能

源的综合开发和利用。在此背景下，能源互联网和综合能源系统作为未来 30～
50 年人类社会能源的主要承载形式成为新的前瞻性研究热点，它们均以解决能
源可持续供应以及环境污染等问题为目的，追求可再生能源的规模化开发和能
源利用效率的显著提升，但两者各有侧重。能源互联网强调能源系统的互联及
其与信息通信技术的深度融合，而综合能源系统则主要着眼于解决能源系统自
身面临的问题和发展需求。

能源互联网是综合运用先进的电力电子技术，信息技术和智能管理技术，
将大量由分布式能量采集装置、分布式能量储存装置和各种类型负载构成的新
型电力网络、石油网络、天然气网络等能源节点互联起来，以实现能量双向流
动的能量对等交换与共享网络。与能源互联网不同，综合能源利用并非一个全
新的概念，在能源领域中长期存在着不同能源形式协同优化的情况，比如冷热
电联供技术。综合能源系统可以理解为在规划、建设和运行等过程中，通过对
能源的产生、传输与分配（能源网络）、转换、存储、消费等环节进行有机协调
与优化后，形成的能源产供销一体化系统。

综合能源系统更强调不同能源间的协同优化，而不过分倚重网络互联和信
息通信技术，因为即使一个孤立的微网系统，采用较为传统的控制手段，也能
达到能效提升、满足用户多样性需求的目的。能源互联网可看作是互联网理念
向能源系统渗透或对能源系统再造的产物，因此它更强调能源网络的互联，追
求的目标包含了目前互联网所具有的诸多特征（如对等开放、即插即用、广泛
分布、双向传输、高度智能、实时响应等），因此它特别强调互联网及信息通信
技术与能源系统的深度融合。

能源互联网尽管被赋予了多种功能与内涵，但归根结底它是因能源系统而
生，其目的是为了提升能源系统的运行性能，满足人类对于能源的更高需求，
实现社会能源的可持续供应。尽管能源互联网强调电能的核心作用，其最终作
用对象仍将是包括电、气、热、冷等在内的各类能源系统，并基于各系统之间
的互联实现其功能，而这也正是综合能源系统核心之所在。因此，综合能源系
统必然是能源互联网的服务对象和功能载体。

7.3.2 电力光纤到户促进能源的互联与综合利用

目前，在我国政府的大力推动下，随着电力光纤到户的不断推广，"三网融
合"将进入一个快速发展的机遇期。从技术角度来说，信息通信基础设施逐步
融合的趋势根源于互联网技术发展的强大推动力。随着科学技术的不断发展，
"互联网＋"将掀起一波更大范围内的融合浪潮。

"互联网＋"是创新 2.0 下的互联网发展的新业态，是知识社会创新 2.0 推
动下的互联网形态演进及其催生的经济社会发展新形态。"互联网＋"是互联网
思维的进一步实践成果，推动经济形态不断地发生演变，从而带动社会经济实

体的生命力，为改革、创新、发展提供广阔的网络平台。"互联网＋"的强大推动力必将推动信息基础设施和能源基础设施在更大范围内的深度融合。在此背景下，电力光纤到户作为信息和能源基础设施融合的切入点，必将肩负更加巨大的使命，为推动能源互联网和综合能源系统的建设起到更加重大的推动作用。

以电网为基础的能源互联网是能源与信息深度融合的复杂系统，未来电网在能源传输、能源接入和控制、能源消费等领域将发生深刻的变革，而信息通信技术则是这次变革中的催化剂和支撑器。为了使能源利用更加可靠、经济、便捷、支持智能和个性化应用等功能，能源互联网和综合能源信息通信系统必须具有多源数据实时采集、传输、分析和大规模数据处理的能力。由于多种不同能源形式的汇聚，需要投入大规模的智能终端来实现高精度的态势感知，也需要传输和汇集来源广泛、接口不一的数据源。此外，在能源互联网中，综合能源的信息通信系统应用高级传感、通信、自动控制等技术，实现数据采集、压缩、统计、分析等功能，并通过对用户的综合用能情况进行监测和控制，为实现阶梯能价、多能互补、综合利用等业务策略提供技术支持，是建设能源互联网和综合能源系统的重要基础。综合能源数据采集与通信传输是建设综合能源信息通信系统的物理基础。

图 7-3 给出了电力光纤到户在能源互联和综合能源利用中的应用。从图 7-3 中可以看出，能源互联和综合能源利用将为用户提供综合性的供能服务，通过

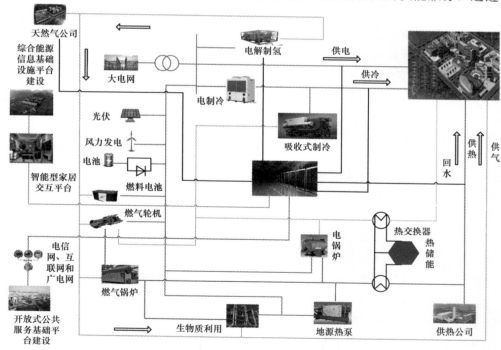

图 7-3 电力光纤到户在能源互联和综合能源利用中的应用

对电能、天然气和冷、热、氢能等能源供应的综合优化，实现能源的高效利用，为居民生活提供更大的便利。在能源互联和综合能源利用的过程中，国网公司可利用通信技术逐步地构建智能型家居交互平台、综合能源信息基础设施平台以及开发式公共服务基础平台。在这些平台的发展和构建过程中，电力光纤到户将是其中关键的一环：①电力光纤到户的覆盖范围属于接入网部分，而能源的互联和综合能源利用也是从小区、社区范围开始发展的，与电力光纤到户的覆盖范围基本重合；②能源的互联和综合能源利用对信息通信基础设施有较高的要求，而电力光纤到户完全能够满足能源数据信息的实时传递要求，并且能够有效节约建设的维护成本，必将随着能源互联网建设的浪潮取得长足的发展。

电力光纤到户对能源互联和综合利用的促进作用主要体现在以下几点：

（1）促进能源与信息基础设施共享、大幅度降低能源与信息基础设施建设和维护成本。"三网融合"能够有效减少电信网、互联网和广电网的重复建设，降低信息基础设施的建设和维护成本。同样，在能源互联网和综合能源系统中，电力光纤到户同样能够作为公共的通信传输平台，有效降低能源与信息基础设施的建设和维护成本。以智能小区的综合能源系统为例，随着科学技术的不断进步和自动化水平的不断提高，电能、氢能、天然气、供热、供冷等能源基础设施在互联网＋的推动下，逐渐向智能化、数字化发展。在此背景下：①为了满足智能化和自动化发展需求，不同的能源形势都需要进行数据采集和信息的实时双向传输，如果由各能源行业分别建设其独立的信息通信系统，则会造成巨大的社会资源浪费；②不同能源形势的智能化、自动化发展程度不同。比如，在综合能源系统中，电、气、热、冷等不同种类的能源，其信息采集的时间颗粒度存在较大的差异，而且不同能源信息的数据元素也不尽相同。具体来说，电能数据的采集时间颗粒度较小，而且存在诸多指标对电能质量进行描述和表征，为了提供高质量的供电服务，需要采集较多的用户数据；相比而言，水、气、热等其他资源、能源的供应则相对较粗犷，供水和天然气公司一般只统计用户每个月的资源、能源使用量，很少关注用户每日的具体使用情况。所以，不同能源形式对信息通信基础设施的需求是不同的，一般占用的数据传输带宽都比较有限，但对实时性和安全性的要求较高。电力光纤到户以最先进的无源光网络技术实现终端用户的宽带接入，完全能够满足智能小区用户不同能源基础设施数据的传输需求。利用电力光纤到户作为公共能源数据信息的通信传输平台，能够有效避免不同能源行业的重复建设，也能够极大地降低通信基础设施的运行维护成本。目前，国家电网公司联合天然气公司和自来水公司推广的多表集抄系统，就是电力光纤到户促进能源和信息基础设施融合、降低成本、提高效率的典型应用。基于电力光纤到户实现的多表集抄系统，是能源与信息基础设施逐步融合的一个切入点。所谓多表集抄，是在智能电能表集抄的基础上接入水表、燃气表等，并将采集的数据通过电力光纤远程传递到管理平台，实现公共能源数据共享、智能用能管理。对居民来说，未来有望一张账单即可显示家庭电、水、气各项用能情况。

（2）在更高层面上突破垄断壁垒，促进能源与信息基础设施的融合，满足人们更高的需求。"三网融合"概念从提出到现在已经走过了 10 多个年头，电信、广电与网络运营商之间相互形成的利益壁垒导致各方互不相让，不肯拱手将自己掌握在手上的优势资源与别人共享，也导致了"三网融合"的发展缓慢。以此为借鉴，与电信和广电行业类似，我国能源行业也大多是具有垄断属性的强势国有企业，电力、天然气、自来水等都是关系居民生产生活的重要行业，这些能源相关行业的互联互通与协调优化运行需要打破更多的行业壁垒，所面临的困难程度要远远高于目前的"三网融合"。因此，在能源互联网和综合能源系统发展的早期，就推广以电力光纤到户为支撑的综合能源信息基础设施平台建设，能够有效避免各能源行业独立发展建设之后形成像"三网融合"一样的坚固的行业壁垒。通过对各能源行业的智能化、自动化进程直接进行整合，建设和推广以能源综合利用为主体功能的智能型家居交互平台，可以实现不同能源、不同业务和不同信息的深度融合，有效促进能源互联网和综合能源系统的发展。电力光纤到户的接入带宽完全能够满足多种能源信息融合的数据传输需求，还能全面支持多种能源互联所产生的能源综合利用业务。推广以电力光纤到户为支撑平台的综合能源信息基础设施平台建设必将在更高层面上突破垄断壁垒，有效促进能源与信息基础设施的不断融合。

（3）促进开放式公共服务基础平台建设，创新服务模式，促进智慧生活应用。随着科学技术的不断发展，在信息通信领域，出现了电信网、互联网和广电网的"三网融合"。在能源领域，出现了各种不同能源形势的能源互联网和综合能源系统。同样，在互联网＋技术的强力推动下，能源、信息以及其他人们生活中不可或缺的、息息相关的科技领域，将在互联网、信息化、智能化的发展浪潮中逐渐的交叉、融合。该融合是以人为本的，以面向人们未来的智慧生活应用为目标。在这一大趋势和背景下，众多和人们生活相关的行业和产业都将面临着重新整合，各种行业壁垒将逐渐被打破，最终提供给人们的将是一种开放式的公共服务基础平台，所有相关的服务都将采用一站式的方式提供给智慧生活的用户。在这一过程中，将产生众多的服务模式和智慧生活应用，具有广阔的市场前景和发展空间。电力光纤到户作为"互联网＋"的终端平台，承载了终端用户的高速接入，是用户与各行业、各应用进行高效双向交互的基础设施平台。在"互联网＋"技术的推动下，电力光纤到户建设的推广和应用将在公共基础设施建设和智慧生活应用领域起到巨大的促进作用。

综上所述，在能源互联网和综合能源系统中，综合能源数据的采集和传输需要对不同类型、不同接口的多源综合能源数据进行感知、汇集和融合，是综合能源信息通信系统中基础数据的来源；综合能源数据的汇集和通信传输需要处理体量巨大的数据集，是实现综合能源的互补开发与高效利用的基础和前提。电力光纤到户能够为综合能源数据的传输提供高带宽的信息基础设施平台，满足多种能源信息的实时交互需求，进而为用户提供一体化的能源智慧生活应用，大力推广电力光纤到户建设，能够提前打破能源行业的垄断壁垒，有效促进各能源行业和信息行业之间社会公共基础设施的不断融合，为技术促进人们的智慧化生活发展起到巨大的推动作用。

7.4　本　章　小　结

本章对电力光纤到户在"三网融合"、智能配电网和智能用电以及能源互联网和综合能源系统三个新技术领域的应用进行了详细的分析。电力光纤到户作为一种先进的用户数据接入方式，能够打造开放的新型公共服务基础平台。它既能够为电信网、广播电视网和互联网信号提供高速可靠的数据通信传输平台，又因为其电力光纤属性，使其在智能配用电、能源互联网及综合能源利用等方面具有广阔的应用前景。

7.5　参　考　文　献

[1]　付冲，任彦斌. "三网融合"技术［M］. 北京：国防工业出版社，2014.

[2]　王孝明. "三网融合"之路［M］. 北京：人民邮电出版社，2012.

[3]　范金鹏，刘骞，丁桂芝. "三网融合"大时代［M］. 北京：清华大学出版社，2012.

[4]　刘振亚. 智能电网技术［M］. 北京：中国电力出版社，2010.

[5]　唐良瑞，吴润泽，孙毅，等. 智能电网通信技术［M］. 北京：中国电力出版社，2015.

[6]　程利军. 智能配电网［M］. 北京：中国水利水电出版社，2013.

[7]　刘建明. 物联网与智能电网［M］. 北京：电子工业出版社，2012.

[8]　章欣. 用电信息采集系统和智能电能表知识问答［M］. 北京：中国电力出版社，2014.

[9]　华鸣，何光威，闫志龙，等. "三网融合"理论与实践［M］. 北京：清华大学出版社，2015.

[10]　刘振亚. 全球能源互联网［M］. 北京：中国电力出版社，2015.

[11]　阿里·凯伊哈尼. 智能电网可再生能源系统统计［M］. 北京：机械工业出版社，2013.

[12]　刘振亚. 中国电力与能源［M］. 北京：中国电力出版社，2012.

[13]　EkramHossain，ZhuHan，H. VincentPoor. 智能电网通信及组网技术［M］. 北京：电子工业出版社，2013.

[14]　中国科协学会学术部. 下一代网络及"三网融合"［M］. 北京：中国科学技术出版社，2010.

[15]　拜克明，张水喜，靳保卫. "互联网＋"模式下的智能电网发展［M］. 北京：中国水利水电出版社，2015.

8 电力光纤到户典型工程

电力光纤是指用于电网通信及调度、保护的信息通道，为电力通信、继电保护、自动化传输等业务提供支撑，其主要形式有光纤复合架空地线、自承式光缆、光纤复合低压电缆等。智能电网要求电力系统以信息技术为支撑实现电网的信息化、自动化和互动化，电力通信网既是电网安全稳定运行的重要保障，也是建设智能电网的信息技术支撑。2010 年 6 月 13 日，国家电网公司在辽宁省沈阳市召开电力光纤到户试点工作座谈会，标志着电力光纤到户试点工程建设全面启动。

电力光纤到户试点工程是国家电网公司坚强智能电网第二批试点项目，在 14 个网省公司的 20 个城市进行试点工程建设，共覆盖约 4.7 万户用电客户。国家电网公司智能电网部会同各试点网省公司及技术支持单位，已开展 14 项企业标准、规范、报告的编制工作，完成 10 个网省公司的试点小区选定工作。

电力光纤到户是指，在低压通信接入网中采用 OPLC，将光纤随低压电力线敷设，实现到表到户，配合无源光网络技术，承载用电信息采集、智能用电双向交互、"三网融合"等业务。电力光纤到户解决了信息高速公路的末端接入问题，可满足智能电网用电环节信息化、自动化、互动化的需求。在提供电能的同时，可实现电信网、广播电视网、互联网的同网信号传输，为用户提供更加便利和现代化的生活方式。电力光纤到户能够实现网络基础设施的共建共享，大幅降低"三网融合"实施成本，提高网络的综合运营效率，在节能环保方面优势明显。

8.1 沈阳市某小区工程

沈阳市某小区电力光纤到户试点工程项目由沈阳供电公司承建。小区共 7 栋联排别墅、4 栋空中叠墅和 2 栋板楼。联排式住宅建筑结构楼层数为 3 层，用户数为 3 户或 4 户；空中叠墅结构楼层数为 3 层，用户数为 3 户；6 层板楼为 4 个单元，每个单元用户数为 6 户，28 层板楼为 1 个单元，每层 13 户。小区全部用户实现电力光纤到户，其中 81 户别墅用户及 50 户商铺用户实现部分智能小区功能。

8.1.1　建设方案

小区内共 15 栋楼，包括 81 户别墅、50 户商铺和 352 户高层，全部作为电力光纤到户试点，其中 81 户别墅作为智能小区试点。小区整体网络架构如图 8-1 所示。

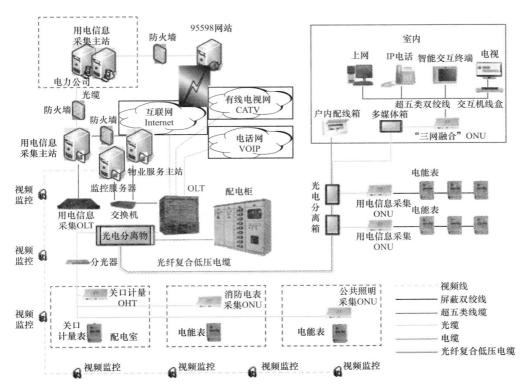

图 8-1　沈阳某小区整体网络架构

8.1.1.1　小区低压通信网建设

1. 光纤通信网络

（1）电气结构。

地下室车库设置 1 个低压配电间，通过强电竖井、电缆沟、槽给多个别墅供电。别墅及板楼配电间由小区 10kV 配电室低压侧引低压电缆进线。

电表设置在地下室电表箱内。

空中叠墅电表设置在地下室配电间。

板楼电表相对集中在楼宇强电井内。

（2）节点配置。

光缆分配点设置在别墅地下室的配电间，在配电间处配置光缆交接箱。

（3）光路由器位置。

用电信息采集光分路器配置：使用集中部署在小区 10kV 配电室的配置 1∶32 光分路器或"三网融合"光分路器配置：使用小区地下室光缆交接箱，配置 1∶16 或 1∶32 光分路器。

（4）OLT 及 ONU 位置。

OLT 设置在物业管理中心主干机房；

用电信息采集配置多个 ONU，放置在用户接入点，通过 RS485 线连接电表。

"三网融合"配置 1 个 ONU，放置在户内多媒体箱内或集中放置在弱电井内。

（5）馈线光缆类型。

采用三相光纤复合低压电缆（OPLC）中纤芯或普通光缆；

路由 1：由主干机房分别沿电缆沟、槽敷设 OPLC 至 10kV 局维箱变 B2、B3，采取一主一从供电方式，以保障物业办公楼机房不间断供电。

路由 2：由主干机房分别沿电缆沟、槽敷设普通光缆至 10kV 局维箱变 B1。

（6）配线光缆。

采用三相光纤复合低压电缆（OPLC）中纤芯或普通光缆；

路由 1：由局维箱变沿电缆沟、槽敷设 OPLC 至楼宇别墅间的低压配电间（用户接入点）。

路由 2：由局维箱变沿电缆沟、槽敷设 OPLC 至空中叠墅间的低压配电间（用户接入点）。

路由 3：由局维箱变沿电缆沟、槽敷设普通光缆至板楼的低压配电间用户接入点和楼层用户接入点。

（7）入户光缆。

采用五类线和电话线入户。

2. 箱变至楼宇配电间设计

根据小区的配电结构，由主干机房至 N-5♯（局维箱变 B2）和水博物馆（局维箱变 B3）地下配电室各敷设一条 24 芯 OPLC 至各楼宇配电间，两端实现 ODF 成端；由主干机房至 N-13♯（局维箱变 B1）地下配电室敷设一条 24 芯普通光缆至楼宇配电间，两端实现光纤熔接、成端，用于用电信息采集通信、PFTTH 通信和低压配网自动化通信。

其对应箱变到各楼宇的线缆敷设示意图如图 8-2 所示。

8.1.1.2　小区低压配电自动化建设

小区配电网是电力系统发电、输电和配电中直接面向电力用户的最后一个环节。通常包括变电站 20kV/10kV 环网柜、配电变压器、配电站、开闭所、小区配电、补偿电容器、用户表前三相开关，主要完成小区范围内的区域性

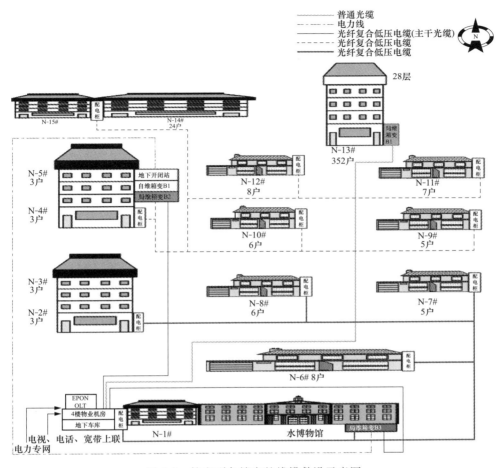

图 8-2　箱变到各楼宇的线缆敷设示意图

SCADA、馈线自动化、智能设备的信息采集与集中、向上一级的配电自动化
管理系统传送数据的任务。

小区配备有 3 个配电室，共 6 座 10kV/0.4kV 箱变。配电自动化系统建设
涉及其中 2 号配电室 2 座 10kV/0.4kV 箱变。每个箱变均有 8～9 条 380V 出线，
首期实现 2 个箱变所有出线的自动化信息采集。在物业机房设计一台配电子站，
起到信息集结、转发作用，是调度中心和远方设备监控终端的桥梁。通过配电
子站最终将采集的信息上传到调度主站系统。低压配电自动化系统示意图如
图 8-3 所示。

配电主站至配电终端单元采用光纤，构成小区配电网工业级 EPON-ONU 网络。

在 2 号配电室配置 1 台 DTU，同时对 2 台箱变的 10kV 进线进行数据采集
和开关控制，实现遥信、遥测功能。采集的数据通过网络线或者 RS485 连接到
ONU，最后上传至配电子站系统，对数据进行处理，如图 8-4 所示。

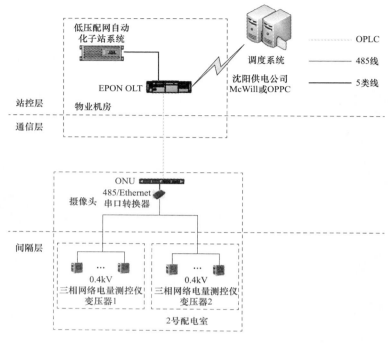

图 8-3 低压配电自动化系统示意图

在 0.4kV 侧，对于各个配电室，每个变压器回路配置 1 台三相网络电量测控仪。经转换器进行协议转换后，监控数据通过配电室 ONU 上传至机房 OLT，最终到达低压配网自动化子站系统，如图 8-5 所示。

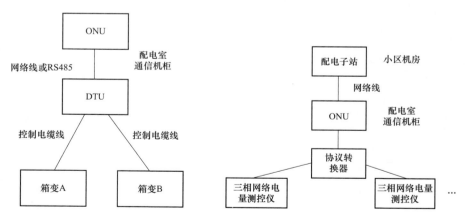

图 8-4 配电自动化调度主站系统连接图　　图 8-5 配电自动化调度主站系统示意图

（1）功能实现。

小区配电系统运行监控：实现小区配电系统及公共用电设施的遥信、遥测等，实现运行监控信息的图形化管理和状态自动报警功能。

无功补偿控制：实时监测低压侧电网运行状况，进行低压侧配电变压器无功补偿控制，提高供电电能质量。

（2）建设内容。

在试点小区配电间建设配电自动化系统，实现供用电运行状况、电能质量监控，并对故障迅速响应；支持电网企业与居住区物业公司的故障协同处理，提高电力故障响应能力和处理速度，并具有与调度自动化系统、电能量采集系统、负荷管理系统、信息管理系统等接口功能。

（3）通信实现。

小区配电自动化属于电力系统生产大区，为了保证控制的安全可靠性，优先采用专网通信方式；小区配电自动化通信应有足够的响应速度、较高的带宽和可靠性。

（4）信息实现。

配电自动化系统可实时监测电网运行状况、电能质量及开关设备状态，为低压侧电网的线损分析、负荷状况、故障处理等提供信息源，主要包括变压器运行、低压侧母线及分支线运行参数、视频监控等信息。

（5）可靠性实现。

为满足小区对供电质量和可靠性的高要求，小区配电自动化设备均通过国家认可的专业机构的质量检测，满足行业、企业相关标准要求，终端设备平均无故障时间≥8760h，维修时间≤2h。

8.1.1.3　楼宇居民用电信息采集系统建设

由主干机房布放光缆至配电室，配电室敷设OPLC至集中电表箱。在集中电表箱放置ONU用于采集，按照业务需求安装ODF及分光器，完成光纤到表入户。用电信息采集系统示意图如图8-6所示。

智能小区用电信息采集系统，本地网络通信通道采用"EPON＋OPLC＋RS485"方式建设，远程信道使用已经敷设到小区机房的电力内网光缆作为远程通道。

8.1.1.4　50户商铺用电信息采集及"三网融合"通道建设

（1）50户商户用电信息采集方案。

根据小区情况采用"窄带载波电能表＋窄带集中器＋采集ONU"的方式对50户商户进行用电信息采集。此方案共需要4台窄带载波集中器、4台采集ONU、屏蔽超五类双绞线约100m。

（2）50户商户"三网融合"方案。

根据弱电图纸及现场勘查，50户商户每户共计预留电话、电视、网络弱电管各2根，电话预留孔、电视预留孔、网络预留孔各2个。

根据小区情况将用户的ONU全部放置在用电信息采集机柜内，每户沿管道

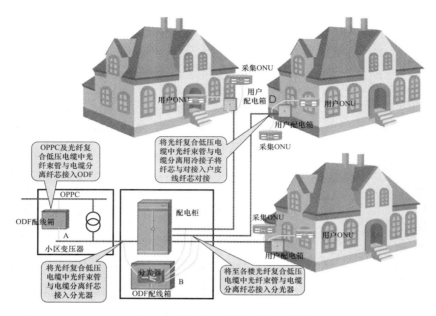

图 8-6　用电信息采集系统示意图

敷设 2 根网线，2 根电话线、2 根同轴电缆入户。为尽量节约机柜空间，每个机柜可并排放置 2 个"三网融合" ONU。

8.1.1.5　别墅住宅智能用户建设

智能小区别墅区 81 户别墅住户共设置智能家庭网关 1 台，智能交互终端 1 台，智能插座 1 组，软件系统 1 套，无线路由器 3 台，实现家庭安防和日常生活信息获取、交互方面的功能。智能用电双向互动服务系统如图 8-7 所示。

图 8-7　智能用电双向互动服务系统图

8.1.2　承载业务及效果

1. 低压配网自动化

低压配网自动化支持小区内低压配网自动化系统及电力系统视频监控功能。通过用电信息采集、双向互动服务、小区配电、分布式电源运行控制等技术，对用户供用电设备、公共用电设施进行监测、分析、控制，提高能源的终端利用效率，实现对小区安防设备和系统的协调控制。

2. 用电信息采集

小区内部信道采用光纤，实现全覆盖、全采集，支持预付费、用电信息采集、用户数据分析以及数据同享等功能，实时获取用户用电信息并掌握用电规律。通过采集的实时用电数据对用户现场用电进行实时监测，对用电异常产生告警信息，通过对告警信息的分析处理及时发现并消除计量故障，维护供用电双方经济利益。

3. 智能双向互动服务

具备电网与用户、社区与居民、各应用系统间的双向互动服务平台。小区住户可通过智能家庭网关、智能交互终端、智能交互机顶盒等设备，以营销业务应用系统为支撑，利用 95598 互动网站、短信、语音等多种渠道，构建智能用电互动服务平台，实现电网与客户的双向互动。根据客户的定制要求，向客户提供信息查询、智能分析与远程控制等灵活多样的服务，进一步提高能量利用效率。

4. 用电交互服务

用电交互服务主要指电力公司与用户之间的双向交互。

用户通过智能交互终端可以查询自己的缴费记录，可以接受电力公司发布的相关用电政策和通知。该功能需电力公司 95598 网站提供相应业务，包括：供停电信息发布、用电分析和用能建议。

5. 智能家居

支持智能家居，包括智能电器管理、智能安防、小区与家庭能效管理及远程控制系统。

社区管理系统可提供商业和公益广告发布平台，可以向各个终端发布社区新闻、公告通知、广告等，同时交互终端界面上可显示时间、气温、风力、用户用电信息等。

通过安防装置及有线、无线网络，实现安保、急救等事件的自动上报，协助进行隐患的消除，在发生紧急情况时使相关人员能够及时快速采取应对措施，在一定程度上保障家庭成员的人身和财产安全。

能效管理及远程控制系统能够有效提高能源利用效率、减少能源浪费，推动低碳电力、低碳能源乃至低碳经济的发展，以达到各方状态的优化。

6. 智能分析与控制

智能分析与控制主要包含家电信息采集、家电用能分析、家电模式设置、家电远程控制 4 个部分。家电信息采集主要是通过智能插座对智能家电、普通家电设备进行电量、电压、电流、功率的采集。家电用能分析主要对采集到的家电信息进行智能分析。家电模式设置主要是根据用户生活习惯，设置不同的家电联动模式，如舒适模式、睡眠模式等。家电远程控制主要是指通过电话、Web 等方式对家里的电器进行远程开关控制。

8.2　北京市石景山区某小区工程

北京市石景山区某小区，共有 12 栋楼、25 个单元，共计 1898 户居民和若干底商，底商分别位于 1♯A 楼、3♯楼和 5♯楼的第一、二层。居民计量方式为"一户一表"。该电力光纤到户工程由北京国电通网络技术有限公司承建，建设投运时间为 2011 年。

8.2.1　建设方案

1. 配电结构

小区配电系统将本社区居民部分规划为 3 个供电区域：①小区 3♯楼、4♯楼、8♯楼、12♯楼由 1♯配电室供电；②5♯楼、7♯楼、13♯、14♯楼由 2♯配电室供电；③1♯楼、9♯楼、10♯楼、11♯楼由 3♯配电室供电。

各个配电室的配置情况如下：

1♯配电室：小区通信机房设置在 1♯配电室，1♯配电室至 3♯楼、4♯楼、8♯楼、12♯楼各需 1 根 OPLC，另各备份 1 根普通光缆；至 2♯、3♯配电室各需 1 根普通光缆。共需 192 口 ODF，1 个用电信息采集 1：32 分光器，一台用电信息采集 ONU，2 台 600×800×2200mm 机柜。放置设备需 20m² 并可取电。

2♯配电室：2♯配电室至 5♯楼、7♯楼、13♯楼、14♯楼各需 1 根 OPLC，另各备份 1 根普通光缆；至小区通信机房需 1 根普通光缆。共需 144 口 ODF，1 个用电信息采集 1：32 分光器，一台用电信息采集 ONU，1 台 600×800×2200mm 机柜。放置设备需 10m² 并可取电。

3♯配电室：3♯配电室至 1♯楼、9♯楼、10♯楼、11♯楼各需 1 根 OPLC，另各备份 1 根普通光缆；至小区通信机房需 1 根普通光缆。共需 144 口 ODF，1 个用电信息采集 1：32 分光器，一台用电信息采集 ONU，1 台 600×800×2200mm 机柜。放置设备需 10m² 并可取电。

2. 组网结构

电力光纤到户从逻辑上分为设备层、业务层和通信层。设备层包含电力光纤到户小区所有接入电力光纤网络的终端设备，如智能电器、智能家电、安防传感器、高清电视、IP 电话、互联网设备、水表、气表等；业务层是指智能小区电力光纤网络承载的所有业务系统；通信层是指通过 EPON（以太网无源光网络）构建的网络平台。EPON 是一种采用点到多点结构的单纤双向光接入网络，由网络侧的 OLT、用户侧的 ONU 和 ODN 组成。目前智能小区的 PFTTH 网络可分为三段：①从 OLT 小区机房到光缆分配点的馈线段；②从光缆分配点到用户接入点的配线段；③用户接入点到 ONU 端的入户段。

PFTTH 网络的局端是 ODN 网络的起点，一般为 OLT 设备放置的位置，局端通常设置在小区 10kV 开闭所（配电室）或中心机房；光缆分配点是指靠近 OLT 局端的光纤集中汇聚点或分配点，通常设置在楼宇低压配电室；用户接入点是多个用户的光纤或网线集中汇聚点，通常设置在楼宇单元弱电竖井内，依照设计原则中的楼宇相关性，用户接入点尽量选在配电电缆连接的节点处；终端是 ODN 网络的终点，通常选择放置 ONU 设备的位置作为终端，根据 EPON 网规模和网速的定位可将终端设置在楼宇单元内或用户家庭内部。

小区组网示意图如图 8-8 所示。

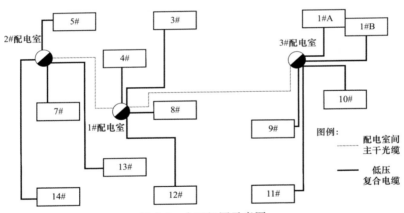

图 8-8　小区组网示意图

（1）网络节点的选择。

机房设置在小区配电室，小区配电室至各个楼宇配电室采用低压复合电缆。机房实景图如图 8-9 所示。

汇聚节点：10kV 配电室汇聚各个楼宇的主干光缆，如图 8-10 所示。

光缆分配点：各个楼宇配电室，放置光纤熔纤设备。

用户接入点：在此处进行分光和采集，放置用电信息采集 ONU 及分光设备。

（2）线缆敷设。

电力光纤到户的光缆有馈线光缆、配线光缆及入户光缆。

馈线光缆是指小区 10kV 配电室楼宇光缆分配点处的光缆。馈线光缆一般优先选用光纤复合低压电缆；它的路由一般沿电缆沟、槽敷设至楼宇光缆分配点处；它的芯数应按所带楼宇最大用户容量进行配置，并预留 40％的冗余。

图 8-9　机房实景图

图 8-10　10kV 配电室

配线光缆是指楼宇光缆分配点至用户接入点处的光缆。连接的用户接入点与楼宇单元内配电电缆连接的节点位置相同时，配线光缆应优先选用光纤复合低压电缆，否则应选用普通垂直光缆。它的路由一般沿楼宇强电井槽敷设至用户接入点处，它的芯数应按所带用户接入点处最大用户容量进行配置，并预留 40％的冗余。

入户光缆是指从用户接入点至用户终端处的光缆。入户光缆宜选用皮线光缆。在楼宇电表集中安装且施工条件适合的情况下，可选用光纤复合低压电缆入户；它的路由优先选择强电井，入户端宜采用埋管、线槽方式入户；芯数可选择 2～4 芯。

由配电室至各个楼宇配电室敷设 OPLC，并备份一根相同纤芯的普通光缆，如图 8-11 所示。

由配电室至用户接入点沿楼内弱电竖井布放普通光缆；用户接入点至户内沿入户弱电管布放皮线光缆；用电信息采集 ONU 至电表由

图 8-11　敷设的 OPLC 缆

RS485 线串联。

以 1＃A 楼为例，用电信息采集系统及"三网融合"接线图如图 8-12 所示。

（3）远程通道。

远程通道建设示意图如图 8-13 所示。

"三网融合"远程通道：根据小区楼宇及 10kV 配电室地理位置，将小区通信机房落地点选在 3 号配电室，在此处进行"三网融合"信号接入，并分别分配至 1 号配电室、2 号配电室、4 号配电室。

用电信息采集远程通道：北京市所有 110kV 变电站均已实现光纤覆盖，从小区 10kV 开闭站处建设光纤专线到就近的 110kV 变电站，实现远程上传。由

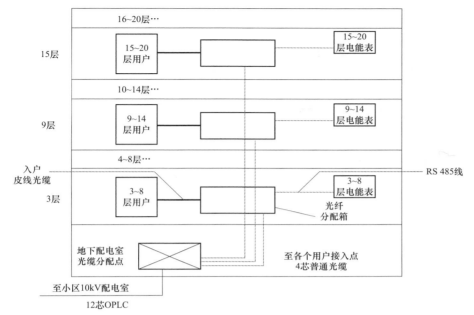

图 8-12 1♯A 楼用电信息采集系统及"三网融合"接线图

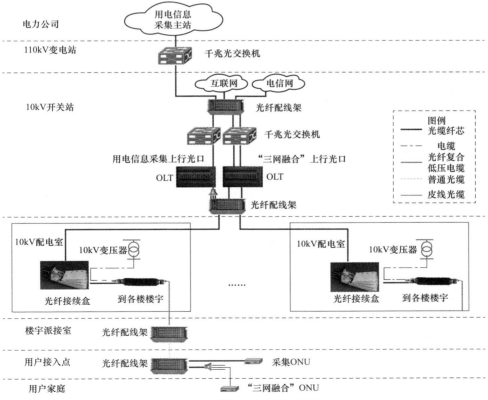

图 8-13 远程通道建设示意图

于光纤通道的透明传输特性，ONU 采集的电表数据采用 DL/T 645 规约上传，需为用电信息采集主站系统配置规约转换前置机，将 645 规约转换为 DL/T 698 规约。用电信息采集的信息均通过变电站现有的数据通信网设备上传至营销用电信息采集主站，本工程建设了用电信息采集主站至通信机房的光纤通道及用电信息采集主站的相关接口调试。

（4）网管系统。

由于小区电力光纤到户系统的"三网融合"业务和用电信息采集业务分别使用不同的 OLT 设备，该小区配置了两套网管系统，保证电力的内网业务和"三网融合"的外网业务在物理上隔离，符合电力二次安全防护的要求。

8.2.2 承载业务

小区采用 EPON 技术和 OPLC 实现从 10kV 配电室到用户家庭内部的网络平台搭建，基于该网络平台建设用电信息采集系统，实现语音和互联网业务，并提供开展 95598 互动等电力系统内部业务、智能家居业务的网络资源。

1. 用电信息采集业务

小区用电信息采集依托光通信网络和光纤复合低压电缆，利用 EPON 技术组建光纤专网，采用光纤到表的方式和无源光网络 EPON＋RS 485 的通信技术对用户的用电信息进行实时采集、处理和监控，实现对小区范围内居民用户的全覆盖、全采集、全费控。

采用光纤到表的采集方式，直接建立系统主站与电能表的通信信道，充分体现了光纤通信网络高速、可靠、实时、全业务支持的优点。

典型用电信息采集方案如图 8-14 所示。

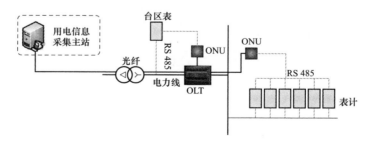

图 8-14　典型用电信息采集方案

用电信息采集系统是对居民用户用电信息进行采集、处理和实时监控的系统，可实现用电信息的自动采集、计量异常监测、电能质量监测、用电分析和管理、相关信息发布、分布式能源监控、智能用电设备的信息交互等功能。

通过用电信息采集系统可实现：①对主网、配网的全网实时监控，提高供电质量；②可以准确记载居民用户某一时点的电量，可以灵活调整用户计价方式，实现真正意义上的按月份梯次结算电费，防范各类风险，推动低碳电力、低碳能源乃至低碳经济的发展。

双向互动式智能用电服务也需借助于用电信息采集系统，其可为住户提供远程充值缴费、停送电信息实时查询、电量跨阶梯提醒、缴费信息自助查询、告警信息主动推送、电价政策及时发布等，并根据用户历史用电记录、负荷特性、用电习惯等数据，引导住户科学用电、低碳用电。

2. 电力光纤到户支撑"三网融合"业务

利用已经到达电能表的光纤资源，进一步延伸至用户家庭配电箱，电力和光纤同时入户，从而实现光纤到户。

借助 EPON 技术构建电力高速数据网络平台，PFTTH 可实现利用电力通道进行电信网、有线电视网、互联网的统一整合，提供数据、语音、视频业务的相互融合，其典型组网方案示意图如图 8-15 所示。

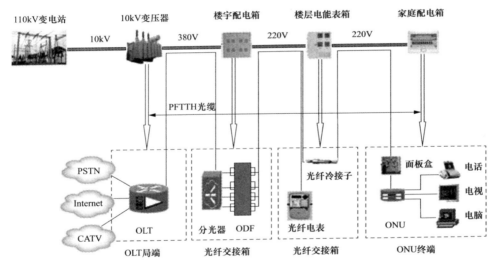

图 8-15 PFTTH 组网方案示意图

"三网融合"最大的特征是融合，这不仅包含网络融合，更包含业务和产品的融合。融合业务种类涉及通信、资讯、娱乐、家政和商务等多个层面，满足小区住户需求。"三网融合"业务将会为住户提供一站式解决方案，如统一账单、统一服务等，利于降低住户消费成本。

"三网融合"业务还可以在智能电网用户服务智能交互平台的基础上为用户提供智能用电小区的服务。可通过智能家庭网关、智能交互终端、智能交互机顶盒等设备，构建智能用电互动服务平台。实现电网与用户的双向互动。根据用户的定制要求，向用户提供信息查询、智能分析与远程控制等灵活多样的服务，进一步推进能源利用效率。其中，智能分析与控制主要包含家电信息采集、家电用能分析、家电模式设置、家电远程控制 4 个部分。

（1）家电信息采集。

安装智能插座的家用电器能够实现用电信息采集，支持智能交互终端对其用电信息进行查询，包括累积电量、有功功率实时更新。

（2）家电用能分析。

用户通过智能交互终端、智能交互机顶盒可以清晰地看到各电器耗能在家庭总耗能中所占的比例，可以准确地查到电器每日、每月、每年的用电量、分时电价的相应用电时间段。家电用能分析界面如图 8-16 所示。

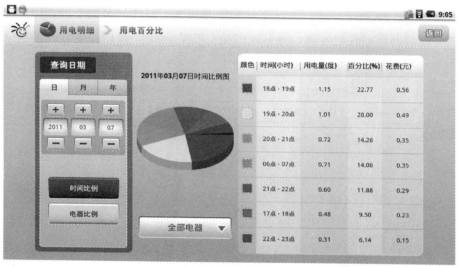

(a) 家电用能分析界面1

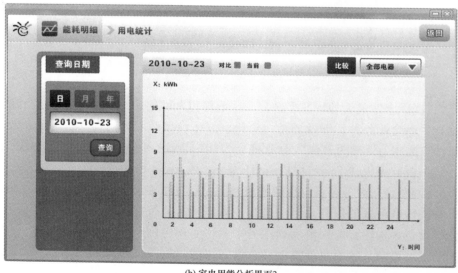

(b) 家电用能分析界面2

图 8-16　家电用能分析界面

　　从耗能分析可以清晰地看到每个电器的用电比例，每种家电的用电量一目了然。家庭总电量低于设置额度时，智能交互终端有指示提醒。

（3）家电模式设置。

　　为用户提供可定制的家电控制模式，在某一定制模式下，用户可设置家电的开启、关闭以及相应状态。

　　经济模式：用户的家电设备设置在低能耗状态，吊灯、空调、热水器关闭。

　　舒适模式：背景音乐系统打开，灯光亮度设置在柔和状态。

　　睡眠模式：窗帘自动关闭，安防系统启动，灯光系统关闭。

　　外出模式：安防系统启动。

　　家电模式设置界面如图 8-17 所示。

(a) 家电模式设置界面1

(b) 家电模式设置界面2

图 8-17　家电模式设置界面

家电模式控制实现功能如表 8-1 所示。

表 8-1 家电模式控制实现功能

序号	产品名称	实现功能
1	空调	运行、暂停
		设置空调模式：风速、风向、睡眠、制冷、制热、加湿、送风
		设定温度：17～30℃
		设置风速：自动风、高速风、中速风、低速风
2	电饭煲	开机、待机、关机
		模式设置：精煮、快煮、稀饭、粥汤、锅巴饭、热饭、保温
3	净水器	开机、关机
		模式设置：制热、制冷
4	空气净化器	开机、关机
		设置风速：弱风、低风、中速风、高速风、
		设置负离子：0 关 1 开 设置 UV/AOC：0 关 1 开
5	热水器	打开、待机
		设定温度：30～75℃
6	洗衣机	运行、暂停
7	加湿器	实现功能：开机、关机
		设置模式：普通加湿、智能加湿、睡眠模式 设置雾量：弱、低、中、高
		设置湿度：35%、40%、45%、50%、55%、60%、65%、70%
8	洗碗机	机械按钮开关
		洗碗模式设置

（4）家电远程控制。

随着网络融合，用户通过融合产品和服务，进行远程家庭智能网关控制。家电远程控制主要是指通过电话、Web 等方式对家里的电器进行远程开关控制。

支持本地或远程控制功能，可通过智能交互终端、智能交互机顶盒（仅针对智能家电）、智能插座、电话、Web 对其进行通、断电、待机、启动等操作。

家电控制示意图如图 8-18 所示。

智能家电根据不同的网络访问级别，可以提供不同的网络服务，如家庭网络或外部网络的远程访问。

通过家庭智能交互终端或交互机顶盒实现用户与电网之间的互动，不仅能够在家享受医疗、购物等服务，也能实现物业、网络增值等一系列特色服务，体现出良好的交互性和智能化特色，实现电热水器、空调、电冰箱等家庭灵敏负荷的用电信息采集和控制，建立集紧急求助、燃气泄露、烟感、红外探测于一体的家庭安防系统，同时支持小区的门禁管理和视频对讲系统。

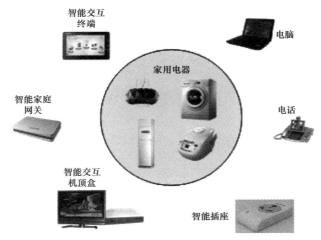

图 8-18　家电控制示意图

8.2.3　效益分析

（1）可以提高网络的综合运营效率。

根据国家工业和信息化部等七部委《关于推进光纤宽带网络建设的意见》（工信部联通〔2010〕105 号）到 2011 年，城市用户光纤宽带接入能力平均达到 8Mbit/s，采用电力光纤到户网络接入能力未来还有很大的空间。在电力光纤中，光纤信号在光缆中的传输互不干扰，并且传输电网信息的光纤和传输网络的光纤完全物理隔离，可以有效地阻止来自互联网对电网生产控制的攻击，不会产生安全隐患。

（2）与用户的双向互动。

光纤复合低压电缆技术的发展，为电力光纤到户提供了新的发展思路。充分利用电力线路加光纤的资源优势，实现电力光纤到户，并促进电力业务网与信息网相融合，能够真正实现电力业务网和信息网的优势互补与资源共享，使电网增值。电力光纤技术支持下的智能电网是在创建开放的系统和建立共享的信息模式的基础上，整合电力系统中的业务数据，优化电网的运行和管理，实现了国家电网公司和用户之间电力流、信息流、业务流的双向互动。

8.3　北京市朝阳区某小区工程

8.3.1　建设方案

小区 2 期共有 9 栋楼、共计 4768 户居民，建 6 座配电室。小区楼宇均为跃层式筒子楼，每栋楼宇均有东、西 2 个电井。

1. 配电结构

小区配电系统将本社区居民部分规划为 6 个供电区域，拟建 6 个 10kV 配电室，低压配电结构分别为：1#、9#楼由13#配电室供电；2#、8#楼由11#配电室供电；4#楼由8#配电室供电；5#楼由9#配电室供电；6#楼由10#配电室供电；7#、10#楼由12#配电室供电。

2. 组网结构

小区组网结构示意图如图8-19所示。

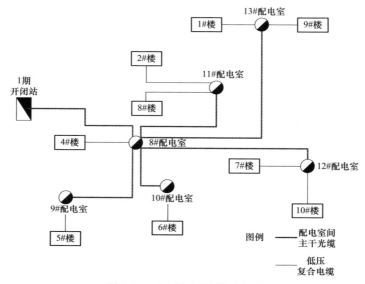

图8-19　小区组网结构示意图

（1）网络节点的选择。

网络的局端是ODN网络的起点，一般为OLT设备放置的位置，局端通常设置在小区10kV开闭所（配电室）或中心机房；光缆分配点设置在楼宇低压配电室；用户接入点设置在楼宇单元弱电竖井内，依照设计原则中的楼宇相关性，用户接入点尽量选在配电电缆连接的节点处；终端选择放置ONU设备的位置作为终端，根据EPON网规模和网速的定位可将终端设置在楼宇单元内或用户家庭内部。

机房：设置在小区1期工程的开闭所内，配电室至各个楼宇配电室采用低压复合电缆，放置采集和三网OLT。

汇聚节点：10kV配电室汇聚所带各个楼宇的主干光缆；

光缆分配点：各个楼宇配电室，放置光纤熔纤设备；

用户接入点：在此处进行分光和采集，放置用电信息采集ONU及分光设备。

（2）线缆选择与敷设。

馈线光缆（小区10kV配电间至楼宇派接箱）采用光纤复合低压电缆（OPLC），由小区10kV配电间沿电缆沟槽敷设至楼宇配电室，同时备份一根48芯普通光缆。

配线光缆（楼宇派接箱至用户接入点）采用普通光缆，由楼宇配电室沿楼内弱电竖井敷设至用户接入点。

入户光缆（用户接入点至户内 ONU 终端）采用皮线光缆，由用户接入点沿入户弱电管敷设至户内 ONU 终端。

用电信息采集数据线（用户接入点至用户电表）采用 RS485 线，由用户接入点沿弱电管槽敷设至用户电表。

以 1♯楼为例，其用电信息采集系统及"三网融合"接线图如图 8-20 所示。

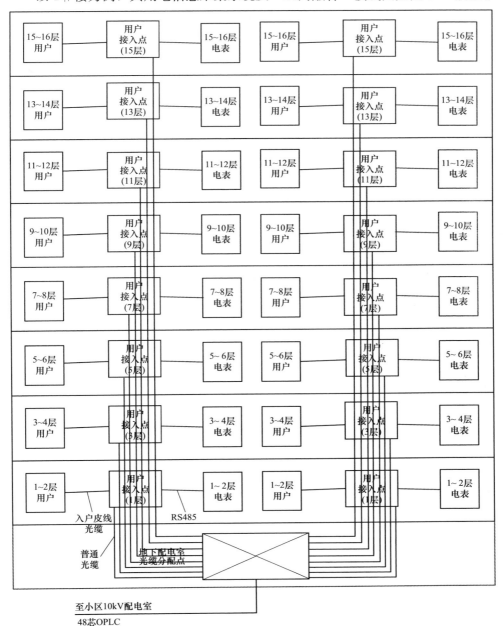

图 8-20　1♯楼用电信息采集系统及"三网融合"接线图

（3）配置选择。

光分路器：用电信息采集光分路器采用 1 级分光，使用集中部署在小区配电室的 1：32 分光器。"三网融合"光分路器配置于各用户接入点。

ONU：用电信息采集 ONU，用户侧接口应配置 RS 485 和 FE 接口；"三网融合"类 ONU，用户侧接口应配置 FE 接口。

OLT：电力系统相关业务类 PON 规划数量为电力系统相关业务部署 ONU 数/32；"三网融合"类 PON 规划数量为最大用户数/32。两者数量均向上取整。

3. 远程通道建设方案

远程通道建设示意图如图 8-21 所示。

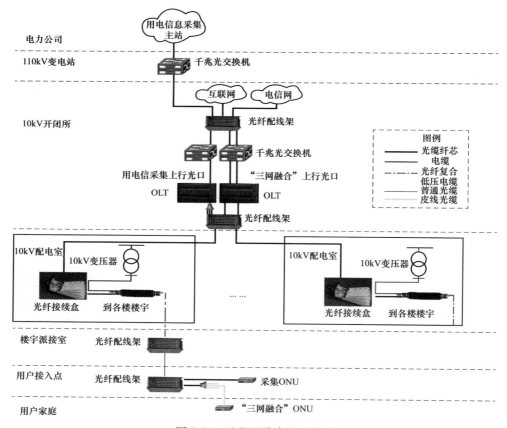

图 8-21　远程通道建设示意图

"三网融合"远程通道：根据小区楼宇及 10kV 配电室地理位置，将小区通信机房落地点选在小区 1 期工程已建的开闭站内，在此处进行"三网融合"信号接入，并分别分配至 8♯配电室、9♯配电室、10♯配电室、11♯配电室、12♯配电室、13♯配电室。

用电信息采集远程通道：北京市所有 110kV 变电站均已实现光纤覆盖，从小区 10kV 开闭站处建设光纤专线到就近的 110kV 变电站，实现远程上传。此种方式符合北京市电力公司"十二五"通信网建设规划中实现 10kV 开闭站光纤覆盖的要求。由于光纤通道的透明传输特性，ONU 采集的电表数据采用 645 规约上传，需为用电信息采集主站系统配置规约转换前置机，将 645 规约转换为 698 规约。用电信息采集的信息均通过变电站现有的数据通信网设备上传至营销用电信息采集主站，本工程需建设用电信息采集主站至通信机房的光纤通道及用电信息采集主站的相关接口调试。

4. 网管系统

由于小区电力光纤到户系统的"三网融合"业务和用电信息采集业务分别使用不同的 OLT 设备，为该小区配置两套网管系统，保证电力的内网业务和"三网融合"的外网业务在物理上隔离，符合电力二次安全防护的要求。

8.3.2 承载业务

1. 用电信息采集业务

采用 EPON 技术和光纤复合低压电缆实现小区 2 期从 10kV 配电室到用户家庭内部的网络平台搭建，基于该网络平台建设用电信息采集系统，实现语音、图像等业务的一体化接入，可以为用电信息采集、负荷监测和控制提高安全可靠的通信通道，并提供电力系统内部业务、智能家居业务的网络资源。

小区用电信息采集依托光通信网络和光纤复合低压电缆，利用 EPON 技术组建光纤专网，采用光纤到表的方式，采用无源光网络 EPON＋RS-485 的通信技术对用户的用电信息进行实时采集、处理和监控，实现对小区范围内居民用户的"全覆盖、全采集、全费控"，电能表在线监测和用户负荷、电量、计量状态等重要信息的实时采集。将采集到的数据提交给主站，主站系统及时、完整、准确地将信息传输至营销业务信息系统，从而进一步通过信息交互总线为智能配电网其他系统提供基础数据，为响应住户需求，提高服务质量提供数据支持。

工程采用光纤到表的采集方式，直接建立了系统主站与电能表的通信信道，充分体现了光纤通信网络高速、可靠、实时、全业务支持的优点。

居民用户采集方案如图 8-22 所示。

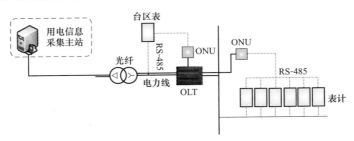

图 8-22　居民用户采集方案

用电信息采集系统的主要功能包括采集、数据管理、控制、综合应用、系统接口等。数据采集功能可实现采集实时和当前数据、历史日数据、历史月数据和事件记录，利于用户对用电信息的查询，明确自身消费情况，以便采取各种节电行为；数据管理功能可实现对数据合理性检查、数据计算和分析、数据存储管理；控制功能可实现年功率定值控制、电量定值控制、费率定值控制、远程控制；综合应用功能可实现自动抄表管理、费控管理、有序用电管理、用电情况统计分析、异常用电分析、电能质量数据统计、线损和变压器损耗分析、增值服务；系统接口功能可实现采集系统与其他业务系统连接，实现数据共享。

2. "三网融合"业务

利用已经到达电能表的光纤资源，进一步延伸至用户家庭配电箱，电力和光纤同时入户，从而实现光纤到户。

借助 EPON 技术构建电力高速数据网络平台，PFTTH（电力光纤到户）可实现利用电力通道将电信网、有线电视网、互联网的统一整合，提供数据、语音、视频业务的相互融合，其典型组网方案示意图如图 8-23 所示。

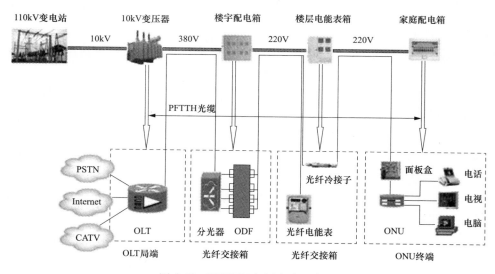

图 8-23 PFTTH 组网方案示意图

"三网融合"是指电信网、广播电视网、互联网在向宽带通信网、数字电视网、下一代互联网演进过程中，三大网络通过技术改造，其技术功能趋于一致，业务范围趋于相同，网络互联互通、资源共享，能为用户提供语音、数据和广播电视等多种服务。通过网络互联互通，资源共享，每个网络都能开展多种业务。用户既可以通过有线电视网打电话、宽带上网，也可以通过电信网看电视。

"三网融合"业务可通过智能交互终端、智能交互机顶盒等向住户提供各项服务：

（1）智能交互终端。

"三网融合"业务还可以在智能电网用户服务智能交互平台的基础上为用户

提供智能用电小区的服务，通过家庭智能交互终端对家庭用电设备进行统一监控与管理，对电能质量、家庭用电信息等数据进行采集和分析，指导用户进行合理用电，调节电网峰谷负荷，实现电网与用户之间智能交互。智能交互终端如图 8-24 所示。

图 8-24　智能交互终端

通过智能交互终端，也可为用户提供家庭安防等增值服务。

如家庭安防方面。家庭安防是居民家庭的防盗、防劫、防水、防燃气泄漏等不同类型的安全防护，通过安防装置及有线、无线网络，实现安保、消防、急救等事件的自动上报及与公安、消防、急救中心等机构的联动，协助进行隐患的消除，在发生紧急情况时使得相关人员能够及时快速采取应对措施，在一定程度上保障家庭成员的人身和财产安全。

家庭安防具备的内容包括：烟雾探测、燃气泄漏探测、防盗、紧急求助、视频监控。家庭安防可通过安防报警系统实现，如图 8-25 所示。

图 8-25　安防报警系统

（2）智能交互机顶盒。

交互机顶盒向用户提供交互式智能服务和使用简便的电视式体验，主要提供家庭用电信息管理、能效管理、远程教育、培训咨询和日常生活信息获取、交互方面的应用，体现出良好的交互性和智能化特色。智能交互机顶盒如图 8-26 所示。

图 8-26　智能交互机顶盒

交互机顶盒也可向用户提供体感游戏、视频点播等家庭娱乐方面的应用。如体感游戏是用身体去感受的电子游戏，突破以往单纯以手柄按键输入的操作方式，体感游戏是一种通过肢体动作变化来进行操作的新型电子游戏。用户可以通过机顶盒体验丰富的体感游戏，游戏完成后会提示用户消耗多少卡路里的脂肪。

而通过智能交互终端与智能机顶盒，也可为小区居民提供各色社区服务。社区服务管理平台如图 8-27 所示。

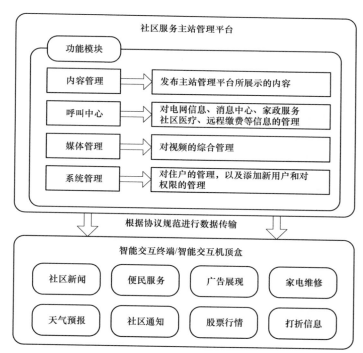

图 8-27　社区服务管理平台

社区新闻：由社区管理系统向各个终端发布社区新闻。

社区通知：由社区管理系统向各个终端发布公告通知。

广告展现：提供商业和公益广告发布平台。

便民服务：在小区附近的便利店、餐馆、洗衣店、家政服务等场所安装智能终端设备，用户通过家中的智能交互设备与商店已安装的设备建立通信连接，通过语音、视频、信息等多种方式，足不出户完成交易。符合电力二次安全防护的要求。

8.3.3　效益分析

（1）实现网络基础设施的共建共享。

目前智能电网建设深入推进，大量智能用电设备分布式清洁能源的接入用户和电网之间的实时信息呈爆发式增长。电力光纤内含多芯光纤，除电网企业自身使用外，还可用于构建完全开放的公共网络平台，为电信、互联网、广播电视传媒和其他企业提供接入服务。将其统筹使用，既符合国家推进网络基础设施共建共享的思路，也为目前光纤网络建设的运营的模式。

（2）可以大幅度降低"三网融合"的投入。

我国电网已经实现了户户通，截止到 2009 年年底，与电网的户户通相比，互联网的普及率仅为 30%，有线电视普及率只有 40%，住宅电话用户 2.1 亿户也超过全国家庭总户数一半，实施"三网融合"还需接入大量的光纤宽带，如果对尚没有实现电力接入的家庭或在新建住宅楼中实施电力光纤，综合考虑设备、人员、材料等因素，电力光纤到户与分别铺设光缆相比将可以大幅度的降低投资，节约成本。

8.4　2016 年国家重点研发计划示范工程

现有光纤到户项目上联接口速率为 1Gbit/s 或 10Gbit/s，不能满足 1000Gbit/s 超大带宽接入能力。1000Gbit/s 超大带宽接入对 OLT 系统容量、背板带宽、端口密度、覆盖距离等特性提出了新的挑战。

2016 年国家重点研发计划电力光纤到户关键技术研究与示范项目主要研究了电力光纤到户小区高速接入技术。面向电力光纤到户小区高速接入需求，研究电力光纤到户 1000Gbit/s 到小区、1Gbit/s 到户的接入技术方案；研究大容量交换平台，突破光线路终端 100Gbit/s 端口中高速背板互联等技术瓶颈，实现数据交换和路由控制分离、动态负载均衡、灵活的 QoS；研究 100G 背板总线的射频损耗技术，多端口串扰技术；研究单个 OLT 提供 2 个 100G 上联接口的整机机电技术；以大容量交换机集中调度方式，建立 1000Gbit/s 高速网络。

8.4.1　建设方案

示范工程主要涉及两种楼型：低层板楼和高层板楼，每栋 2～3 个单元，每单元每层 1～2 户。住户电表多层集中部署。

1. 组网逻辑

示范工程小区 1、2 期涉及由 1～5＃变电站供电。其中 1＃变电站有 5 个光电一体局端柜（1 个备用），覆盖 12＃、15＃、16＃、17＃、18＃楼；2＃变电站有 7 个光电一体局端柜（1 个备用），覆盖 9＃、10＃、11＃、13＃、14＃、28＃、29＃楼；3＃变电站有 7 个光电一体局端柜（1 个备用），覆盖 4＃、6＃、7＃、8＃楼；4＃变电站有 7 个光电一体局端柜（1 个备用），覆盖 2＃、3＃、5＃、25＃、27＃楼；5＃变电站有 4 个光电一体局端柜（1 个备用），覆盖 1 号楼。每栋楼宇有 1～4 个光电一体楼宇柜。每个光电一体楼宇柜带 1～3 个光电一体楼层箱。每个光电一体楼层箱带 6～12 个光电一体入户箱。

2. 通信机房建设

1 号变电站内，隔离约 30m² 空间作为通信机房，用于实现运营商网络接入、OLT、服务器、ODF、光分路器等设备部署，以及机房配套 UPS、空调、消防等部署。

3. 路由通道建设

1＃变电站至 2＃变电站沿用电缆防火金属桥架（300×150、400×200、600×200），敷设方式为梁下明设，变电站外路由长度约 178m。1＃至 2＃变电站光缆路由图如图 8-28 所示。

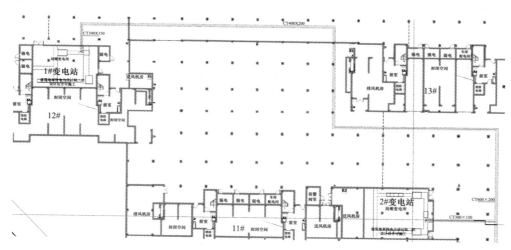

图 8-28　1＃至 2＃变电站光缆路由图

2＃变电站至 4＃变电站沿用电缆防火金属桥架（300×150、400×200、500×200、600×200），敷设方式为梁下明设，变电站外总路由长度约 196m。2＃至 4＃变电站光缆路由图如图 8-29 所示。

4＃变电站至 3＃变电站沿用电缆防火金属桥架（300×150、400×200、600×200），敷设方式为梁下明设，变电站外路由长度约 140m。4＃至 3＃变电站光缆路由图如图 8-30 所示。

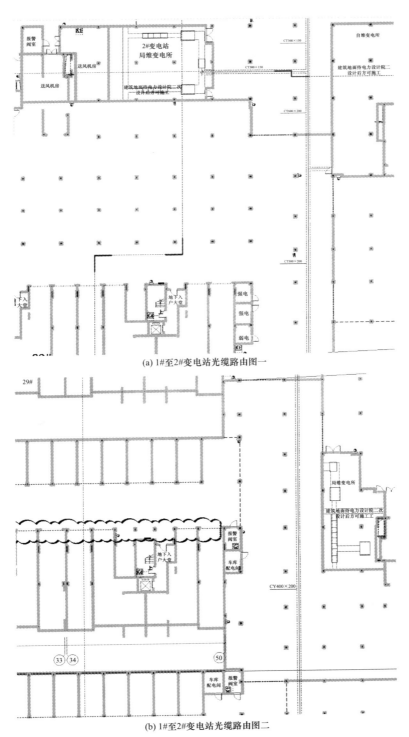

(a) 1#至2#变电站光缆路由图一

(b) 1#至2#变电站光缆路由图二

图 8-29　2#至4#变电站光缆路由图（一）

251

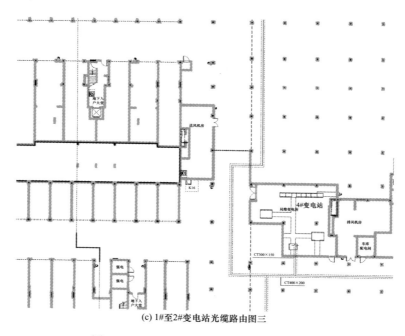

(c) 1#至2#变电站光缆路由图三

图 8-29　2♯至 4♯变电站光缆路由图（二）

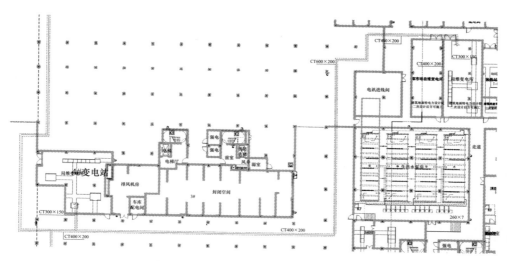

图 8-30　4♯至 3♯变电站光缆路由图

　　4♯变电站至 5♯变电站沿用电缆防火金属桥架（300×150、400×200、600×200），敷设方式为梁下明设，变电站外路由长度约 139m。4♯至 5♯变电站光缆路由图如图 8-31 所示。

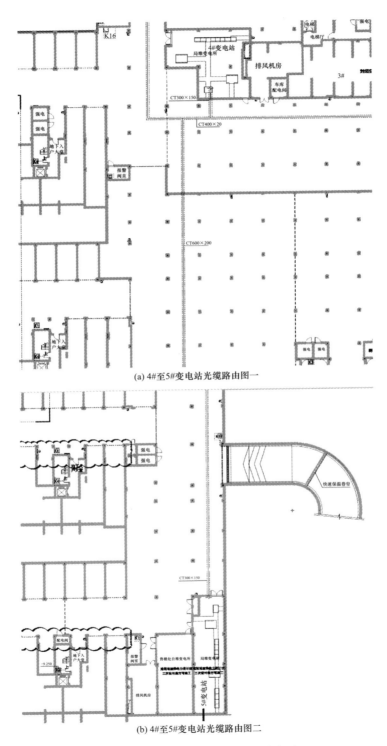

(a) 4#至5#变电站光缆路由图一

(b) 4#至5#变电站光缆路由图二

图 8-31　4♯至 5♯变电站光缆路由图

4. 变电站出缆统计

通信机房至 1~5# 变电站间沿桥架需敷设非金属光缆，光缆两端各留 5m，每百米盘留 5m。基于变电站、楼宇配电间内运维难度，按照通信机房至各光电一体楼层箱间纤芯满熔的方式配置光缆，具体如表 8-2 所示。

表 8-2　　　　　　　　　　通信机房至变电站间光缆统计表

位置	型号	长度（m）
至 1# 变电站	GYFTZY-96B1	30
	GYFTZY-72B1	30
至 2# 变电站	GYFTZY-144B1	180
	GYFTZY-96B1	180
至 3# 变电站	GYFTZY-96B1	508
	GYFTZY-96B1	508
至 4# 变电站	GYFTZY-96B1	358
	GYFTZY-72B1	358
至 5# 变电站	GYFTZY-48B1	487

通信机房至变电站组网逻辑拓扑如图 8-32 所示。

1~5# 变电站至示范小区各楼宇光电一体局端柜至光电一体楼宇柜间 OPLC 数量规格如表 8-3 所示。

表 8-3　　　　　光电一体局端柜至光电一体楼宇柜间 OPLC 统计表

线缆类型	规格	线缆长度（m）
OPLC	OPLC-ZC-YJV22-0.6/1 4×120＋GXT-12B1	4140
	OPLC-ZC-YJV22-0.6/1 4×240＋GXT-12B1	4350

5. 楼宇典型设计

从配电室光电一体楼宇柜开始至用户室内光电一体入户箱处全部敷设 OPLC。用户室内光电一体入户箱至户内多媒体箱敷设蝶形光缆，最终实现电力光纤到户。

（1）楼宇基本情况。

本期工程涉及小区内的 1~18 号楼均为高层板楼，每栋楼 2 个单元，每单元 18~29 层，每单元每层 2 户，用户数共计 1793 户。1、2 期高层板楼户数统计如表 8-4 所示。

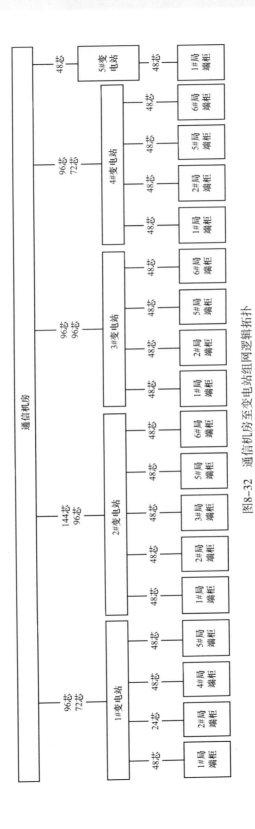

图8-32 通信机房至变电站组网逻辑拓扑

表 8-4　　　　　　　　　　　1、2 期高层板楼户数统计表

楼号	单元数	层户数	层数	住宅户数	备注
1#	2	2	29	114	1 单元 28 层
2#	2	2	29	116	
3#	2	2	29	116	
4#	2	2	29	116	
5#	2	2	28	112	
6#	2	2	29	116	
7#	2	2	28	109	
8#	2	2	28	109	2 单元 1～3 层 1 户
9#	2	2	28	111	1 单元 1 层 1 户
10#	2	2	28	109	2 单元 1～3 层 1 户
11#	2	2	18	72	
12#	2	2	18	72	
13#	2	2	18	72	
14#	2	2	27	102	1 层商户，2 单元 2、3 层各 1 户
15#	2	2	18	72	
16#	2	2	18	72	
17#	2	2	27	108	
18#	2	2	26	95	1、2 层为商户，2 单元 3 层 1 户
合计				1793	

高层板楼 OPLC 入户示意图如图 8-33 所示。

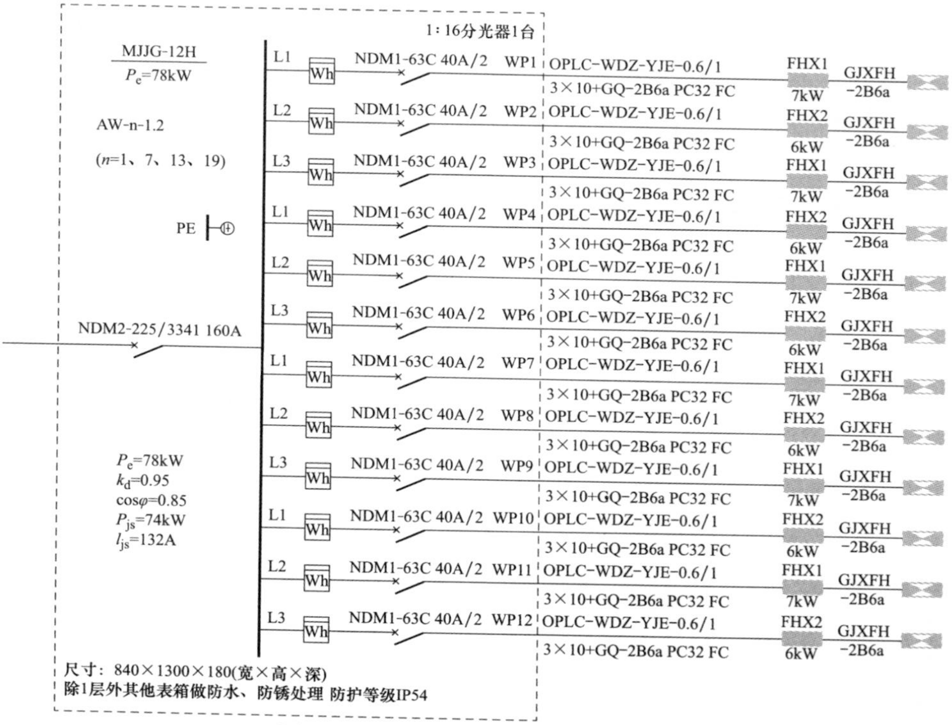

图 8-33　高层板楼 OPLC 入户示意图

（2）节点位置。

1）楼宇分接点。

楼宇分接点设置在楼宇配电室内。OPLC 由小区变电站光电一体局端柜出线，沿小区强电桥架敷设入楼，进入楼宇配电室光电一体楼宇柜内，实现光电分离与合并。

2）楼层分接点。

光电一体楼层箱 3～6 层多楼层集中部署，光电一体楼层箱主要规格为 6、9、12 表位箱体。

OPLC 由光电一体楼宇柜出线，沿强电竖井内桥架敷设至光电一体楼层箱，实现光电分离与合并。光电一体楼层箱内按需安装 1∶8 或 1∶16 插卡式光分路器。

3）室内信息点。

OPLC 由光电一体楼层箱出线，沿强电预埋暗管敷设至光电一体入户箱，实现光电分离。皮线光缆由光电一体入户箱出线，沿预埋暗管敷设至户内多媒体箱，最终实现电力光纤到户。

（3）设备配置。

1）光分路器。

采用 2 级分光，在通信机房共需放置 71 台 1∶2 和 5 台 1∶4 光分路器，在光电一体楼层箱处共需放置 17 台 1∶8 和 142 台 1∶16 插卡式光分路器。

2）ONU 终端。

每户配置 1 台"三网融合"ONU，共需 1793 台"三网融合"ONU。

3）PON 口。

"三网融合"业务共占用 76 个 PON 口。

4）线缆。

a. 馈线 OPLC（小区变电站光电一体局端柜至光电一体楼宇柜）。

类型：馈线 OPLC 采用 OPLC-ZC-YJV22-0.6/1 4×240＋GXT-12B1 或 OPLC-ZC-YJV22-0.6/1 4×120＋GXT-12B1。

路由：馈线 OPLC 由小区变电站光电一体局端柜沿强电桥架至楼宇分接点。

容量：馈线 OPLC 用于承载"三网融合"业务纤芯数为 1～4 芯，用于线路实时状态监测 1 芯，其余备用，配置 12 芯。

b. 配线 OPLC（光电一体楼宇柜至光电一体楼层箱）。

类型：配线 OPLC 采用 OPLC-WDZ-YJY-0.6/1 4×70＋1×35＋GXT-4B1 或 OPLC-WDZ-YJY-0.6/1 4×50＋1×25＋GXT-4B1。

路由：配线 OPLC 由光电一体楼宇柜沿强电竖井桥架至楼层分接点。

容量：配线 OPLC 用于承载"三网融合"业务纤芯数为 1 芯，用于线路实时状态监测 1 芯，备用 2 芯，配置 4 芯。

c. 入户 OPLC（光电一体楼层箱至光电一体入户箱）。

类型：入户 OPLC 采用 OPLC-WDZ-YJE-0.6/1 3×10＋GQ-2B6a 或 OPLC-WDZ-YJE-0.6/1 3×16＋GQ-2B6a。

路由：入户 OPLC 由光电一体楼层箱沿强电预埋暗管至室内光电一体入户箱。

容量：入户 OPLC 用于承载"三网融合"业务纤芯数为 1 芯，备用 1 芯，配置 2 芯。

d. 户内皮线光缆（光电一体入户箱至户内多媒体箱）。

类型：户内皮线光缆采用 GJXFH-2B6a。

路由：户内皮线光缆由光电一体入户箱沿预埋暗管至户内多媒体箱。

容量：户内皮线光缆用于承载"三网融合"业务纤芯数为 1 芯，备用 1 芯，配置 2 芯。

（4）楼宇配置清单。

高层板楼 OPLC 到户配置清单如表 8-5 所示。

表 8-5　　　　　　　　　　高层板楼 OPLC 到户配置清单

序号	设备	类型	单位	数量	备注
1	PON 口	三网融合	个	76	
2	ONU	三网融合	台	1793	满配
3	三网光分路器	1∶2	台	71	
		1∶4		5	
		1∶8		17	
		1∶16		142	
		1∶32			
4	机箱/柜	光电一体楼宇柜	台	62	
		光电一体楼层箱	台	159	改造
		光电一体入户箱	台	1793	改造
5	OPLC/皮线光缆型号	4×70＋1×35＋GXT-4B1	m	9600	
		4×50＋1×25＋GXT-4B1		1300	
		3×16＋GQ-2B6a		3100	
		3×10＋GQ-2B6a		34300	
		GJXFH-2B6a		58100	

6. 光衰测算

光衰测算表如表 8-6 所示。

表 8-6　　　　　　　　　　光 衰 测 算 表

项目	主干光缆	配线光缆	用户光缆	皮线光缆	光分路器（1∶32）	熔接点	活动连接器	冷接子	光纤富余度	合计
单位衰耗（dB）	0.35	0.35	0.35	0.35	18	0.1	0.3	0.2	1.5	
设计数量（dB）	0.5	0.25	0.1	0.03	1	9	9	0	1	
设计衰耗合计（dB）	0.175	0.0875	0.035	0.0105	18	0.9	2.7	0	1.5	23.41

8.4.2 效益分析

1. 降低工程建设成本

电力光纤到户使用电力通道资源，光缆随电缆同步敷设，无须建设独立通信管道，而且同步施工，无须二次布线，提高施工效率，大幅度降低光纤到户工程建设投资。

以本项目示范小区为例，小区占地面积 33 万 m^2，2500 户。独立供电设施建设所需建设成本 2970 万元，独立光纤到户建设所需建设成本 625 万元，共计 3595 万元。小区电力光纤到户所需建设成本约 2842 万元，户均 1.27 万元。工程总计节省成本 417 万元，工程投资成本降低 11.6%，户均节省投资 1668 元。

2. 直接经济效益

电力光纤到户可以构建"多网融合"网络，提供包括互联网接入、广播电视、智能电网交互等业务，可以产生巨大的经济效益。

目前示范小区宽带接入价格估算如图 8-34 所示。根据图 8-34，带宽为 500M 的互联网接入业务费用约 2050 元/年，按照小区按 80% 接入率计算，示范小区每年宽带收入可达 410 万元，此外还可通过开展视频、广告传媒、智能用电等增值服务，市场成熟后预计年收入可达 500 万元以上。

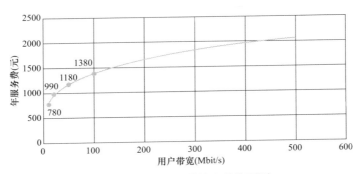

图 8-34　500M 宽带接入价格预测

3. 生态效益

电力光纤到户使电力通道资源同时承载电力和通信业务，无须单独建设通信通道，降低重复建设对环境影响，降低地下管道、建筑弱电井的建设空间，提高生态效益。

8.5　本　章　小　结

本章对沈阳市、北京市石景山区以及北京市朝阳区的三个电力光纤到户试点工程小区的建设方案和承载业务及效果进行介绍，并介绍了 2016 年国家重点研发计划项目示范工程小区的建设方案及效益分析。在试点小区配电间建设配电自动化系统，实现供用电运行状况、电能质量监控，并对故障迅速响应；支持电网企业与居住区物业公司的故障协同处理，提高电力故障响应能力和处理速度，并具有与调度自动化系统、电能量采集系统、负荷管理系统、信息管理系统等进行信息交互的功能。采用 EPON 技术和光纤复合低压缆实现从 10kV 配电室到用户家庭内部的网络平台搭建，基于该网络平台建设用电信息采集系统，实现语音和互联网业务，并提供开展 95598 互动等电力系统内部业务、智能家居业务的网络资源。光纤复合低压电缆技术的发展，为电力光纤到户提供了新的发展思路。充分利用电力线路加光纤的资源优势，实现电力光纤到户，并促进电力业务网与信息网相融合，能够真正实现电力业务网和信息网的优势互补与资源共享，使电网增值。电力光纤技术支持下的智能电网是在创建开放的系统和建立共享的信息模式的基础上，整合电力系统中的业务数据，优化电网的运行和管理，实现了国家电网公司和用户之间电力流、信息流、业务流的双向互动。

8.6 参 考 文 献

[1] 员莹，季安平. 智能用电小区的电力光纤入户技术与实现 [J]. 电气应用，2014，33 (14)：26-29.

[2] 孙跃，陈乐然，徐小天，等. 基于 PFTTH 的智能用电小区互动化方案 [J]. 电信科学，2017，33 (S1)：51-56.

[3] 林弘宇，张晶，徐鲲鹏，等. 智能用电互动服务平台的设计 [J]. 电网技术，2012 (7)：260-264.

[4] 余宏博，孙运龙，韩一石. 基于 EPON 的小区"三网融合"方案实现 [J]. 电视技术，2013，37 (S1)：70-73＋80.

[5] 涂兴华，倪彬，李军博. 光纤复合低压电缆温度分布与光单元传输特性研究 [J]. 量子电子学报，2017，34 (01)：88-93.

[6] 赵铁军，林克，修德利，林玮平. 基于 PON 接入与中间件技术的智能社区系统设计 [J]. 电信科学，2015，31 (05)：120-126.

[7] 范宏，高亮，周利俊，等. 智能电网的电力光纤入户技术及其应用 [J]. 电力自动化设备，2013，33 (07)：149-154.

[8] 王英男，周维岳，朱亚静. 采用 PFTTH 技术组网的用电信息采集解决方案 [J]. 电气应用，2013，32 (S1)：280-283.

[9] 祝恩国，窦健. 用电信息采集系统双向互动功能设计及关键技术 [J]. 电力系统自动化，2015，39 (17)：62-67.

中 英 文 对 照 表

序号	英文缩写	英文全称	中文含义
1	ACL	Access Control List	访问控制列表
2	ADC	Analog-to-Digital Converter	模拟/数字转换器
3	ADSS	All-Dielectric Self-Supporting Optic Fiber Cable	全介质自承式光缆
4	APD	Avalanche Photo Diode	雪崩光电二极管
5	APON	ATM Passive Optical Network	ATM 无源光网络
6	AR	Augmented Reality	增强现实
7	ARP	Address Resolution Protocol	地址解析协议
8	BAS	Broadband Access Server	宽带接入服务器
9	BPDU	Bridge Protocol Data Unit	桥协议数据单元
10	BPON	Broadband Passive Optical Network	宽带无源光网络
11	BPSK	Binary Phase Shift Keying	二进制相移键控
12	BRAS	Broadband Remote Access Server	宽带远程接入服务器
13	CAPEX	Capital Expenditure	资本性支出
14	CATV	Community Antenna Television	有线电视
15	CCHP	Combined Cooling Heating and Power	冷热电联供
16	CDR	Call Detail Record	组播业务
17	CLI	Command Line Interface	命令行界面
18	COS	Code of Service	在二层报文头做标记
19	CPE	Central Processing Element	中央处理单元
20	DA	Destination Address	目标地址
21	DCN	Data Communication Network	数据通信网络
22	DDF	Digital Distribution Frame	数字配线架
23	DDR3 SDRAM	Double Data Rate Synchronous Dynamic Random Access Memory	双倍速率同步动态随机存储器
24	DFB	Distributed Feed Back	分布反馈
25	DHCP	Dynamic Host Configuration Protocol	动态主机配置协议
26	DiffServ	Differentiated Service	区分服务
27	DoS	Denial of Service	拒绝服务
28	DR	Direct Routing	直接路由
29	DSP	Digital Signal Processing	数字信号处理
30	DTS	Distributed Temperature Sensing	分布式光纤测温系统
31	EMC	Electro Magnetic Compatibility	电磁兼容
32	EMS	Network Element Management System	网元管理系统
33	EPON	Ethernet Passive Optical Network	以太网无源光网络

序号	英文缩写	英文全称	中文含义
34	FA	Feeder Automation	馈线自动化
35	FTTB	Fiber To The Building	光纤到大楼
36	FTTC	Fiber To The Curb	光纤到路边
37	FTTD	Fiber To The Desktop	光纤到桌面
38	FTTF	Fibre to the Feeder	光纤到馈送器
39	FTTH	Fiber To The Home	光纤到户
40	FTTO	Fiber to the Office	光纤到办公室
41	FTTV	Fiber To The Village	光纤到乡村
42	FTTZ	Fiber To The Zone	光纤到小区
43	GFP	Generic Framing Procedure	通用成帧协议
44	GSM	Global System for Mobile Communication	全球移动通信系统
45	GPIO	General Purpose Input/Output	通用输入/输出
46	GPON	Gigabit-Capable Passive Optical Network	吉比特无源光网络
47	HGU	Home Gate Unit	家庭网关单元
48	I2C	Inter-Integrated Circuit	两线式串行总线
49	ICMP	Internet Control Message Protocol	Internet 控制报文协议
50	IGMP	Internet Group Management Protocol	互联网组管理协议
51	IntServ	Integrated Service	综合服务
52	IPACT	Interleaved Polling with Adaptive Cycle Time	自适应周期间插轮询
53	IPTV	Internet Protocol Television	交互式网络电视
54	JTAG	Joint Test Action Group	联合测试工作组
55	LB	Load Balance	负载均衡
56	LLID	Logical Link ID	逻辑链路 ID
57	LM	Load Management	负荷管理
58	MDI	Medium Dependent Interface	无源光介质的媒质相关接口
59	MDIO	Management Data Input/Output	管理数据输入/输出
60	MDU	Multi. Dwelling Unit	多住户单元
61	MIMO	Multiple-Input Multiple-Output	多输入多输出技术
62	MPCP	Multi-Point Control Protocol	多点控制协议
63	MPLS	Multi-Protocol Label Switching	多协议标签交换
64	MSAN	Multi-Service Access Network	综合业务接入网
65	MSTP	Multi-Service Transfer Platform	基于 SDH 的多业务传送平台
66	MTBF	Mean Time Between Failure	平均故障间隔时间
67	MTTR	Mean Time To Restoration	平均恢复时间
68	MTU	Multi-Tenant Unit	多租户单元
69	NAT	Network Address Translation	网络地址转换
70	NGN	Next Generation Network	下一代网络
71	NG-PON	Next Generation Passive Optical Network	下一代无源光纤网络
72	NRZ	Non-Return to Zero	非归零码

序号	英文缩写	英文全称	中文含义
73	OAM	Operation Administration and Maintenance	操作、管理、维护
74	OBD	Optical Branching Device	光分路器
75	ODF	Optical Distribution Frame	光纤配线架
76	ODN	Optical Distribution Network	光分配网
77	OFDM	Orthogonal Frequency Division Multiplexing	正交频分复用技术
78	OLT	Optical Line Terminal	光线路终端
79	ONT	Optical Network Terminal	光网络终端
80	ONU	Optical Network Unit	光网络单元
81	OPEX	Operating Expense	企业的管理支出
82	OPGW	Optical Fiber Composite Overhead Ground Wire	光纤复合架空地线
83	OPLC	Optical Fiber Composite Low-Voltage Cable	光纤复合低压电缆
84	ORL	Optical Return Loss	光回波损耗
85	OTDR	Optical Time Domain Reflectometer	光时域反射仪
86	OTP	One-time Password	动态口令
87	P2MP	Point To Multiple Point	点对多点
88	P2P	Point To Point	点对点
89	PCS	Physical Coding Sub layer	物理编码子层
90	PFTTH	Power Fiber To The Home	电力光纤到户
91	PMD	Physical Media Dependent	物理媒质相关
92	PON	Passive Optical Network	无源光网络
93	POS	Passive Optical Splitter	无源光耦合器
94	PSO	Particle Swarm Optimization	粒子群优化算法
95	QAM	Quadrature Amplitude Modulation	正交幅度调制
96	QoS	Quality of Service	服务质量
97	QPSK	Quadrature Phase Shift Keying	正交相移键控
98	RR	Round Robin	轮询
99	RS	Reconciliation Sub Layer	数据链路层中的调和子层
100	RSTP	Rapid Spanning Tree Protocol	快速生成树协议
101	RSVP	Resource Reservation Protocol	资源预留协议
102	SA	Source Address	源地址
103	SA	Substation Automation	变电站自动化
104	SBU	Single Business Unit	单个商业用户单元
105	SC	Service Curve	服务曲线
106	SCADA	Supervisory Control And Data Acquisition	数据采集及监控
107	SDN	Software Defined Network	软件定义网络
108	SERDES	SERializer/DESerializer	串行器/解串器
109	SFU	Single Family Unit	单个家庭用户单元
110	SIP	Session Initiation Protocol	会话初始协议
111	SLA	Service-Level Agreement	服务等级协议

序号	英文缩写	英文全称	中文含义
112	SNI	Service Network Interface	业务节点接口
113	SNMP	Simple Network Management Protocol	简单网络管理协议
114	SP	Strict Priority	严格优先级
115	SPI	Serial Peripheral Interface	串行外设接口
116	SSH	Secure Shell	安全协议
117	STB	Set Top Box	机顶盒
118	STP	Spanning Tree Protocol	生成树协议
119	TDM	Time Division Multiplexing	时分复用模式
120	TDMA	Time Division Multiple Access	时分多址
121	TG	Trunk Gateway	中继网关
122	TOS	Type of Service	在三层报文头（即 IP 头）做标记
123	UART	Universal Asynchronous Receiver/Transmitter	通用异步收/发传输器
124	UNI	User Network Interface	用户网络接口
125	UPS	Uninterruptible Power System	不间断电源
126	VLAN	Virtual Local Area Network	虚拟局域网
127	VoIP	Voice Over Internet Protocol	网络电话
128	VR	Virtual Reality	虚拟现实
129	WDM	Wavelength Division Multiplex	波分多路复用
130	WRR	Weighted Round Robin	加权循环调度算法